Walter Simon

GABALs großer Methodenkoffer

Grundlagen der Kommunikation

Walter Simon

GABALs großer Methodenkoffer

Grundlagen der Kommunikation

Bibliografische Information der Deutschen Bibliothek

Die Deutsche Bibliothek verzeichnet diese Publikation in der
Deutschen Nationalbibliografie; detaillierte bibliografische
Informationen sind im Internet über http://dnb.ddb.de abrufbar.

ISBN 3-89749-434-5

2. Auflage 2006

Lektorat: Rommert Medienbüro, Gummersbach. www.rommert.de
Umschlaggestaltung: + Malsy Kommunikation und Gestaltung, Bremen
Umschlagfoto: Photonica, Hamburg
Satz: Rommert Medienbüro, Gummersbach. www.rommert.de
Druck: Salzland Druck, Staßfurt

www.gabal-verlag.de – More success for you!
www.gabal-shop.de

Inhalt

B   Teilaspekte der Kommunikation

C Besondere Kommunikationszwecke

Zu diesem Buch

Wer die Bedeutung von Methoden- und Sozialkompetenzen mit der von Fachkompetenzen vergleicht, stellt schnell fest: Erstere werden immer wichtiger. Der Blick in den Stellenanzeiger großer Tageszeitungen wie der F.A.Z. bestätigt dies: In einer einzigen Wochenendausgabe finden Sie dort zahlreiche Textbeispiele, welche die Rolle kommunikativer Fähigkeiten und anderer Schlüsselqualifikationen für den Berufsalltag aufzeigen.

Methoden- und Sozialkompetenz werden wichtiger

Da heißt es beispielsweise:
- „Für die Erfüllung der Aufgabe sind vor allem Teamfähigkeit, Kommunikationsstärke und Analysefähigkeit entscheidend".
- „Sie sind planungs- und organisationsstark und bringen gute Verhandlungs-, Präsentations- und soziale Fähigkeiten mit".
- „Interessante und abwechslungsreiche Aufgaben warten auf jemanden mit ausgeprägtem analytischen Denkvermögen, Kommunikationsstärke, Selbstständigkeit und Teamgeist".

Passagen wie diese verdeutlichen den Stellenwert, den Unternehmen überfachlichen Qualifikationen beimessen. Mit Tests und in Assessment-Centern wird ermittelt, ob die Bewerber über entsprechendes Wissen und Können verfügen.

Überfachliche Qualifikationen

In dieser fünfbändigen Buchreihe werden wichtige Techniken, Modelle und Methoden vorgestellt, die die berufliche Entwicklung unterstützen – unabhängig von der Tätigkeit des Lesers:
- Band 1: Kommunikation
- Band 2: Arbeitsmethoden
- Band 3: Management
- Band 4: Führung
- Band 5: Persönlichkeit

Aufbau der Reihe

Im *ersten* Teil dieses Buches werden wichtige umfassende Kommunikationsmodelle beschrieben. Der *zweite* Teil widmet sich Teilaspekten der Kommunikation. Besondere Kommunikationsformen und -zwecke werden im *dritten* Teil behandelt.

Aufbau des Buches

Begriffsklärungen

1. Kompetenzfelder

Fachkompetenz allein reicht nicht

In einer schnelllebigen Gesellschaft veraltet Fachwissen rasch, womit sich zugleich Ihre in Ausbildung und Studium erworbene fachliche Qualifikation entwertet. Daher wird von Ihnen heute mehr als Fachkompetenz verlangt.

Schlüsselqualifikationen werden wichtiger

So genannte Schlüsselqualifikationen – auch als extrafunktionale, fachübergreifende bzw. fundamentale Qualifikationen bezeichnet – gewinnen immer mehr an Bedeutung. Sie helfen beispielsweise dabei, neue Lern- und Arbeitsinhalte schnell und selbstständig zu erschließen.

Der Wesenskern von Schlüsselqualifikationen verändert sich nicht, selbst wenn sich Technologien oder Berufsinhalte wandeln. Weil sie zudem in mehreren Bereichen und Tätigkeiten eingesetzt werden können, sind fachübergreifende Qualifikationen ein wichtiger Teil Ihrer beruflichen Handlungskompetenz.

Kompetenzfelder

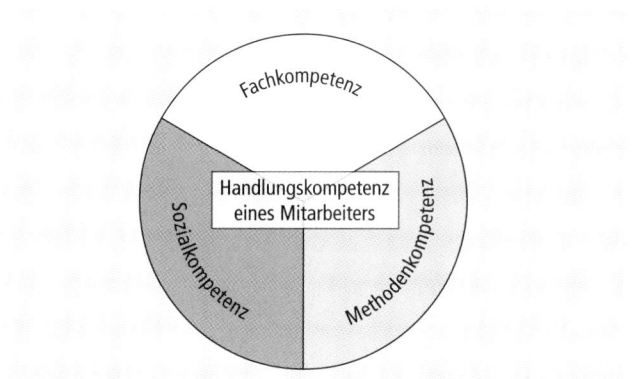

Handlungskompetenz
Mit Handlungskompetenz ist Ihre Fähigkeit und Bereitschaft gemeint,

- Probleme Ihrer Berufs- und Lebenssituation zielorientiert auf der Basis methodisch geeigneter Handlungsschemata selbstständig zu lösen,
- die gefundenen Lösungen zu bewerten und
- das Repertoire der Handlungsfähigkeiten zu erweitern.

Die berufliche Handlungskompetenz umschließt
- die Fachkompetenz,
- die Methodenkompetenz und
- die Sozialkompetenz.

Berufliche Handlungskompetenz

Fachkompetenz

Dieses Kompetenzfeld beinhaltet neben dem eigentlichen Berufswissen und -können auch Ihre berufsübergreifenden Kenntnisse und Fertigkeiten. Das sind zum Beispiel Fremdsprachen, IT-Kenntnisse, wirtschaftliches Allgemeinwissen, internationale Qualifikationen oder Wissen um neue Technologien.

Methodenkompetenz

Zur Methodenkompetenz gehören die Fähigkeiten, Fertigkeiten und Kenntnisse, für anstehende Lern- und Arbeitsaufgaben systematisch und selbstständig Lösungswege sowie Hilfsmittel zu finden und problemlösend anzuwenden.

Lösungen finden und anwenden

Dies sind unter anderem:
- Fähigkeit zum Umgang mit Informationen,
- Fähigkeit zur kreativen Problemlösung,
- Entscheidungsfähigkeit,
- Fähigkeit zum vernetzten Denken,
- Fähigkeit zur Selbstorganisation,
- Fähigkeit, Ziele zu formulieren,
- Lern- und Arbeitstechniken,
- persönliche Arbeitstechniken einschließlich Methoden des Zeitmanagements.

Sozialkompetenz

Sozialkompetenz zeigt sich in der Fähigkeit und Bereitschaft, sich mit anderen Menschen verantwortungsbewusst auseinander zu setzen und sich gruppen- bzw. beziehungsorientiert zu

Beziehungsorientiertes Verhalten

13

verhalten. Im beruflichen Kontext versteht man unter Sozial-kompetenz die Fähigkeit, umsichtig, nutzbringend und verant-wortungsbewusst mit Menschen und Mitteln umzugehen.

Empathie ist Voraussetzung

Das drückt sich unter anderem in der Fähigkeit zur Kooperation – also der Kontakt- und Teamfähigkeit – aus. Sozialkompetenz setzt Empathiefähigkeit voraus, also das Vermögen, sich in das Denken und Fühlen anderer Menschen hineinzuversetzen. Tole-ranz und Akzeptanz sind ergänzende Persönlichkeitsmerkmale, die jemanden als sozial kompetenten Mitarbeiter oder Manager auszeichnen.

Zur Sozialkompetenz gehören unter anderem
- Kommunikationsfähigkeit,
- Kritikfähigkeit,
- Kooperationsfähigkeit,
- Teamfähigkeit,
- Empathiefähigkeit,
- Konfliktfähigkeit,
- Fähigkeit zur Delegation.

Kommunikationskompetenz

Wichtigster Teil der Sozialkompetenz

Als wichtigster Teil der Sozialkompetenz gilt die Kommunika-tionskompetenz. Sie umfasst unter anderem Ihre Dialogfähig-keit, das mündliche und schriftliche Ausdrucksvermögen, die Fähigkeit zu visualisieren, zu moderieren und zu argumentieren. Ohne den Austausch von Informationen sind Studium, Berufs-tätigkeit und der gesellschaftliche Umgang miteinander un-denkbar.

Kommunikationskompetenz ist notwendig, weil gute Kommu-nikation unter anderem
- ein positives Sozialklima bewirkt,
- Problem- bzw. Konfliktlösungen ermöglicht,
- gegenseitige Missverständnisse minimiert bzw. verhindert,
- Wertschätzung und Einfühlungsvermögen ausdrückt und vermittelt,
- den Umgang mit Mitmenschen bzw. Kollegen verbessert,
- den Erfolg von Unternehmen und Organisationen fördert.

14

Besonders in Unternehmen ist Kommunikation der „soziale Klebstoff", der eine Organisation zusammenhält. Erst der wechselseitige Austausch von Nachrichten ermöglicht das Funktionieren von Abteilungen und Organisationen.

Mitarbeiter- und Unternehmensführung sind informations- und kommunikationsabhängig. Darum müssen Manager lernen, mit der Kommunikation genauso gekonnt umzugehen wie mit IT-Systemen oder Organisationsmethoden. Ohne Kommunikation kann niemand führen und schon gar nicht mit anderen zusammenarbeiten. Nur wenn Mitarbeiter das Richtige und Wichtige wissen, können sie das Richtige und Wichtige tun.

Ohne Kommunikation keine Führung

Kommunikation ist insbesondere in der Wissensgesellschaft ein Produktionsfaktor. Sinnvoll organisierte und funktionierende Informations- und Kommunikationssysteme tragen zur Leistungssteigerung bei. Sie unterstützen die Zusammenarbeit, stärken das Zusammengehörigkeitsgefühl und fördern die Identifikation.

Doch trotz guter Informationssysteme und diverser technischer Hilfsmittel hängt das Gelingen der Kommunikation letztendlich vom Verhalten der Beteiligten ab. Es kommt darauf an, die Bereitschaft zur Information und Kommunikation bei Vorgesetzten und Mitarbeitern zu wecken und zu erhalten. Letztlich entscheidet der Einzelne darüber, ob ein Gespräch, eine Verständigung zustande kommt. Nicht die Technik, sondern der Mensch ist und bleibt Ausgangs-, Mittel- und Eckpunkt jeder Kommunikation.

Gelingen hängt von den Beteiligten ab

Information und Kommunikation sind nicht nur eine Voraussetzung für das Funktionieren von Organisationen. Sie befriedigen auch ein wesentliches Grundbedürfnis des Menschen. Man kann von einem unbegrenzten, latenten Bedürfnis der Mitarbeiter nach allen sie unmittelbar betreffenden Informationen ausgehen.

Grundbedürfnis des Menschen

Aus diesen Gründen gilt der Kommunikation das besondere Interesse von Personalentwicklern, Seminaranbietern, Kommuni-

15

kationstrainern und Buchautoren. Entsprechend zahlreich und vielfältig sind die Angebote.

Die wichtigsten Qualifikationen

In diesem Band des Methodenkoffers werden Ihnen die wichtigsten Kommunikationsmodelle, -methoden und -techniken in komprimierter Form vorgestellt. Dabei wurden vor allem die Modelle, Methoden und Techniken berücksichtigt, die als Schlüsselqualifikation in den alltäglichen Situationen von Führung und Zusammenarbeit nützlich sind. Als interessierter Leser und Anwender erhalten Sie bei überschaubarem Zeitaufwand einen fundierten Überblick.

2. Information und Kommunikation

Bevor die Kommunikationsmodelle, -methoden und -techniken vorgestellt werden, gilt es, die Begriffe „Information" und „Kommunikation" zu definieren.

Information

Informationen reduzieren Ungewissheit

Von „Information" spricht man dann, wenn Einschätzungen oder Daten zu einem bestimmten Zweck mitgeteilt werden. Eine Information bzw. Nachricht reduziert Ungewissheit und mindert das Unbekannte. Sie besteht aus einer begrenzten Folge von Zeichen (Buchstaben) oder körpersprachlichen Symbolen (Kopfnicken, Gebärden).

Kommunikation

Senden und Empfangen

Im Unterschied zur Information sind zum Zustandekommen von Kommunikation zwei Partner nötig: der *Sender* (Kommunikator), von dem die Information ausgeht, und der *Empfänger* (Kommunikant), der sie erhält. Kommunikation ist also ein Informationsaustausch, der durch Mit-Teilen (Geben) und Teil-Nehmen (Nehmen) geprägt ist. Reagiert der Empfänger, dann ist eine Interaktion gegeben.

Bleibt diese Rückmeldung aber aus oder ist sie nicht vorgesehen, handelt es sich um eine „Einweg-Kommunikation", meistens in Form eines Monologs oder Schriftstücks. Erst durch die Rückmeldung darüber, ob und wie die Informationen empfangen wurden, entsteht die „Zweiweg-Kommunikation" als Dialog bzw. Gespräch.

Kommunikation als Austauschprozess

Beim Kommunikationsprozess verschlüsselt (codiert) der Sender seine Information und sendet diese Signale über einen Kanal an den Empfänger, der diese Signale entschlüsselt (decodiert). Unter dem Kanal werden dabei Kommunikationsmittel und -wege natürlicher und technischer Art verstanden.

Voraussetzung für eine gegenseitige Verständigung zwischen den Kommunikationspartnern ist das Vorhandensein von Zeichen und Symbolen, die für beide Seiten die gleiche Bedeutung haben. Die Kommunikationspartner müssen also die gleiche Sprache beherrschen oder ein gemeinsames Verständnis von bestimmten Gesten – zum Beispiel den Handschlag – haben.

Gemeinsamer Vorrat an Zeichen und Symbolen

Grundlegendes Modell der Kommunikation

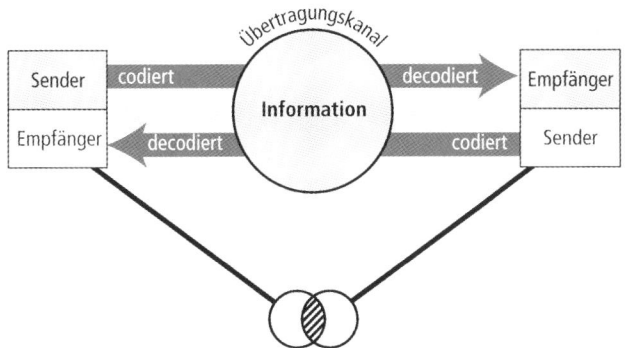

Verständigung findet in dem sich überlappenden Bereich statt, und zwar in dem Maße, in dem beide Partner über die gleichen Zeichen (z.B. deutsche Sprache oder Fachsprache) verfügen.

Ohne Sprache ist ein abstraktes, begriffliches Denken und die Weitergabe seiner Resultate nicht möglich. Außerdem greift die Sprache unmittelbar in die Denktätigkeit ein, indem sie dem denkenden Menschen handlungsauslösende Ordnungsmuster zur Verfügung stellt.

Rolle der Sprache

Nonverbale Kommunikation

Kommunikation beschränkt sich nicht auf den Austausch gesprochener Worte oder schriftlicher Informationen. Auch die nonverbale Kommunikationsebene (Körpersprache) mit Mimik und Gestik gehört dazu.

Kontextfaktoren spielen auch bei der schriftlichen Kommunikation eine Rolle: Aspekte wie Papierart, Schriftbild, Farben, Illustrationen und Aufmachung tragen dazu bei, die schriftlichen Aussagen zu verstärken oder zu schwächen.

Bessere Verständigung und Vermeidung von Konflikten

Harmonisches Zusammenleben, erfolgreiche Führung und gelingende Zusammenarbeit basieren auf guter Kommunikation. Die entscheidende Voraussetzung hierfür liegt im Verhalten der Sender und Empfänger von Informationen bzw. Nachrichten.

Die beiden Kommunikationspartner entscheiden durch ihr persönliches Verhalten darüber, ob ein Gespräch zustande kommt und wie es abläuft. In Gesprächen nimmt der Dialogpartner alles, was er hört, durch seinen individuellen Filter wahr und reagiert auf seine persönliche Art und Weise. Und wenn er seinerseits spricht, läuft bei seinem Gesprächspartner das Gleiche ab. Dieses Buch soll Ihnen dabei helfen, sich auf die individuellen verbalen und nonverbalen Verhaltensweisen Ihrer Mitmenschen noch besser einzustellen und eventuell vorhandenes eigenes Fehlverhalten zu korrigieren.

Kommunikation verbessern, Probleme vermeiden

Die vorgestellten Kommunikationsmodelle und -methoden verfolgen jeweils spezielle Ansätze, die sich gegenseitig ergänzen. Die Modellarchitekten wie Paul Watzlawick, Eric Berne, Friedemann Schulz von Thun, Thomas Gordon, Richard Bandler und John Grinder sowie Ruth Cohn gehen zwar von verschiedenen Positionen aus und arbeiten mit unterschiedlichen Begriffen. Doch alle wollen zur Verbesserung der zwischenmenschlichen Kommunikation und zur Vermeidung von Problemen bzw. Konflikten beitragen.

Sowohl die Kommunikationsmodelle und -methoden als auch Kommunikationstechniken geben Ihnen Anreize und Hinweise, wie Sie am persönlichen Kommunikationsverhalten arbeiten und es verbessern können. Es handelt sich aber nicht um schnelle Patentrezepte für den Erfolg. Skilaufen, Autofahren oder Tanzen haben Sie auch nicht mit Lehrbüchern erlernt, sondern durch beständiges Wollen und Üben.

3. Techniken, Methoden, Werkzeuge etc.

Im Zusammenhang mit Schlüsselqualifikationen werden in der Literatur Begriffe wie „Technik" und „Methodik" teilweise widersprüchlich, teilweise aber auch sinngleich gebraucht. Manche Autoren sprechen zum Beispiel von „persönlichen Arbeitstechniken", andere von „persönlicher Arbeitsmethodik". Besonders häufig wird das Wort „Management" genutzt. So werden „Zeitplantechniken" auch mit dem Begriff „Zeitmanagement" belegt.

Unterschiedlicher Wortgebrauch

Das Konzept des Methodenkoffers sieht vor, die jeweiligen Themen knapp, präzise und anwendungsbezogen darzustellen. Eine Diskussion einzelner Definitionen hat in den Kapiteln daher keinen Platz. Begriffe werden nur geklärt, soweit dies dem Verständnis des jeweiligen Themas dient. Eingeführte Bezeichnungen – so beispielsweise Frage- oder Argumentationstechnik – werden in diesem Buch unverändert übernommen.

Wörter wie „Technik", „Methodik", „Verfahren" oder „Werkzeug" tauchen in verschiedenen Kapiteln auf. Daher soll hier in aller Kürze bestimmt werden, was sie in diesem Buch bedeuten.

Technik

Unter „Technik" versteht man die Kenntnis und Beherrschung der Mittel, die zur Ausübung eines Metiers, Handwerks, einer Kunst oder Handlung notwendig sind, und die Handfertigkeit des Ausübenden. Techniken werden eingesetzt, um vorgegebene Ziele leichter, schneller, sicherer, präziser oder in sonstiger Hinsicht günstiger erreichen zu können. Zu unterscheiden sind nicht-automatisierte Techniken – wie zum Beispiel persönliche Arbeitstechniken – und automatisierte Techniken wie beispielsweise das Fließband.

Beherrschung notwendiger Mittel

Methodik und Methode

Die Begriffe „Methodik" und „Methode" meinen Gleiches. Es handelt sich hierbei um planmäßig bzw. folgerichtig anzuwendende Vorgehensweisen, um Probleme zu lösen oder Ziele zu erreichen. Methoden nutzen Verfahren zum Erzielen und Überprüfen der Ergebnisse.

Verfahren

Verfahren sind Vorschriften oder systematische Handlungsanweisungen zum gezielten Einsatz innerhalb von Methoden. Oft kann eine Methode durch mehrere alternative bzw. zusammengesetzte Verfahren realisiert werden.

Werkzeuge

Werkzeuge unterstützen die Anwendung von Methoden und Verfahren.

Prinzipien

Prinzipien sind Grundsätze, die dem Handeln von Individuen oder Gruppen als eine Art Leitfaden zugrunde liegen.

Normen

Normen ähneln Prinzipien. Sie geben für eindeutige Situationen Standards vor, die einzuhalten sind.

Standards

Standards definieren Methoden, Techniken und Verfahren. Durch die formale Erhebung zum Standard erhalten diese vorschriftenähnlichen Charakter.

Modell

Ein Modell ist das abstrakte Abbild eines Systems. Da Systeme oft zu komplex sind, um sie vollständig zu erfassen, wird beim Modellierungsprozess nicht nur abstrahiert, sondern auch reduziert. Dabei kommt es darauf an, die wesentlichen Parameter und Wechselwirkungen des Systems zu erfassen und darzustellen.

TEIL A

Umfassende Kommunikationsmodelle

1. Das Modell von Paul Watzlawick

Sender-Empfänger-Beziehung

Der Kommunikations- und Sozialpsychologe Paul Watzlawick (geboren 1921 in Österreich) übte maßgeblichen Einfluss auf die konstruktivistische Sozialpsychologie aus. In seiner Auffassung von Kommunikation beschränkt sich Watzlawick nicht auf die Wirkung auf den Empfänger, sondern interessiert sich vielmehr für die zwischenmenschliche Sender-Empfänger-Beziehung.

Kommunikative Störungen

Seine Kommunikationstheorie entwickelte er auf der Basis von Erkenntnissen über Störungen der zwischenmenschlichen Kommunikation. Gemeint sind dabei vor allem jene Störungen, welche die Kommunikation beeinträchtigen und damit zu Missverständnissen, zu Entfremdung der Gesprächspartner und schließlich zum vollständigen Einander-nicht-Verstehen führen können.

1.1 Die systemtheoretische Grundlage

Aspekte der Systemtheorie

Watzlawick formulierte sein Kommunikationsmodell auf der Basis der Systemtheorie. Folgende Aspekte sind zum Verständnis seines Modells wichtig:

- Systeme bestehen aus (abgrenzbaren) *Elementen.*
- Zwischen diesen Elementen bestehen (meist funktionale) *Wechselbeziehungen* (Interaktionen).
- Jedes System besitzt eine *Grenze* nach außen, die mehr oder weniger durchlässig ist.
- Die *Beziehungen* zwischen einem System und seiner Umgebung (Umwelt) entstehen an den Systemgrenzen. Hier entscheidet sich, was in ein System „hineinkommen" (Input) bzw. „herauskommen" (Output) kann.
- Systeme zeigen im Allgemeinen ein zielgerichtetes *Entwicklungsverhalten.*

Diese theoretischen Vorüberlegungen überträgt Watzlawick auf menschliche Beziehungen. Dabei betrachtet er das Individuum als Grundelement eines Systems und deutet menschliche Beziehungen bzw. Kommunikationsabläufe als „offenes System". Dies bedeutet, dass beispielsweise in einem Kommunikationsprozess zwischen drei Menschen nicht drei Einzelwesen miteinander agieren, sondern ein dreifaches Ganzes – eben das System – bilden.

Kommunizierende Menschen bilden ein System

System kommunizierender Menschen

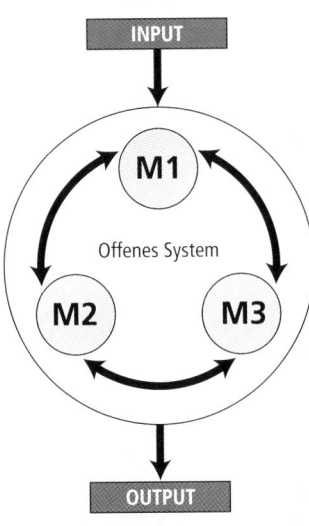

Erläuterung
Die Interaktionspartner M1, M2 und M3 sind durch ein Kommunikationsnetz aus wechselseitigen Mitteilungen miteinander verbunden und bilden innerhalb dieses Kommunikationsablaufs ein System. Es liegt eine fortlaufende Kommunikation durch Input und Output der Umwelt vor.

Rückkopplung und Feedback

Zwischen den Systemelementen bestehen Wechselwirkungen, das heißt, jeder Mensch innerhalb eines solchen Systems wirkt auf die anderen Menschen ein und ist gleichzeitig Empfänger der Einwirkungen anderer. Der Kommunikationsprozess vollzieht sich also nicht einlinig monokausal (das heißt, M1 wirkt

Wechselwirkungen

auf M2, M2 wirkt auf M3), sondern wirkt auf den Ausgangspunkt zurück. Watzlawick nennt dieses in Anlehnung an die Systemtheorie *Rückkopplung* beziehungsweise *Feedback*.

Gleichgewicht durch Rückkopplung Diese Rückkopplungsprozesse sind für das Gleichgewicht eines Systems (also für die bestehende Harmonie zwischen M1, M2 und M3) wichtig. Wenn Störungen in einem Kommunikationssystem entstehen, setzt der Mensch bestimmte Mechanismen (Verhaltensweisen bzw. -formen) ein, um dieses Gleichgewicht wiederherzustellen.

Es gibt aber auch Ereignisse, welche die Gleichgewichtslage des Systems grundsätzlich verändern, beispielsweise bei einem Streit:

Variante 1:

Systemstabilisierung Es kommt zu einem Streit zwischen den Systemmitgliedern M1, M2 und M3, aber die Spannungen werden beschwichtigt (=systemstabilisierende Rückkopplung).

Variante 2:

Zerstörung des Systems Es kommt zwischen M1, M2 und M3 infolge dieses Streits zu einem tief greifenden Konflikt bis hin zur körperlichen Auseinandersetzung. Je nach Ausgang liegt eine systembedrohende Situation vor, die im Extremfall zu einer Zerstörung des Systems führt.

1.2 Die fünf Kommunikationsregeln

Regeln als Richtschnur und Analyseraster Watzlawick hat fünf Regeln menschlicher Kommunikation aufgestellt. Diese Regeln können Ihnen als Richtschnur für Ihre Gesprächsführung dienen. Auch als „Analyseraster" sind sie nützlich, um Probleme bzw. Störungen zu erkennen bzw. zu vermeiden.

Regel Nr. 1: Es ist unmöglich, nicht zu kommunizieren

Für Watzlawick ist jegliches Verhalten bzw. Handeln Kommunizieren. Aber auch Nichthandeln hat für ihn Mitteilungscharakter. Darum ist es unmöglich, *nicht* zu kommunizieren.

Immer wenn Menschen in einer Situation sind, sich sehen, unterhalten oder sonstwie aufeinander beziehen (Face-to-Face-Situation), können sie es nicht vermeiden, zu kommunizieren.

> **Beispiel: Kommunikation trotz Schweigens**
> Ein Mitarbeiter gibt in einer Sitzung eine falsche Einschätzung über einen Kunden ab. Sein Vorgesetzter reagiert nicht, um ihn nicht zu kränken. Dieses Nichtreagieren des Vorgesetzten ist jedoch für den Mitarbeiter sehr wohl eine Reaktion, die er möglicherweise so interpretiert: „Warum sagt er nichts? War etwas falsch? Was war falsch? Was ist mit mir?"

Beispiel

Selbst wenn sie nicht miteinander sprechen oder sich voneinander abwenden bzw. sich den Rücken zukehren, beinhaltet dieses Verhalten eine Information. Ein Gesprächspartner teilt dann beispielsweise mit, dass er nicht kommunizieren möchte oder dass er von dem anderen nichts wissen will.

Auch das Verhalten kommuniziert

Alles, was ein anderer sagt oder nicht sagt, hat einen Bedeutungsinhalt.

Als Mensch ordnen Sie jedes Verhalten Ihrer Gesprächspartner ein oder interpretieren es auf Ihre Art.

Regel Nr. 2: Jede Kommunikation hat einen Inhalts- und einen Beziehungsaspekt

Jede Mitteilung, die Sie (Sender) an einen anderen Menschen (Empfänger) richten, hat einen Inhalt. Zugleich enthält Ihre Mitteilung jedoch noch eine weitere, über den Inhalt hinausgehende Information. Diese bezieht sich auf die Beziehung zum Kommunikationspartner (siehe Abbildung).

Zwei Ebenen der Mitteilung

Inhalts- und Beziehungsebene

Beispiel

Während der Mittagspause im Büro schaut Kollegin A auf die Halskette von Kollegin B und fragt: „Sind das wirklich echte Perlen?"

Verschiedene Möglichkeiten des Verständnisses

Je nach Hintergrund und Verhältnis der beiden Gesprächspartnerinnen zueinander kann diese Frage sowohl zweideutig gemeint sein als auch zweideutig verstanden werden. Einerseits beinhaltet sie die Bitte um Informationen. Aber gleichzeitig offenbart die Fragerin auch ihre positive oder negative Beziehung zur Gesprächspartnerin. Durch die Art und Weise, wie Kollegin A fragt – insbesondere in diesem Fall durch Ton und Stärke der Stimme, Gesichtsausdruck und Körperhaltung –, drückt sie entweder Bewunderung, Ironie, Neid oder Freundlichkeit aus.

> Die Inhaltsebene liefert Informationen zur Sache, während die Beziehungsebene Informationen über das persönliche Verhältnis der Gesprächspartner bietet.

Beziehung steht über Inhalt

Solange die Beziehung positiv oder zumindest neutral ist, bleibt die *Inhaltsebene* quasi „frei", das heißt, Mitteilungen können ungehindert zum anderen durchdringen. Fühlt sich aber mindestens einer der Gesprächspartner unwohl (beispielsweise durch Angst, Nervosität, Neid, Eifersucht etc.), dann wird die Beziehung wichtiger als der Inhalt. Der Beziehungsaspekt ist somit dem Inhaltsaspekt übergeordnet und bestimmt das Verständnis.

Missverständnisse durch gestörte Beziehungen

Eine Störung auf der Beziehungsebene kann eintreten, wenn einer der Partner die Beziehungsinformation des anderen nicht akzeptiert oder sich dagegen auflehnt. In solchen Situationen häufen sich Missverständnisse und Fehlinterpretationen. Umgangsprachlich bekommt einer der Partner etwas „in den falschen Hals". Der Inhalt einer Mitteilung wird vom Empfänger aufgrund seiner Sichtweise der Beziehung anders eingeordnet oder wird wegen der gestörten Beziehung erst gar nicht akzeptiert. Bekannt ist das Beispiel aus der Politik, bei dem eine

Partei einen inhaltlich guten Vorschlag macht, der aber nicht akzeptiert wird, weil er von der „falschen" Partei kommt. Um wirkungsvoll zu kommunizieren, müssten beide Kommunikationsebenen miteinander übereinstimmen. Mit anderen Worten: Kommunikation gelingt, wenn die Informationen und das Verhältnis der Gesprächspartner zueinander kongruent sind.

Regel Nr. 3: Die Interpunktion der Ereignisfolge definiert die Beziehung

Jeder Partner setzt für den Beginn eines Kommunikationsablaufs einen eigenen Anfangspunkt *(=Interpunktion)*. Jede Kommunikation enthält auf diese Weise entsprechend der Sichtweise der Partner eine bestimmte Struktur. Bei Streitigkeiten kann das bedeuten, dass jeder Partner seinen eigenen Ausgangspunkt setzt und dem anderen vorwirft, er habe angefangen. In einem solchen Fall sehen beide Kommunikationspartner im Verhalten des anderen jeweils die Ursache des eigenen Verhaltens.

Eigener Anfangspunkt

> **Beispiel: Unterschiedliche Sicht der Ereignisfolge**
> Mitarbeiter A und B sind zerstritten. Sie haben sich deswegen beim Vorgesetzten zu einem Gespräch eingefunden. A beschwert sich über B, weil sich dieser vor seinen Aufgaben drückt und A diese noch zusätzlich bearbeiten muss. B wehrt sich mit dem Argument, ständig der Nörgelei und Schikane seines Kollegen A ausgesetzt zu sein. Er könne aus diesem Grund seine Arbeiten nicht erledigen.

Beispiel

Jeder der beiden macht den von ihm erkannten Anfangspunkt für den Beginn der Auseinandersetzung geltend. Der Kommunikationsspezialist hingegen wird schnell erkennen, dass jede Handlung auf einer vorausgehenden beruht und weitere auslöst (siehe Abbildung auf der nächsten Seite).

Kommunikation hat keinen Anfang und kein Ende. Sie verläuft kreisförmig.

Durch die Interpunktion der Partner erhält die Kommunikation eine subjektive Struktur (in dem Sinne, dass der andere angefan-

Eigene Struktur

Interpunktion
der Ereignisfolge

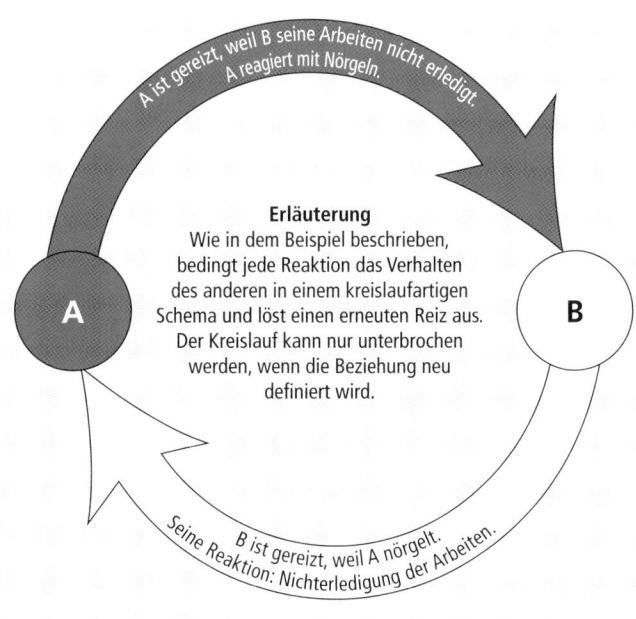

gen hat), die objektiv nicht gegeben ist. Jede Partei interpretiert das eigene Verhalten nur als Reaktion, nicht aber als Ursache für das Verhalten der anderen Seite. Im genannten Beispiel sind beide Kollegen unfähig, ihr eigenes Verhalten als Voraussetzung für das Verhalten des anderen zu begreifen. Sie sind nicht in der Lage, über die Art und Weise ihrer Kommunikation miteinander zu sprechen (Metakommunikation) und so die Interpunktion der Ereignisfolge zu verändern.

Regel Nr. 4: Kommunikation kann digital oder analog erfolgen

Digital und analog Die zwischenmenschliche Kommunikation erfolgt in *digitaler* (= genau bezeichenbarer) oder *analoger* (= ähnlicher) Form.

Digitale Information Wenn der Inhalt Ihrer Mitteilung in Zeichen verschlüsselt wird (Buchstaben, Wörter, Zahlen) und deren gegenständliche und/oder begriffliche Bedeutung eindeutig ist, spricht man von *digitaler* Information. Sie und Ihre Kommunikationspartner wissen, wie diese Zeichen zu entschlüsseln sind, weil zwischen Ihnen eine gemeinsame, durch die Erziehung vermittelte Grundlage besteht. So hat das Wort *Haus* im deutschsprachigen Raum eine klare Bedeutung – zumindest in dem Sinne, dass es sich hierbei um keine Pflanze handelt.

Analog ist die Kommunikation dann, wenn Informationen in Zeichen oder Symbolen verschlüsselt werden, die nur eine *ungefähre* oder *indirekte* Deutung erlauben. Das ist beispielsweise bei der nonverbalen Kommunikation (Mimik, Gebärde, Blick) und bei paraverbaler Kommunikation (Tonfall, Sprachstil) der Fall. Hier fehlt häufig eine klare Regelung, wie diese Zeichen zu entschlüsseln sind. Sie sind auf unterschiedliche Art interpretierbar.

Analoge Information

Beispiel: Sprache hilft, Gesten zu deuten

Ein Lächeln drückt einen zugrunde liegenden Gefühlszustand nur ungefähr aus, ist also analog. Das Lächeln kann beispielsweise Sympathie, Zufriedenheit, Sicherheit, aber auch Verachtung bedeuten. Wird der Gefühlszustand ergänzend in Sprache ausgedrückt (digital), beispielsweise mit dem Satz „Ich freue mich", so können Sie die parallel ablaufende analoge Kommunikation (Lächeln) als Zufriedenheit oder Sympathie deuten.

Beispiel

Beziehungsaspekte (vgl. Regel 2) drücken sich meist über die *analoge* Kommunikation aus; *Inhaltsaspekte* dagegen über die *digitale* Kommunikation. Weil die analoge Kommunikation weniger eindeutig ist als die digitale, entstehen gerade im Beziehungsbereich Unsicherheiten. Daher ist es zweckmäßig, Ihrem Gesprächspartner häufiger eine direkte, digitale, eindeutige Rückmeldung zu geben.

Beziehungsaspekt: analog, Inhaltsaspekt: digital

Beispiel: Rückmeldung verbalisieren

Der Vorgesetzte lächelt nach einem Vortrag seines Mitarbeiters. Der Mitarbeiter weiß jedoch nicht, ob das Lächeln Akzeptanz oder Verachtung ausdrückt. Erst durch eine direkte Rückmeldung kann der Vorgesetzte seinem Mitarbeiter deutlich machen, wie sein Lächeln zu verstehen ist.

Beispiel

Regel Nr. 5: Kommunikation verläuft entweder symmetrisch oder komplementär

Gleich oder unterschiedlich?

Der Verlauf einer Kommunikation hängt davon ab, ob die Beziehung zwischen Ihnen und Ihrem Gesprächspartner auf Gleichheit oder auf Unterschiedlichkeit beruht.

Symmetrische Beziehung

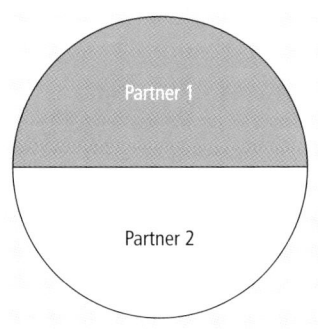

Ist die Beziehung *symmetrisch,* gehen beide Kommunikationspartner von einem gleichrangigen Verhältnis zueinander aus oder versuchen zumindest, die Rangunterschiede zu verringern.

Beispiel:

Ein Akademiker unterhält sich mit einem anderen Akademiker. Sie reden „auf der gleichen Wellenlänge" und respektieren sich mit Blick auf ihren sozialen Status. Das kann sich in einem spiegelbildlichen Verhalten ausdrücken.

Komplementäre Beziehung

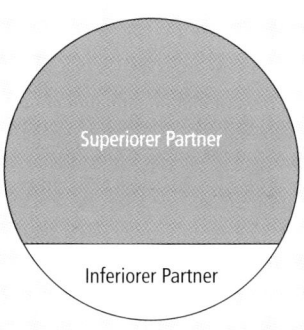

Im Falle der *komplementären* Kommunikation stehen die Verhaltensweisen der Kommunikationspartner in einem Ergänzungsverhältnis. Das wird deutlich, wenn beispielsweise ein Vorgesetzter viel redet, während der Mitarbeiter schweigt.

Literatur

Watzlawick, Paul u. a.: *Menschliche Kommunikation. Formen, Störungen, Paradoxien.* 10., unveränd. Aufl. Bern: Huber 2000.

Watzlawick, Paul: *Lösungen. Zur Theorie und Praxis menschlichen Wandels.* 6., unveränd. Aufl. Bern: Huber 2001.

Watzlawick, Paul: *Vom Unsinn des Sinns oder vom Sinn des Unsinns.* 3. Aufl. München: Piper 1995.

2. Die Transaktions-analyse

Die Transaktionsanalyse ist eine Methode, mit der wir unser Verhalten deuten, kontrollieren und verbessern können. Ihr liegen große Teile der psychoanalytischen Theorie zugrunde.

Die drei Ichs

Statt wissenschaftlicher Fachvokabeln verwendet sie allgemein verständliche Begriffe. So werden beispielsweise die verschiedenen Verhaltenszustände eines Menschen mit den einfachen Worten „Eltern-Ich", „Erwachsenen-Ich" und „Kindheits-Ich" bezeichnet.

Bereiche der Transaktions-analyse

Das Gesamtsystem der Transaktionsanalyse umfasst verschiedene Elemente:

1. Die Analyse der individuellen Persönlichkeitsstruktur (*Strukturanalyse*)
2. Die Analyse all dessen, was Menschen miteinander reden und tun (die *Transaktionsanalyse* im engeren Sinne)
3. Die Analyse bestimmter Transaktionstypen, die sich ständig wiederholen und zu einem bestimmten Nutzeffekt führen (*Spielanalyse*).

Dieses Analysesystem wurde von dem amerikanischen Psychologen Eric Berne (1910–1970) auf der Grundlage menschlicher Verhaltensbeobachtungen entwickelt. Den von ihm eingeführten Begriff der Transaktion definiert er so:

„Die Grundeinheit aller sozialen Verbindungen bezeichnet man als Transaktion. Begegnen zwei oder mehr Menschen einander (…), dann beginnt früher oder später einer von ihnen zu sprechen oder in irgendeiner Form von der Gegenwart der anderen Notiz zu nehmen. Diesen Vorgang nennt man ‚Transaktions-Stimulus‘. Sagt oder tut dann eine von den anderen Personen etwas, das sich in irgendeiner Form auf den vorausgegangenen Stimulus bezieht, so bezeichnet man diesen Vorgang als ‚Transaktions-Reaktion‘.“

Definition „Transaktion"

Bei der Transaktionsanalyse handelt es sich somit um eine Methode zur Untersuchung eines solchen Transaktionsvorgangs. Sie ermöglicht es dem Laien, unter anderem zu erkennen, in welchem Verhaltenszustand man sich selbst oder ein anderer sich befindet.

Sich und andere besser verstehen

Die drei Verhaltenszustände Eltern-Ich, Erwachsenen-Ich und Kindheits-Ich entwickeln sich von frühster Kindheit an. Je nachdem, in welcher Situation sich ein Mensch befindet, wer sein Gegenüber ist, wie seine Ich-Zustände entwickelt sind, drängt sich eines der drei Ichs in den Vordergrund.

Diese „drei Schichten der Psyche" werden in der Analyse der individuellen Persönlichkeitsstruktur behandelt, die Sie einmal bei sich selbst vornehmen sollten. Wenn Sie also die folgenden Seiten lesen, fragen Sie sich immer wieder:

- Erkenne ich mich?
- Erkenne ich meine Mitmenschen?

2.1 Analyse der Persönlichkeitsstruktur

Eltern-Ich
Das Eltern-Ich ist eine ungeheure Sammlung von Aufzeichnungen im Gehirn über ungeprüft hingenommene oder aufgezwungene *äußere* Ereignisse, die ein Mensch in seinen ersten fünf bis sechs Lebensjahren wahrgenommen hat. Hier ist insbesondere alles das gespeichert, was ein Kind seine Eltern tun sah und sagen hörte.

Erlebnisspeicher

Das „Eltern-Ich"

Aufzeichnungen von aufoktroyierten, ungeprüften äußeren Ereignissen, wie sie ein Mensch zwischen Geburt und Schulbeginn in sich aufnimmt (angelerntes Lebenskonzept).

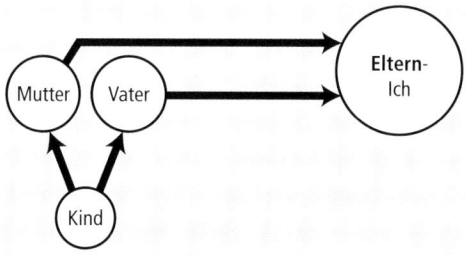

Das Kind nimmt wahr, was seine Mutter und sein Vater sagen und tun, und speichert das Wahrgenommene dauerhaft in seinem Eltern-Ich.

„Archivierung" ohne Filter

Dieses „Tatsachenmaterial" im Eltern-Ich wird originär aufgenommen und ohne Korrektur gespeichert. Die Situation des kleinen Kindes, seine Abhängigkeit und Unfähigkeit, mit sprachlichen Mitteln Sinnzusammenhänge herzustellen, machen es ihm unmöglich zu modifizieren, zu korrigieren oder zu interpretieren.

Im Eltern-Ich sind unter anderem alle Ermahnungen und Regeln, alle Gebote und Verbote aufgezeichnet, die ein Kind von seinen Eltern zu hören bekommen hat oder von deren Lebensführung ablesen konnte. Dazu gehören all die „Neins", die dem Krabbelkind galten, Aussagen wie „Das darfst du nicht!" und Ähnliches.

Inhalte des Eltern-Ichs

Das Eltern-Ich beinhaltet:
- Ge- und Verbote,
- die so genannte Moral,
- das so genannte Gewissen,
- Vorurteile,
- von den Eltern übernommene Verhaltensweisen und Gewohnheiten.

Hierbei ist es von großer Bedeutung, dass diese Regeln und Ermahnungen als „Wahrheit" gespeichert werden, da sie aus einer sicheren Quelle kommen – nämlich von den „großen Leuten", denen das kleine Kind zu dieser Zeit gefallen, gehorchen und vertrauen muss. Diese Umwelt, die zuerst durch die Eltern repräsentiert wird, programmiert auch das Gewissen des Kindes, sodass es später durch seine „innere Stimme" veranlasst wird, sich „richtig" zu verhalten.

Das Eltern-Ich ermöglicht dem Kind aber auch, auf die vielen Situationen menschlichen Lebens zu reagieren. Das Kind begreift mehr und mehr, dass es gefährlich ist, mit dem Messer zu spielen, weil es scharf ist und man sich an ihm verletzen kann. Durch vorausgehende Ermahnungen wie „Fass es nicht an!" bleiben dem Kind zahllose Zeit und Energie kostende Entscheidungen erspart. Man tut die Dinge einfach so, weil es vernünftig ist, sie so zu tun.

Nutzen des Eltern-Ichs

Im Eltern-Ich stecken aber auch „elterliche Liebe", die fürsorgliche, sich Sorgen machende Liebe für einen Mitmenschen sowie das Pflegen- und Helfen-Wollen. Daher wird zwischen dem fürsorglichen Eltern-Ich und dem kritischen Eltern-Ich unterschieden.

Fürsorgliches und kritisches Eltern-Ich

Im Berufsalltag macht uns das kritische Eltern-Ich Schwierigkeiten, weil es
- uns zu viel verbietet;
- uns veranlasst, anderen viel zu verbieten;
- unsere Vorurteile sowie unsere Werturteile enthält.

Eltern-Ich im Berufsleben

Je stärker das kritische Eltern-Ich eines Menschen ausgeprägt ist, desto intoleranter muss dieser Mensch zwangsläufig werden. Je mehr elterliche Aufzeichnungen dieser Art sich in seinem Kopf befinden, desto weniger ist er bereit, Situationen kritisch zu überprüfen, da er ja bereits (s)eine vorgefertigte Meinung hat.

Intoleranz durch starkes kritisches Eltern-Ich

Ein Mitarbeiter, der häufig wertende Ausdrücke wie „dumm", „faul" oder „schlampig" äußert, ermahnt, droht, alles ablehnt, was nicht in sein Bild passt und stereotype Meinungen wiedergibt, bewegt sich vorwiegend im kritischen Eltern-Ich.

Kindheits-Ich

In das Kindheits-Ich werden die *inneren* Ereignisse (Gefühle) als Reaktion auf äußere – vorwiegend von den Eltern verursachte – Vorkommnisse aufgenommen. Während das Eltern-Ich zum Beispiel die Werte und Normen emotional wichtiger Bezugspersonen aufbewahrt, erfolgt im Kindheits-Ich die Speicherung der Gefühle, Erlebnisse und Anpassungen.

Das „Kindheits-Ich"

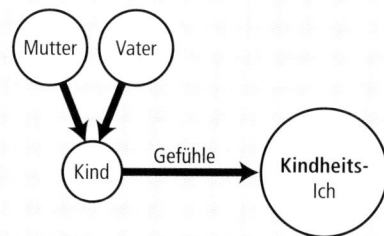

Aufzeichnungen von inneren Ereignissen (Gefühlen) als Reaktionen auf äußere (vorwiegend von Mutter und Vater verursachte) Ereignisse, wie sie ein Mensch zwischen Geburt und Schulbeginn in sich aufnimmt (eingefühltes Lebenskonzept).

Inhalte des Kindheits-Ichs

Im Kindheits-Ich stecken:

- Spontaneität („Prima!")
- Kreativität (Papierkorb wird zum „Hut")
- Neugier („Was ist das?")
- Gefühle (Freude, Ärger, Traurigkeit)
- Neid („Ich will auch so was!")

Natürliche sowie angepasste Form

Das Kindheits-Ich kommt in zwei Hauptformen vor: dem natürlichen und dem angepassten Kindheits-Ich. Im natürlichen Kindheits-Ich finden sich schöpferischer Impuls, Neugier und der Drang zum Forschen, Fühlen und Betasten.

Das angepasste Kindheits-Ich modifiziert das natürliche. Innerhalb dieses Ich-Zustandes verhält sich das Kind so, wie sein Vater bzw. seine Mutter es von ihm erwarten. Während das natürliche Kindheits-Ich das tut, was es will, und sich dabei „o. k." empfindet, verhält sich das angepasste eher so, wie es seine Eltern wünschen, egal ob das vernünftig oder unvernünftig ist. Durch das Erhalten von „nicht o. k."-Botschaften wie „Das macht man nicht" oder „Sei brav" lernt es, sich „nicht o. k." zu fühlen.

Auch diesen „Ich-Zustand" finden wir in der Berufswelt, beispielsweise bei Mitarbeitern, die sich missverstanden fühlen, laufend darüber klagen, dass sie „Versager" sind, oder gegebenenfalls emotional unbeherrscht reagieren. **Kind-Ich im Berufsleben**

Erwachsenen-Ich

Das Erwachsenen-Ich ist der „computerhafte" Teil unserer Persönlichkeit. Es „spuckt" Entscheidungen aus, nachdem es die Informationen aus allen drei Speichern durchgerechnet hat: aus dem Eltern-Ich, dem Kindheits-Ich und dem Erwachsenen-Ich.

Hauptsächlich ist es damit beschäftigt, Reize und Informationen auf der Grundlage früherer Erfahrungen zu verarbeiten und gegebenenfalls neu zu speichern. Zu seinen Hauptfunktionen gehört also, die „Daten" im Eltern-Ich zu überprüfen, um festzustellen, ob sie stimmen und noch heute anwendbar oder aber zu verwerfen sind. Außerdem muss es das Kind-Ich untersuchen, ob dessen Gefühle noch den Forderungen der Gegenwart entsprechen. **Kritisches Überprüfen**

Dabei geht es nicht darum, Eltern-Ich und Kindheits-Ich abzuwerfen, sondern vielmehr darum, souverän genug zu werden, um diese beiden Datenarchive gründlich zu überprüfen und – wo nötig – zu entrümpeln. **Souverän werden**

Das Erwachsenen-Ich unterscheidet sich sowohl vom Eltern-Ich, das „sein Richteramt ausübt, indem es sich dem Urteilsspruch anderer anschließt und übernommenen Rechtsvorschriften zum Sieg verhelfen will, als auch vom Kind-Ich, das eher sprunghaft reagiert" (E. Berne). Das Erwachsenen-Ich hilft dem kleinen Menschen, allmählich den Unterschied festzustellen zwischen dem Leben, wie es ihm beigebracht und gezeigt wurde (Eltern-Ich), wie er es gefühlt, sich gewünscht oder ausgemalt hat (Kindheits-Ich), und dem Leben, wie er es nun auf eigene Faust begreift. **Unterschiede begreifen**

Das „Erwachsenen-Ich"

Eltern-Ich
(von Geburt bis Schulbeginn)
Aufzeichnung von äußeren Ereignissen
(angelerntes Lebenskonzept)

Erwachsenen-Ich
(vom 10. Monat an)
Aufzeichnung von Informationen, die
beschafft und verarbeitet werden durch
Erkunden und Probieren
(gedachtes Lebenskonzept)

Kindheits-Ich
(von Geburt bis Schulbeginn)
Aufzeichnungen von inneren Ereignissen
(gefühltes Lebenskonzept)

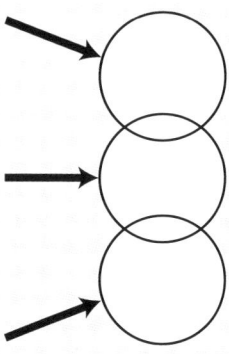

Das Kennenlernen der Ich-Zustände hat unter anderem das Ziel, das Erwachsenen-Ich zu entwickeln bzw. zu stärken. Da es sich später als die beiden anderen Ichs entwickelt, muss es deren Vorsprung einholen.

Ratschläge für ein stärkeres Erwachsenen-Ich

Um ein stärkeres Erwachsenen-Ich aufzubauen, können Sie auf Folgendes achten:

- Lernen Sie Ihr Kindheits-Ich erkennen, seine verwundbaren Stellen, seine Ängste und die Formen, in denen es seine Gefühle ausdrückt.
- Versuchen Sie, auch ihr Eltern-Ich zu erkennen, seine Gebote, Verbote und deren Ausdrucksformen in Ihrem Verhalten.
- Zählen Sie wenn nötig bis zehn, um dem Erwachsenen-Ich Zeit zur Verarbeitung der Daten zu geben, damit es Eltern-Ich und Kindheits-Ich von der Wirklichkeit trennen kann.

Im Privatleben sollten Sie aber ruhig Ihr Kindheits-Ich herauskommen lassen. Lernen Sie wieder, spontan und fröhlich zu sein (ein fröhlicher Mensch ist überall gerne gesehen) oder Schmerz zu zeigen, wenn Sie traurig sind – statt immer alles zu schlucken.

2.2 Analyse von Transaktionen

Die Analyse von Transaktionen zeigt, welcher Ich-Zustand aus dem Verhalten eines anderen Menschen spricht: das Eltern-Ich, das Erwachsenen-Ich oder das Kindheits-Ich. Das gilt auch für das nonverbale Verhalten.

Zugleich erkennen wir, um was für eine Art von Transaktion es sich handelt: um eine Komplementär-, eine Überkreuz- oder eine verdeckte Transaktion. Diese Aufschlüsse geben transaktionsanalytisch geschulten Gesprächspartnern die Möglichkeit der Verhaltenssteuerung.

Drei Arten von Transaktionen

Komplementäre Transaktionen

Komplementäre Transaktionen laufen parallel, wenn die Reaktion des Angesprochenen aus dem erwarteten Ich-Zustand kommt.

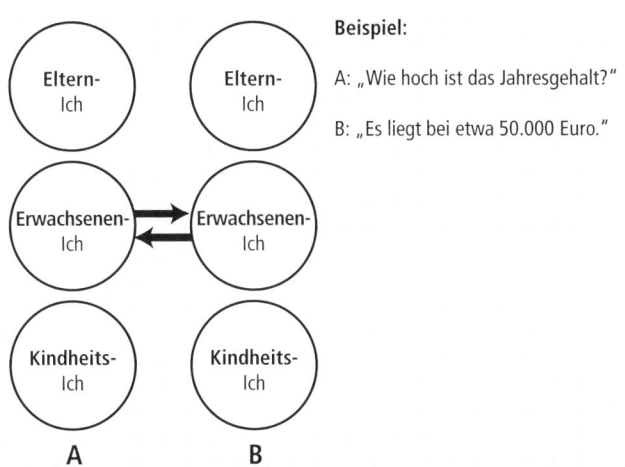

Beispiel:

A: „Wie hoch ist das Jahresgehalt?"

B: „Es liegt bei etwa 50.000 Euro."

Komplementäre Transaktion im Erwachsenen-Ich

In dem Beispiel der Abbildung zielt A mit seiner Frage auf das Erwachsenen-Ich seines Gesprächspartners. Dieser antwortet gemäß der Erwartung. Komplementäre Transaktionen gibt es natürlich auch auf der Ebene des Eltern-Ichs und des Kindheits-Ichs. Beispielsweise sagt A im letzteren Falle: „Das erzähle ich dem Chef", worauf B antwortet: „Na und, tun Sie es doch!"

Auch zwischen unterschiedlichen Ich-Zuständen können komplementäre Transaktionen verlaufen.

Komplementäre
Transaktion zwischen
Kindheits-Ich und
Eltern-Ich

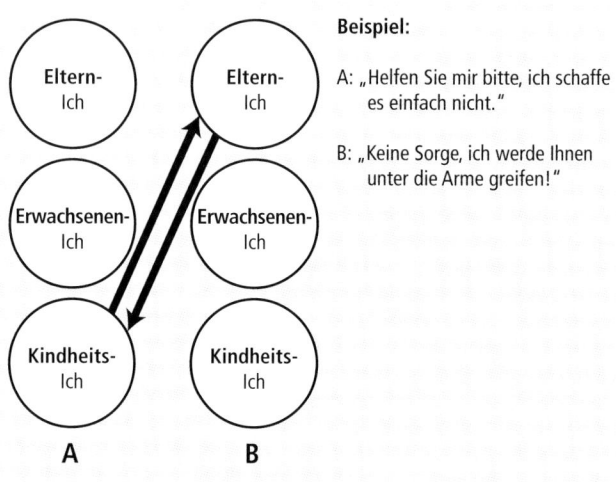

Beispiel:

A: „Helfen Sie mir bitte, ich schaffe
es einfach nicht."

B: „Keine Sorge, ich werde Ihnen
unter die Arme greifen!"

Überkreuz-Transaktionen

Wenn ein anderer als der angesprochene Ich-Zustand aktiv wird, kommt es zu Überkreuz-Transaktionen. Auf einen Reiz folgt eine unerwartete Reaktion. Die Transaktionslinien kreuzen sich.

Überkreuz-
Transaktion
Beispiel 1

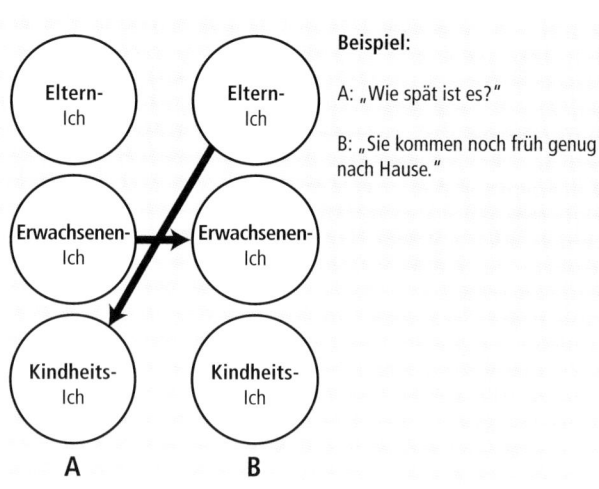

Beispiel:

A: „Wie spät ist es?"

B: „Sie kommen noch früh genug
nach Hause."

Überkreuz-Transaktionen können schnell zu Konflikten führen, wie die Beispiele zeigen.

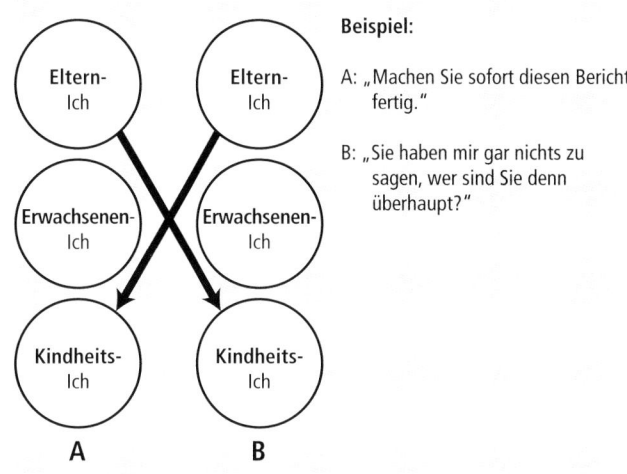

Beispiel:

A: „Machen Sie sofort diesen Bericht fertig."

B: „Sie haben mir gar nichts zu sagen, wer sind Sie denn überhaupt?"

Überkreuz-
Transaktion
Beispiel 2

Verdeckte Transaktionen

Verdeckte Transaktionen sind die kompliziertesten. Von den beiden anderen Transaktionsformen unterscheiden sie sich dadurch, dass mehr als zwei Ich-Zustände beteiligt sind.

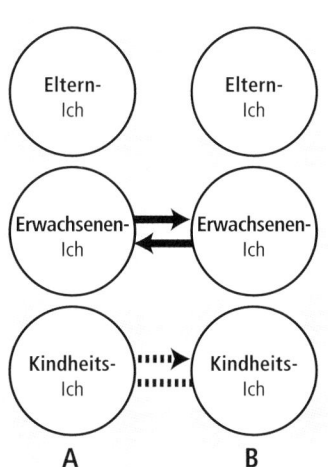

Verdeckte
Transaktion

41

Ansprache zweier Ich-Zustände

Sagt beispielsweise ein Autoverkäufer zu einem Interessenten: „Das hier ist unser bestes Auto, aber vielleicht ist es Ihnen zu schnell", dann wendet er sich zugleich an das Erwachsenen-Ich als auch an das Kindheits-Ich. Wenn das Erwachsenen-Ich die Transaktion übernimmt, dann antwortet der Kunde: „Ja, Sie haben Recht. Bei meinem Beruf brauche ich nicht unbedingt ein schnelles Auto". Wenn dagegen das Kindheits-Ich reagiert, sagt er vielleicht: „Ich nehme den Wagen. Klasse! Er ist genau das, was ich wollte".

Eine Art verdeckter Transaktion liegt auch bei folgendem Dialog zwischen Mitarbeiter und Vorgesetztem vor. Der Mitarbeiter sagt: „Mensch, gestern habe ich mal richtig einen draufgemacht und mich voll laufen lassen. Einen dicken Kopf habe ich heute!" Indirekt will er damit zum Ausdruck bringen: „Hoffentlich verzeihst du mir, dass ich heute langsamer arbeite".

Antwort mit Ansprache zweier Ich-Zustände

Der Vorgesetzte entgegnet: „So etwas ist doch normal und kann mal vorkommen. Übrigens, das von Ihnen gewünschte Gespräch kann ich aus Termingründen erst in der nächsten Woche führen". Indirekt sagt er damit: „Alter Schlamper! Hier hast du deine Strafe."

2.3 Die vier menschlichen Grundeinstellungen

Vier Grundhaltungen

Die Transaktionsanalyse geht – bewusst vereinfacht ausgedrückt – von folgenden vier menschlichen Grundeinstellungen aus:
1. Ich bin nicht o. k. – Du bist o. k.
2. Ich bin nicht o. k. – Du bist nicht o. k.
3. Ich bin o. k. – Du bist nicht o. k.
4. Ich bin o. k. – Du bist o. k.

Die Grundhaltung, wie ein Mensch sich selbst und andere sieht, bildet sich meist schon in den ersten drei Lebensjahren heraus. Auf einer dieser Grundanschauungen verharrt der Mensch für den Rest seines Lebens. Jeder wechselt zwar zeitweilig zwischen den Anschauungen. Aber die Grundeinstellung beeinflusst etwa 60 bis 70 Prozent unseres Verhaltens.

Ich bin nicht o. k. – Du bist o. k. ist die verbreitetste Lebensanschauung. Sie ergibt sich dadurch, dass der junge Mensch all

die entmutigenden Sachen, die er
über sich hört, als Wahrheit aufnimmt („Du bist schlampig", „Du
bist dumm" etc.) und sie so ver-
innerlicht, dass er sich selber so sieht.
Verstärkt wird dieser Effekt durch die
vielen „Neins" und einige „Das darfst du nicht", die er zu hören
bekommt, sowie den sich selbst zugefügten Schmerz, wenn er
über Dinge stolpert, hinfällt und sich gar verletzt. Solange diese
Lebensanschauung wirkt, hat der Mensch das Bedürfnis nach
o. k.-Gefühlen. Dem Erwachsenen-Ich stellt sich daher die Frage:
„Was muss ich tun, um die Anerkennung der o. k.-Person zu
gewinnen?"

Ich bin nicht o. k. – Du bist nicht o. k. ist die Grundeinstellung von
Menschen, die das Interesse am Leben verloren haben. Diese

Anschauung kann im Extremfall
zum Selbstmord führen, denn mit
ihr ist das Leben kaum noch lebens-
wert.

Ich bin o. k. - Du bist nicht o. k. ist die Anschauung von Menschen,
die sich gequält oder verfolgt fühlen. Schuld haben immer „die

anderen". Es sind überhaupt „immer
die anderen". Ein Vorgesetzter mit
dieser Haltung umgibt sich häufig
vorzugsweise mit Ja-Sagern, die ihn
unermütlich loben und „streicheln".

Ich bin o. k. – Du bist o. k. bringt eine gesunde Einstellung zum
Ausdruck. In sie werden wir nicht hineingedrängt; wir entscheiden uns bewusst dafür. Man muss sie sich sogar aneignen,

indem man das Kindheitsdilemma
aufdeckt, das den ersten drei Lebensanschauungen zugrunde liegt. Die
ersten drei o. k.-Zustände beruhen auf
Gefühlen. Der Zustand *Ich bin o. k. –*

**Ich bin nicht o. k. –
Du bist o. k.**

**Ich bin nicht o. k. –
Du bist nicht o. k.**

**Ich bin o. k. –
Du bist nicht o. k.**

**Ich bin o. k. –
Du bist o. k.**

Du bist o. k. beruht dagegen auf Denken, Glauben und Einsatz-
bereitschaft.

> **Ein Ziel der Transaktionsanalyse ist es, die Einstellung „Ich
> bin o. k. – Du bist o. k." zu erreichen.**

2.4 Die Spielanalyse

Die Spielanalyse ist ein so bedeutendes Phänomen der Transaktionsanalyse, dass Eric Berne ihr ein ganzes Buch gewidmet
hat („Spiele der Erwachsenen"). Der Begriff „Spiel" meint kein
Gesellschafts-, Karten- oder Brettspiel, sondern ein sozial-
psychologisches Phänomen. Berne definiert den Ausdruck so:

Definition „Spiel" *„Ein Spiel besteht aus einer fortlaufenden Folge verdeckter Komplementär-Transaktionen, die zu einem ganz bestimmten, voraus-
sagbaren Ergebnis führen. Es lässt sich auch beschreiben als eine pe-
riodisch wiederkehrende Folge sich häufig wiederholender Transaktionen, äußerlich scheinbar plausibel, dabei von verborgenen
Motiven beherrscht; umgangssprachlich kann man es auch als eine
Folge von Einzelaktionen bezeichnen, die mit einer Falle bzw.
einem Trick verbunden sind."*

**Drei
Voraussetzungen** Drei spezifische Elemente müssen vorhanden sein, damit Transaktionen als Spiele bezeichnet werden können:
1. Eine fortlaufende Folge von Komplementär-Transaktionen,
   die gesellschaftlich plausibel sind,
2. eine verdeckte Transaktion (die eigentliche Mitteilung des
   Spiels) und
3. ein voraussehbarer Nutzeffekt (der eigentliche Zweck des
   Spiels).

Spiel-Grundtypen Die Transaktionsanalyse unterscheidet drei Grundtypen von
Spielen:
1. *Verfolger-Spiele,* die von der Grundeinstellung „Du bist nicht
   o. k." ausgehen,

2. *Opfer-Spiele* von der Grundhaltung „Ich bin nicht o. k."
   ausgehend und
3. *Retter-Spiele,* ebenfalls auf der Lebensanschauung „Du bist
   nicht o. k." basierend.

Solche Spiele verhindern aufrichtige, vertraute und offene Beziehungen zwischen den beteiligten Spielern. Sie werden gespielt, um sich die Zeit zu vertreiben, Aufmerksamkeit hervorzurufen, einmal gefasste Meinungen über sich und andere zu verstärken oder um ein Gefühl für das Schicksalhafte zu befriedigen.

Derartige Spiele sind hinderlich

Im Berufsleben wird das *Verfolger-Spiel* bevorzugt. Ein solches Spiel beginnt damit, dass man jemanden zufällig bei einem Fehler bzw. Verstoß ertappt oder dass man Fehler bzw. Verstöße anderer – ausgehend von der Grundeinstellung „Du bist nicht o. k." – sucht, sie dem Gesprächspartner vorhält und sinngemäß „Jetzt habe ich dich, du Schweinehund!" sagen kann. Danach fühlt man sich besser und der andere schlechter.

Verfolger-Spiel

Insbesondere Vorgesetzte spielen Verfolger-Spiele, und zwar auf Kosten ihrer Mitarbeiter.

Beispiel: Ein Vorgesetzter spielt ein Verfolger-Spiel
Chef: „Haben Sie den Bericht getippt?" (Dabei denkt er: „Warte, dich werde ich kriegen!")
Sekretärin: „Ich war den ganzen Tag mit anderen wichtigen Dingen beschäftigt."
Chef: „Das ist keine Entschuldigung. Wenn Sie sich nicht bessern, hat das Konsequenzen!"

Beispiel

Bei diesem Vorfall geht es weniger um die Sache als solche, sondern darum, der Sekretärin eins auszuwischen. Sie wird gemaßregelt, indem der Chef an ihr seinen Ärger ablässt. Damit ist das Spiel schon beendet.

Ist die Sekretärin nicht in der Lage, Widerstand zu leisten, wird sie sich gegebenenfalls ihrerseits ein Opfer suchen, um den bei ihr aufgestauten Ärger loszuwerden.

Suche nach einem weiteren Opfer

45

Opfer-Spiel Häufig wird auch das *Opfer-Spiel* „Tu mir was an" gespielt. Hier provoziert ein Spieler einen anderen, ihn schlecht zu behandeln.

Beispiel: Ein Mitarbeiter spielt ein Opfer-Spiel

Herr Maier: „Ich möchte gerne wissen, warum mir immer alles misslingt."

Herr Müller (in Gedanken bei seiner Arbeit): „Das sollten Sie eigentlich wissen. Der Grund liegt bei Ihnen."

Herr Maier (klagend): „Aber ich gebe mir doch solche Mühe, es gut zu machen."

Herr Müller (erregt): „Mensch, Ihre Probleme möchte ich haben; sehen Sie nicht, dass ich beschäftigt bin."

Herr Maier verlässt schweigend den Raum. Er hat die Bestätigung, dass er – wie immer – unerwünscht ist. Seine Grundeinstellung „Ich bin nicht o. k." wurde durch Herrn Müllers Reaktion bestätigt.

Retter-Spiel Beim *Retter-Spiel* „Ich versuche, dir zu helfen" geht es um das Einlösen eines verdeckten Motivs, das für den Ausgang des Spiels wichtiger als das „Retten" selbst ist. Dieses Motiv basiert auf der Annahme, die Menschen seien undankbar und im Großen und Ganzen enttäuschend. Der Hauptdarsteller braucht eine Bestätigung dafür, dass die Hilfe, wie nachdrücklich sie auch immer erbeten wird, letztlich doch nicht akzeptiert wird.

Weitere Spiele Man kann Spiele im Sinne der Transaktionsanalyse auch unter dem Gesichtspunkt der Lebensanschauungen einteilen. Danach unterscheiden wir

- *„Ich bin o. k. – Du bist nicht o. k"*-Spiele
- *„Ich bin nicht o. k. – Du bist o. k."*-Spiele.

Die Anschauung *„Ich bin o. k. – Du bist o. k."* ist gewöhnlich frei von Spielen. Spiele der Anschauung *„Ich bin nicht o. k. – Du bist nicht o. k."* sind pathologische Sonderfälle. Sie sind typisch für Leute, die mit der realen Welt zurechtkommen.

**„Ich bin o. k. –
Du bist nicht o. k."
-Spiel** *„Ich bin o. k. – Du bist nicht o. k."*-Spiele drehen sich meist um Gefühle wie Ärger, Verachtung, Überheblichkeit oder Ekel, wobei derjenige, der diese Gefühle empfindet, sie auf andere überträgt. Diese Spiele werden meist von einem starken Eltern-

Ich oder einem schlecht gelaunten Kindheits-Ich gespielt. Sie zeigen sich in täglich vorkommenden Verhaltensweisen beispielsweise, wenn man jemanden kritisiert, die Schuld auf ihn schiebt oder ihn demütigt.

Spiele, die die Anschauung „Ich bin o. k. – Du bist nicht o. k." verstärken, entstehen aus dem im Kindesalter gespielten Spiel „Meins ist besser als deins", bei dem es darum geht, auf eine versteckte Art zu sagen: „Ich bin besser als du" oder eben „Ich bin o. k. – Du bist nicht o. k.".

Wurzeln in der Kindheit

Es gibt keine andere Methode, um sich schnell auf Kosten einer anderen Person gut zu fühlen. Bei allen Spielen nach dem Motto „Ich bin o. k. – Du bist nicht o. k." wird eine andere Person als Quelle benutzt und als Zielscheibe aller Probleme angesehen. Auf diese Weise braucht der Spieler nicht über den eigenen Beitrag zur Lösung seiner Schwierigkeiten nachdenken und muss nie selbst den ersten Schritt zu einem positiven Wandel tun.

Schnelle Erleichterung

Ich bin nicht o. k. – Du bist o. k."-Spiele werden gewöhnlich von einem nachgiebigen (nicht trotzigen) Nicht-o. k.-Kindheits-Ich gespielt und verstärken die Nicht-o. k.-Einstellung.

„Ich bin nicht o. k. – Du bist o. k."-Spiel

Das Opfer-Spiel „Tu mir was an" ist hierfür ein Beispiel: Übergibt man einem guten Spieler ein neues Projekt, dann denkt er sich sofort alle möglichen Gründe aus, warum er es nicht übernehmen kann („Das kann ich nie").

Ist niemand bereit, auf sein Spiel einzugehen, nimmt er das Projekt vielleicht in Angriff. Versagt er wirklich, schließt sich der Kreis seiner unguten Gefühle. Er sucht dann Trost in dem Spiel „Jetzt sehen Sie, wozu Sie mich gebracht haben." Ist sein Bedürfnis nach negativen Gefühlen immer noch nicht befriedigt, sucht er ein besorgtes Eltern-Ich, mit dem er „Ist es nicht schrecklich" oder „Warum muss es immer mir passieren" spielen kann.

„Nicht o. k."-Spieler betrachten sich als Opfer der Lebensumstände, des Systems oder der Einflüsse ihrer Umwelt. Sie fühlen sich benachteiligt oder als Opfer der Leute, mit denen sie leben.

„Nicht o. k."-Spieler als Opfer

Die hier genannten Spiele sind nutzlos, rauben Kraft und stören. Vermeiden Sie sie.

Auf Gefühle achten

Um aus einem Spiel herauszukommen, muss man erst einmal erkennen, dass man drinsteckt. Am leichtesten lassen sich die Spiele auf der Gefühlsebene identifizieren: durch Ärger, Selbstzufriedenheit und Niedergeschlagenheit. Es ist daher oft ganz nützlich, den oberflächlichen Anschein der Ereignisse einmal außer Acht zu lassen und sich stattdessen auf die daran beteiligten Gefühle zu konzentrieren.

So vermeiden Sie störende Spiele

Darum:
- Prüfen Sie Ihre Gefühle im Umgang mit anderen Menschen.
- Machen Sie sich klar, dass Sie an einem Spiel beteiligt sind.
- Aktivieren Sie Ihr Erwachsenen-Ich.
- Reden Sie mit Ihrem Gesprächspartner über das Spiel.
- Vermeiden Sie, eine Spielerrolle als Opfer, Verfolger oder Retter zu übernehmen.

Literatur

Berne, Eric: *Spiele der Erwachsenen. Psychologie der menschlichen Beziehungen*. Reinbek: Rowohlt 2002.

Berne, Eric: *Was sagen Sie, nachdem Sie „Guten Tag" gesagt haben? Psychologie des menschlichen Verhaltens*. Frankfurt/Main: Fischer-Taschenbuch-Verlag 1994.

English, Fanita: *Transaktionsanalyse. Gefühle und Ersatzgefühle in Beziehungen*. 4. Aufl. Salzhausen: iskopress 1994.

3. Das Modell von Friedemann Schulz von Thun

Das Kommunikationsmodell nach Friedemann Schulz von Thun (geboren 1944) ist eine „deutsche" Entwicklung und erfreut sich international großer Beliebtheit. Es ist Thema zahlreicher Seminare und Workshops in Studium und Ausbildung, vor allem aber in der betrieblichen Weiterbildung.

Internationale Verbreitung

Schulz von Thun befasst sich als Professor der Universität Hamburg mit dem Schwerpunkt „Psychologie der zwischenmenschlichen Kommunikation". Aus der Auseinandersetzung mit individualpsychologischen, humanistischen und systemischen Schulrichtungen und aus den praktischen Kurserfahrungen mit Lehrern und Führungskräften entstand in den 1970er Jahren das grundlegende Kommunikationsmodell mit den vier Arten von Botschaften.

Er entwickelte dieses Modell, um Kommunikationsprozesse zu erklären und zu verbessern. Besonders Personen, die auf andere durch Kommunikation aktiv einwirken – wie beispielsweise Führungskräfte –, können von diesem Modell profitieren.

Kommunikation erklären und verbessern

3.1 Die vier Seiten einer Nachricht

Zwischen Menschen kommt es immer wieder zu Konflikten – sei es im Arbeitsleben oder privat. Es wird aneinander vorbeigeredet, Diskussionen führen zu Missverständnissen oder enden ergebnislos.

Schulz von Thuns Untersuchungen zu den Ursachen kommunikativer Konflikte mündeten in seinem Entwurf des Vier-Seiten-Modells der Kommunikation. Dieses Modell basiert auf der An-

Das Vier-Seiten-Modell

nahme, dass jede Nachricht aus vier Botschaftsarten besteht, die vom Sender – bewusst oder unbewusst – ausgesendet werden.

> **Jede Nachricht besteht aus vier Arten von Botschaften:**
> 1. Sachbotschaft
> 2. Selbstoffenbarungsbotschaft
> 3. Beziehungsbotschaft
> 4. Appell

Ziel des Modells Ziel dieses Vier-Seiten-Modells ist es,

- psychologisch bedeutsame Vorgänge eines Gespräches aufzuzeigen,
- gefährliche „Gesprächsklippen" zu veranschaulichen,
- förderliche Gesprächshaltungen anzubieten und
- wichtige Gesprächstechniken in ihrem Zusammenspiel einsichtig zu machen.

Sachinhalt

Zunächst enthält jede Nachricht eine Sachinformation. Ein Sachverhalt wird dargestellt, indem beispielsweise Fakten benannt werden oder ein Problem angesprochen wird. Dabei vermittelt der Sender etwas über das Aussehen oder den Zustand einer Sache aus seiner Sicht.

Klar formulieren Damit Ihre Sachbotschaft gemäß Ihrer Absichten ankommt, sollten Sie die Aussage einfach aufbauen. Versuchen Sie, verschachtelte Sätze zu vermeiden, und drücken Sie sich klar und verständlich aus.

Selbstoffenbarung

Das „Innere" des Senders In jeder Nachricht stecken nicht nur Informationen über eine Sache, sondern auch Hinweise zur Person des Senders. Es geht dabei um das, was in seinem Inneren vorgeht.

Hierbei spielt es eine Rolle, inwieweit der Sender sich in seiner Botschaft „selbst offenbart", das heißt, wie viel er von sich, beispielsweise von seinen Gefühlen, preisgibt.

Beispiel: Selbstoffenbarungsbotschaft

Ein Vorgesetzter bittet einen jungen Mitarbeiter darum, ihn bei einem Kundenbesuch zu begleiten.

Beispiel

Antwortmöglichkeit 1 des Mitarbeiters: „Einen Kundenbesuch? Ich habe so viel Arbeit auf meinem Schreibtisch liegen. Dass schaffe ich zeitlich nicht."

Antwortmöglichkeit 2 des Mitarbeiters: „Einen Kundenbesuch? Ich habe noch nie einen Kunden besucht. Ich weiß gar nicht, wie ich mich da verhalten soll, denn ich bin Techniker und kein Verkäufer."

Bei der zweiten Antwortmöglichkeit vertraut der junge Mitarbeiter seine Unsicherheit bzw. Bedenken seinem Vorgesetzten an, das heißt, er geht aus sich heraus und spricht offen über seine Unsicherheit.

Unsicherheit anvertrauen

Bei der ersten Antwortmöglichkeit könnte man vermuten, dass es dem jungen Mitarbeiter unangenehm ist, seine Unsicherheit gegenüber dem Vorgesetzten zuzugeben. Er verschweigt seine Schwierigkeiten, denn seine Aussage könnte von seinem Vorgesetzten unter dem Gesichtspunkt „Was sagt mir das über dich?" gedeutet werden. Aus diesem Grund gibt der Mitarbeiter seine Unsicherheit nicht selbstoffenbarend zu, sondern versucht, sie zu verdecken.

Unsicherheit verschweigen

Mögliche Verdeckungstechniken der Selbstoffenbarung sind *Imponier-, Fassaden-* und *Verkleinerungstechnik.*

Verdeckungs- techniken

Bei der *Imponiertechnik* versucht der Sprecher, sich möglichst von seiner besten Seite zu zeigen. Er spielt sich auf oder beweihräuchert sich selbst, um die eigene Hochwertigkeit und Kompetenz herauszustreichen.

Imponiertechnik

Unter den Begriff *Fassadentechnik* fallen jene Verhaltensweisen, die darauf abzielen, negativ empfundene Anteile der eigenen Person zu verbergen. Beispielsweise versuchen manche, Ruhe auszustrahlen, obwohl sie Angst haben, sich angegriffen oder gekränkt fühlen.

Fassadentechnik

Verkleinerungs-technik

Bei der *Verkleinerungstechnik* untertreibt der Sender seine Bedeutung, um den Empfänger zu ermutigen, diese Untertreibungen in positiver Weise zu korrigieren („Fishing for compliments").

Beziehungsinhalt

Am Beziehungsanteil einer Nachricht wird deutlich, wie der Sender sein Verhältnis zum Empfänger einschätzt. Die in einer Botschaft enthaltenen Beziehungsaspekte spiegeln sich oft auch in der Art der Formulierung oder im Tonfall wider. Es wird erkennbar, ob der Gesprächspartner den Empfänger als gleichberechtigten Partner betrachtet oder ihn vielleicht als ihm unter- oder übergeordnet einstuft.

Beispiel

Beispiel: Beziehungsbotschaft
Es findet eine wichtige Verhandlung zwischen einem Geschäftsführer, seinem Vertriebsleiter sowie einem potenziellen Neukunden statt. Der Geschäftsführer eröffnet das Gespräch.

Aussage 1: „Meine Herren, ich habe Ihnen ein interessantes Angebot mitgebracht. Unser Vertriebsleiter wird es Ihnen kurz präsentieren. Fragen beantworte ich dann anschließend selbstverständlich selbst."

Aussage 2: „Meine Herren, wir haben Ihnen ein interessantes Angebot mitgebracht. Mein Vertriebsleiter wird es Ihnen präsentieren. Er steht Ihnen anschließend für alle Fragen gern zur Verfügung."

Beziehungsanteile berühren das Selbstwertgefühl

Die zweite Aussage zeugt von Respekt und macht im Vergleich zur ersten die Wertschätzung des Geschäftsführers für seinen Vertriebsleiter deutlich. Beziehungsbotschaften werden auf der Gefühlsebene wahrgenommen und berühren das Selbstwertgefühl. Die Geringschätzung und Bevormundung bei der ersten Aussage kann daher zu Konflikten führen.

Die Kombination der beiden Merkmale „Wertschätzung" und „Bevormundung" ergibt das Verhaltenskreuz. Die möglichen Verhaltensweisen des Senders bzw. Vorgesetzten lassen sich in vier Quadranten dieses Verhaltenskreuzes eintragen:

Verhaltenskreuz

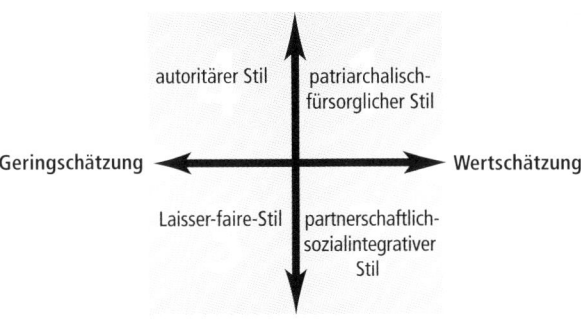

- *Quadrant 1* stellt eine Führungskraft dar, die in ihrer Art zu kommunizieren dem anderen Wertschätzung entgegenbringt, sich gleichzeitig aber lenkend, bevormundend und kontrollierend verhält.
- *Quadrant 2* zeigt jemanden, der seinen Mitarbeiter als vollwertigen Partner behandelt, ohne ihn zu bevormunden und durch dauernde Vorschriften einzuengen.
- *Quadrant 3* ist ein Vorgesetzter, der den anderen missachtet und seine Abneigung ausdrückt, jedoch kaum lenkt, kontrolliert und bevormundet. In diesem „Laisser-faire" drückt sich ein „Mach, was du willst" aus.
- *Quadrant 4* verkörpert einen Chef, der stark dominiert, sich einengend verhält und den Mitarbeiter geringschätzig behandelt.

Die vier Quadranten

Diese Ausführungen veranschaulichen das Problem des Vorgesetzten, seine Aussage auf der Beziehungsebene so zu formulieren, dass sie das gewünschte Ergebnis bringt, ohne bevormundend oder geringschätzig zu klingen. Das Verhalten von Führungskräften des zweiten Quadranten wird dem gerecht.

Ergänzende Informationen zum Beziehungsaspekt einer Nachricht finden Sie im Kapitel A 1.2 dieses Buches.

Appell

Der vierte Bestandteil einer Nachricht ist der Appell. Mit ihm möchte der Sender beim Empfänger eine gewünschte Wirkung erzielen, das heißt, er versucht, den Empfänger zu beeinflussen, bestimmte Dinge zu tun oder zu unterlassen, zu fühlen oder zu denken.

Beispiel: Appell

Ein Mitarbeiter soll dafür gewonnen werden, an einem Samstag anlässlich einer Sonderschicht zu arbeiten.

Möglichkeit 1: „Sie kommen am Samstag. Der Betriebsrat hat dieser Sonderschicht zugestimmt. Bitte seien Sie pünktlich."

Möglichkeit 2: „Ihre Mithilfe am Samstag ist wichtig. Wir müssen alle mit anpacken, um diesen Kunden zu befriedigen. Ich kann doch mit Ihnen rechnen?"

Der zweite Appell wird beim Mitarbeiter eher auf Verständnis stoßen als der erste.

Einflussnahme: offen und versteckt

Die Einflussnahme kann beim Appell offen oder versteckt erfolgen. Offenkundig sind explizite Appelle, wie beispielsweise Befehle, Anleitungen, Ge- oder Verbote. Die versteckte Einflussnahme ähnelt eher der Manipulation. Ein Beispiel dafür ist zweckdienliches Weinen. Versteckte Appelle sind einseitig und tendenziös. Sie zielen beim Empfänger auf eine bestimmte Wirkung, zum Beispiel auf Hilfsbereitschaft oder auf Mitleidsgefühle.

Nicht nur Appelle, sondern auch Botschaften auf der Beziehungsseite können von dem Ziel bestimmt sein, den anderen „bei Laune zu halten" – etwa durch unterwürfiges Verhalten oder durch Komplimente.

Wenn Sach-, Selbstoffenbarungs- und Beziehungsbotschaften zweckbestimmt bzw. appellorientiert kommuniziert werden, dann sind sie letztendlich nur ein unpersönliches Mittel zur Zielerreichung.

3.2 Die vier Ohren des Empfängers

Konflikte können ihre Ursache darin haben, dass der Gesprächspartner etwas anders aufnimmt, als der andere es meint. Dies kann daran liegen, dass die Empfangssensibilität für die vier Arten von Botschaften unterschiedlich ausgeprägt ist.

Unterschiedliche Sensibilität

Hört der Partner aus der Nachricht vor allem die Selbstoffenbarung, gilt sein besonderes Interesse dem Menschen. Ist er sensibel für Beziehungsbotschaften, läuft beim Zuhören die Frage mit: „Wie steht er zu mir"? Spricht er besonders auf Appelle an, fragt er sich innerlich: „Was soll ich jetzt fühlen, denken, tun?"

Auf der Basis dieser Überlegungen entwickelte Schulz von Thun sein Vier-Ohren-Modell. Danach sind Menschen mit ihren zwei Ohren sozio-biologisch schlecht ausgerüstet, denn im Grunde benötigen sie vier „Ohren" – also für jede der vier Arten von Nachrichten eins. Häufig ist ihnen gar nicht bewusst, dass drei Ohren geschlossen sind, während eines weit offen steht. Zudem ist meist nicht bewusst, dass auf diese Weise Kommunikationsweichen gestellt werden.

Vier-Ohren-Modell

Für jede Art von Botschaften ein Ohr

Appell-Ohr · Sach-Ohr · Beziehungs-Ohr · Selbstoffenbarungs-Ohr

Das Wissen, dass jede Nachricht verschiedene Botschaften enthält, sowie die Fähigkeit, Nachrichten „mit allen vier Ohren zu hören", ermöglichen es, Missverständnisse in der zwischenmenschlichen Kommunikation zu minimieren.

Missverständnisse minimieren

Sach-Ohr

Das Sach-Ohr prüft die Nachrichten, indem es fragt: „Was bedeutet das?" Mit diesem Ohr wird der Sachinhalt einer Nachricht wahrgenommen.

Gefahr des Vernachlässigens wichtiger Aspekte

Wenn Empfänger Nachrichten vorwiegend auf dem Sach-Ohr wahrnehmen, vernachlässigen sie andere, ebenfalls wichtige Aspekte der Nachricht. Problematisch wird dies in Diskussionen bzw. in Kommunikationsprozessen, in denen es eigentlich mehr um zwischenmenschliche Differenzen – beispielsweise um Beziehungsprobleme – geht. Schwierigkeiten auf der Beziehungsebene werden dann durch Sachinhalte überdeckt und können nicht bearbeitet werden

Beispiel

Beispiel: Ein großes Sach-Ohr

Ein Vater sagt zu seinem minderjährigen Sohn, der heimlich raucht: „Rauchen ist ungesund!" Der Sohn erwidert: „Ich rauche doch nur Lights!"

Selbstoffenbarungs-Ohr

Das Selbstoffenbarungs-Ohr versucht, „hinter die Kulissen zu hören". Es hinterfragt, warum der Sender die Nachricht gerade auf diese Art und Weise und mit diesem Tonfall sendet. Dieses Ohr ist zuhöraktiv, denn es möchte schnell erkennen, was mit dem anderen Gesprächspartner los ist.

Abwertung verletzender Botschaften

Menschen mit stark ausgeprägten Selbstoffenbarungs-Ohren beziehen auch unfreundliche Äußerungen nicht auf sich, sondern finden eine Erklärung in der Person des Gesprächspartners. Dies hat den Vorteil, dass verletzende Botschaften auf der Beziehungsebene abgewertet werden können.

Gefahr der Immunisierung

Problematisch ist allerdings die mögliche „Immunisierung durch das (ausschließlich) diagnostische Ohr" (Schulz von Thun). Ein solcher Empfänger bezieht nichts mehr auf sich, nimmt Kritik nicht mehr konstruktiv wahr. Auch auf die Gefahr der Psychologisierung weist Schulz von Thun hin: „Damit ist gemeint: Eine Sachaussage nur danach zu untersuchen und zu ‚entlarven', welcher psychische Motor als treibende Kraft dahintersteckt

(‚das sagst du ja nur, weil du …‘) – und zwar ohne das Gesagte sachlich zu würdigen.“

Beispiel: Ein großes Selbstoffenbarungs-Ohr

Ein Mitarbeiter sagt frustriert zu seinem Chef: „Sie sind ein Schinder. Sie kommandieren mich immer nur herum und können mich nicht leiden!“ Der Vorgesetzte erwidert: „Weil Sie die Arbeit nicht schaffen, behaupten Sie, ich könne Sie nicht leiden!“

Eine wichtige Kommunikationstechnik des Selbstoffenbarungs-Ohrs ist das aktive Zuhören (siehe auch Kapitel B 2 dieses Buches). Der Empfänger hilft dem Sender durch Aufmerksamkeitsreaktionen (Kopfnicken, Bestätigungslaute etc.), ein eventuell in der eigenen Person liegendes Problem zu erkennen und die Kommunikation zu verbessern. Ein großes „Selbstoffenbarungs-Ohr“ birgt aber die Gefahr, sich nur noch auf den anderen zu fixieren und sich selbst zu vernachlässigen.

Aktives Zuhören

Beziehungs-Ohr

Bei manchen Menschen ist das auf die Beziehungsbotschaften ausgerichtete Ohr so überempfindlich, dass sie sachliche Argumente kaum beachten und das Gespräch immer wieder auf die Beziehungsebene verlagern. In beziehungsneutrale Nachrichten werden dann Beziehungsbotschaften hineininterpretiert: Wenn jemand wütend ist, fühlen sie sich beschuldigt, wenn jemand lacht, fühlen sie sich ausgelacht, wenn sie jemand anschaut, fühlen sie sich kritisch gemustert, wenn jemand wegsieht, fühlen sie sich gemieden und abgelehnt. Sie liegen ständig auf der „Beziehungslauer“.

Auf „Beziehungslauer“

Beispiel: Ein großes Beziehungs-Ohr

Einige Studenten treffen sich in einer Arbeitsgruppe. Hans sagt zum Tutor: „Du siehst heute richtig gut aus!“ Der erwidert betreten: „Ich weiß, sonst sehe ich immer etwas ungepflegt aus.“

Appell-Ohr

Menschen, deren Handlungen zum großen Teil durch das Appell-Ohr ausgelöst werden, wollen es allen recht machen und selbst den unausgesprochenen Erwartungen der Gesprächspartner entsprechen. Bei starker Ausprägung kann dies tendenziell aufdringlich wirken.

Auf „Appell-Sprung"

Ein übergroßes Appellohr haben Empfänger, die bei der kleinsten Andeutung einer Aufgabe aufspringen und diese für jemanden erledigen. Sie wollen den expliziten und impliziten Erwartungen anderer immer und überall entsprechen: „Sie hören auf der Appellseite geradezu ‚Gras wachsen', sind dauernd auf dem ‚Appell-Sprung'". (Schulz von Thun)

Beispiel

Beispiel: Ein großes Appell-Ohr

Ein Projektteam bereitet zusammen das Projekt vor. Ein Mitarbeiter fragt: „Gibt es Kaffee?" Eine Mitarbeiterin springt auf: „Ich mache sofort noch welchen!"

Folgende Abbildung fasst die in diesem Kapitel skizzierten vier Seiten einer Nachricht zusammen.

Kommunikation nach Schulz von Thun

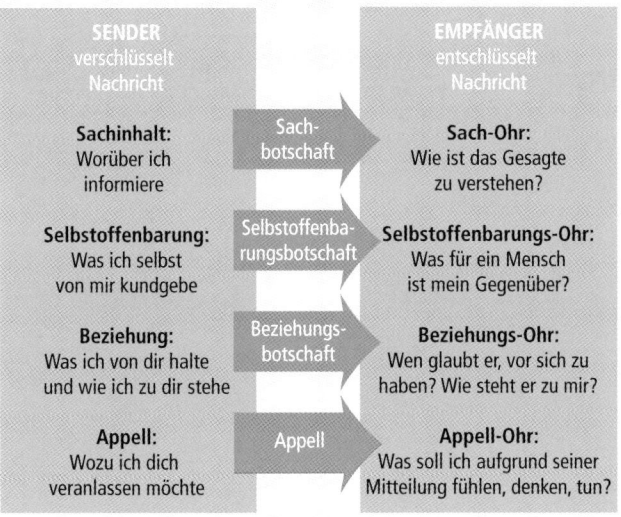

Wer weiß, dass eine einzige Aussage auf vier unterschiedliche Arten verstanden werden kann, hat gute Voraussetzungen, selbst wirksamer zu kommunizieren.

Beispiel: Eine Frage, vier verschiedene Reaktionen

Ein Vorgesetzter fragt eine Mitarbeiterin: „Haben Sie diesen Brief geschrieben? Er ist voller Fehler."

Beispiel

Hört die Mitarbeiterin diese Frage mit dem **Sach-Ohr,** dann nimmt sie den Sachverhalt zur Kenntnis und sagt ja oder nein.

Hört sie mit dem **Selbstoffenbarungs-Ohr,** stellt die Mitarbeiterin fest, dass sich der Chef ärgert.

Hört die Mitarbeiterin die Frage mit dem **Beziehungs-Ohr** und hat sie den Brief geschrieben, dann wird sie eine Kritik an ihrer Arbeitsweise bzw. an ihrer Person aus der Frage hören.

Hört die Mitarbeiterin bevorzugt mit dem **Appell-Ohr,** registriert sie die Botschaft: Schreib den Brief nochmals, aber bitte fehlerfrei.

Literatur

Schulz von Thun, Friedemann: *Miteinander reden. Störungen und Klärungen; Stile, Werte und Persönlichkeitsentwicklung; Das „innere Team" und situationsgerechte Kommunikation.* 3 Bände. Reinbek: Rowohlt-Taschenbuch-Verlag 2002.

Schulz von Thun, Friedemann und Christoph Thomann: *Klärungshilfe.* Reinbek: Rowohlt-Taschenbuch-Verlag 2003.

Schulz von Thun, Friedemann und Maren Fischer-Epe: *Coaching: miteinander Ziele erreichen.* Reinbek: Rowohlt-Taschenbuch-Verlag 2002.

Schulz von Thun, Friedemann u. a.: *Miteinander reden. Kommunikationspsychologie für Führungskräfte.* Reinbek: Rowohlt-Taschenbuch-Verlag 2003.

Stahl, Eberhard: *Dynamik in Gruppen. Handbuch der Gruppenleitung.* Weinheim: Beltz 2002.

4. Das Modell von Thomas Gordon

Auch der Psychologe Thomas Gordon (1918–2002) will den Erfolg zwischenmenschlicher Kommunikation fördern. Zwar richtet er sich an alle gesellschaftlichen Gruppen und Schichten, aber sein besonderes Interesse gilt Führungskräften. Ihnen will er die notwendigen Techniken vermitteln, um die Zusammenarbeit zu effektiveren. Gordon ist der Meinung, dass eine Führungskraft in einem sowohl Spezialist für zwischenmenschliche Beziehungen als auch Fachmann für die ihm übertragene Aufgabenstellung sein sollte.

Gordon basiert sein Konzept der erfolgreichen Führung auf der so genannten non-direktiven Gesprächsführung von Carl Rogers. Wesentlich für erfolgreiche Mitarbeitergespräche sind für Gordon

- die Technik des Aktiven Zuhörens (siehe Kapitel B 2 in diesem Buch),
- das Senden von Ich-Botschaften sowie
- die „Jeder gewinnt"-Methode.

4.1 Die Führungskraft als Problemlöser

Mitarbeiter und Führungskräfte haben Bedürfnisse, die beachtet und befriedigt werden müssen. Es sind Bedürfnisse nach Selbstachtung, Sicherheit, Geborgenheit, sozialer Anerkennung, Unabhängigkeit und Vertrauen.

Bleiben diese Erwartungen und Bedürfnisse sowohl der Führungskraft als auch der Mitarbeiter unbefriedigt, dann resultieren daraus Empfindungen wie Unzufriedenheit, Aggressivität, Niedergeschlagenheit und Frustration. Das kann Konflikte auslösen. Die nachstehende Abbildung veranschaulicht den Soll- und den Ist-Zustand.

Der Ist-Zustand ist hierbei in drei Zonen aufgeteilt:

Drei Zonen möglicher Empfindungen

- *Zone 1* stellt jenen Bereich der Empfindungen eines Mitarbeiters dar, an dem erkennbar ist, dass er ein Problem hat, bzw. den Teil seiner Bedürfnisse, die unbefriedigt sind.
- *Zone 2* stellt die problemfreie bzw. konfliktfreie Zone dar. Es ist der Bereich der Empfindungen dargestellt, bei denen sowohl Mitarbeiter als auch Führungskräfte die Befriedigung ihrer Bedürfnisse erleben.
- *Zone 3* zeigt den Problembereich einer Führungskraft. Die Flächengröße zeigt, in welchem Ausmaß deren Bedürfnisse unbefriedigt blieben.

Problembereiche und konfliktfreie Zone

Nach Gordon müssen Sie als Führungskraft die konfliktfreie Zone ausweiten. Zu diesem Zweck sollten Sie die Bedürfnisse Ihrer Mitarbeiter erkunden bzw. erfragen. Erst dann können Sie entscheiden, was zu tun oder zu lassen ist, um die Anliegen bzw. Bedürfnisse der Mitarbeiter zu befriedigen.

Zone 2 ausweiten

Natürlich ist keine Führungskraft in der Lage, allen unbefriedigten Bedürfnissen (Problemen) der Mitarbeiter zu genügen, noch ist es möglich, sämtliche eigenen Probleme (und die Probleme des Unternehmens) zu lösen. Dies ist eher ein anzustrebender Idealzustand.

4.2 Senden von Ich-Botschaften

Betrachtet man Gespräche genauer, stellt man fest, dass viele Äußerungen ausgeprägte Du- oder Sie-Komponenten beinhalten. Deswegen heißen solche Botschaften auch Du-Botschaften. Beispiel für eine Du-Botschaft ist die Aussage „Sie nerven mich mit Ihrer Fragerei". Hier steht das Du/Sie im Vordergrund.

Du-Botschaft

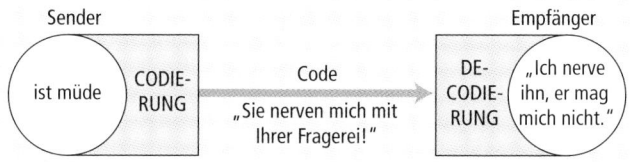

Wer Du-Botschaften äußert, läuft Gefahr, die Beziehung zu anderen Menschen zu schädigen. Enthalten Du-Botschaften eine negative Aussage, verursachen sie oft Schuldgefühle, werden als herabsetzender Tadel empfunden und provozieren reaktive Verhaltensweisen.

Leveling
Das Senden von Ich-Botschaften hingegen nennt man auch „Leveling", weil der Gesprächspartner auf dem gleichen Level bleibt. Die Aussage könnte als Ich-Botschaft lauten: „Mit diesen Fragen möchte ich mich lieber morgen befassen. Heute schaffe ich es nicht mehr." Hier steht das Ich im Vordergrund.

Ich-Botschaft

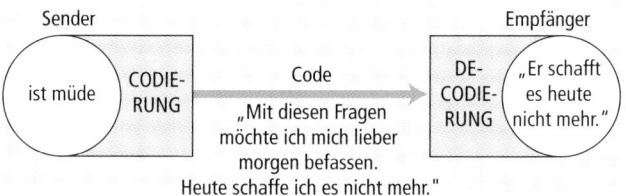

Wer eine Ich-Botschaft sendet, versucht nicht, den anderen herabzusetzen, sondern beschreibt das zu kritisierende Verhalten und die Gefühle, die es auslöst, also die Wirkung. Dem Gegenüber bleibt es dabei überlassen, sein Verhalten zu ändern.

4.3 Das Lösen von Führungsproblemen

Die wenigsten Führungskräfte sind in der Lage, Konflikte zu lösen. Das kann mit ihren Kindheitserfahrungen zusammenhängen. Im Streit mit Geschwistern, Freunden, Eltern oder Lehrern wurden Konflikte mit Macht „gelöst". Es gab immer einen Gewinner und einen Verlierer.

Gewinner und Verlierer

Infolgedessen kennen die meisten Menschen nur zwei Varianten der Konfliktbewältigung:
- Variante I: „Ich gewinne, du verlierst"
- Variante II: „Du gewinnst, ich verliere!"

Die dritte Variante, die „Jeder gewinnt"-Methode, ist unbekannt oder zumindest ungewohnt.

Im Folgenden werden die drei Methoden erläutert und zum besseren Verständnis mittels eines Beispiels verdeutlicht.

> **Beispiel: Konflikt zwischen Mitarbeiter A und B**
> Mitarbeiter A hat mit Mitarbeiter B einen Konflikt, weil er sich durch B ausgenutzt fühlt. Diesem geht es genauso. Er meint, durch A benachteiligt zu werden. Infolgedessen bleibt wichtige Arbeit liegen, für die sich keiner zuständig fühlt. Der Vorgesetzte muss deswegen eingreifen.

Beispiel

Variante I: „Ich gewinne, du verlierst"

Bei dieser Variante will einer der Gesprächspartner Recht behalten und gegebenenfalls die eigenen Machtbedürfnisse befriedigen. Das ist der Fall, wenn Sie als Vorgesetzter Ihre „Macht" ausspielen, das heißt, Kraft höherer Position Ihren Willen durchsetzen. Sie bestimmen autoritär, was getan oder gelassen werden soll. Wahrscheinlich grollen Ihre Mitarbeiter, da sie sich zu Befehlsempfängern abgestempelt fühlen. Das beeinträchtigt das Abteilungsklima. Als Folge dieser Art der Konfliktlösung gibt es am Ende einen Gewinner und einen Verlierer.

Mitarbeiter als Verlierer

Denkbar ist auch, dass Sie beide Mitarbeiter zu einem klärenden Gespräch einladen. Beide Kollegen tragen ihre Meinung vor. Die

Atmosphäre ist gespannt, der Ton wird laut. Sie werden nun ungeduldig und wollen das Gespräch nicht länger fortsetzen. Sie ordnen an: „Sie, Herr A, erledigen die Aufgaben 1, 2 und 3. Und Sie, Herr B, sind für 4, 5 und 6 zuständig. Ich möchte keine Klagen mehr hören! Gehen Sie wieder an die Arbeit!"

Infolge Ihres autoritären Verhaltens fühlen sich jetzt sogar beide Mitarbeiter als bloße Befehlsempfänger und Verlierer. Sie sind demotiviert und arbeiten gegebenenfalls gegen Sie als Chef. Die Lösung ist also nur eine Scheinlösung.

Variante II: „Du gewinnst, ich verliere"

Vorgesetzter als Verlierer
Bei dieser Variante gehen Sie als Führungskraft auf die Wünsche Ihrer Mitarbeiter ein. Sie geben nach, um Konflikten auszuweichen. Sie als Vorgesetzter sind hier der Verlierer, da Sie sich Ihren Mitarbeitern unterordnen. Diese nehmen Ihnen die Problemlösung aus der Hand. Eventuell empfinden Sie Groll, da Ihre Bedürfnisse unbeachtet blieben.

Der Preis, den Sie für Ihr Verhalten zahlen müssen, ist hoch: Gegebenenfalls werden Sie als führungsschwach eingestuft und künftig einfach übergangen. Der Kampf unter den Kollegen könnte sich zudem fortsetzen.

Lösen von Führungsproblemen nach den Varianten I und II

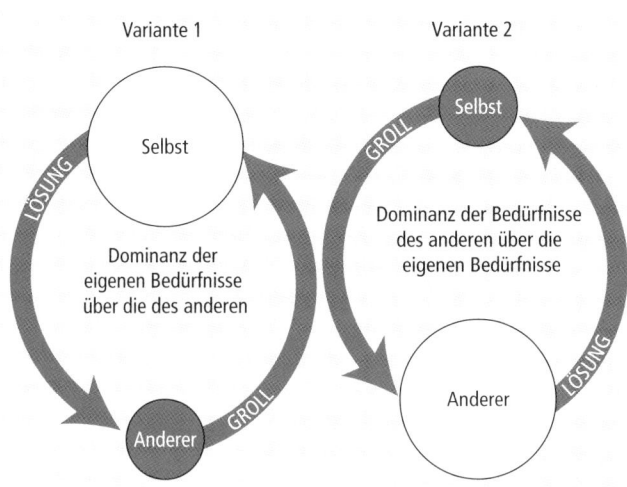

64

Variante III: „Jeder gewinnt"

Es gibt zwar keine definitiven Rezepte für eine erfolgreiche Konfliktlösung, aber einige Grundvoraussetzungen, die Ihnen helfen. Sie sind in der „Jeder gewinnt"-Methode beschrieben.

Diese Art der Konfliktbewältigung setzt jedoch voraus, dass Sie als Führungskraft Ihre Macht nicht missbrauchen, um Konflikte zu lösen – zumindest dann nicht, wenn Sie weiterhin mit dem betreffenden Mitarbeiter zusammenarbeiten wollen. Stattdessen sollten Sie etwa diese Haltung einnehmen:

„Du und ich, wir haben einen Bedürfniskonflikt. Ich achte deine Bedürfnisse, aber ich darf auch meine nicht vernachlässigen. Ich will von meiner Macht dir gegenüber keinen Gebrauch machen, so dass ich gewinne und du verlierst. Aber ich kann auch nicht nachgeben und dich auf meine Kosten gewinnen lassen. So wollen wir in gegenseitigem Einverständnis gemeinsam nach einer Lösung suchen, die ebenso deine wie meine Bedürfnisse befriedigt, damit wir beide gewinnen."

Die „Jeder gewinnt"-Haltung

Dieser Art der Problemlösung liegen fünf Schritte zugrunde:

Fünf Schritte zur Problemlösung

1. *Das Problem erkennen und eindeutig definieren.* Formulieren Sie es so, dass es weder einen Vorwurf noch eine Wertung enthält. Rechnen Sie damit, dass es notwendig werden kann, das Problem im Laufe der Diskussion umzudefinieren. Eventuell führt die Meinung des Mitarbeiters bei Ihnen zu einer neuen Sichtweise. Erst wenn beide Seiten die Definition des Problems akzeptieren, sollten Sie sich dem zweiten Schritt zuwenden.
2. *Alternative Lösungen entwickeln.* Fragen Sie zuerst Ihren Mitarbeiter nach möglichen Lösungen, bevor Sie eigene Vorschläge machen. Aus den gesammelten Lösungsvorschlägen werden dann gemeinsam die vernünftigsten und praktikabelsten ausgesucht, um dann Schritt drei einzuleiten.
3. *Die alternativen Lösungen gemeinsam bewerten.* Die Lösungsvorschläge sind dahingehend zu überprüfen, ob sie durchführbar oder mit Problemen behaftet sind. Um eine akzeptable Lösung zu finden, sollten sich beide Seiten um Ehrlichkeit bemühen.

4. *Die Entscheidung treffen und ausführen.* Beide Seiten müssen sich mit der Lösung identifizieren. Nur dann werden sie die Ergebnisse des Gesprächs auch umsetzen. Zu klären ist auch der Lösungsweg. Legen Sie gemeinsam fest, wer was bis wann erledigt.

5. *Bewertung der Lösung.* Bleiben die Maßnahmen erfolglos, dann ist das Problem erneut zu diskutieren. Entscheidungen können revidiert werden – aber nur auf der Basis des gegenseitigen Einverständnisses. Keine der beiden Seiten darf eine Entscheidung einseitig abändern.

Wenn Sie Ihre Mitarbeiter an Entscheidungen beteiligen, steigert dies die Akzeptanz und Motivation. Die Beziehungen bleiben von Respekt und Sympathie geprägt.

Das Gelingen der „Jeder gewinnt"-Methode setzt die persönliche Autorität des Vorgesetzten voraus. Persönliche Autorität besteht aus verschiedenen Komponenten (siehe Abbildung).

Vier Seiten der Autorität

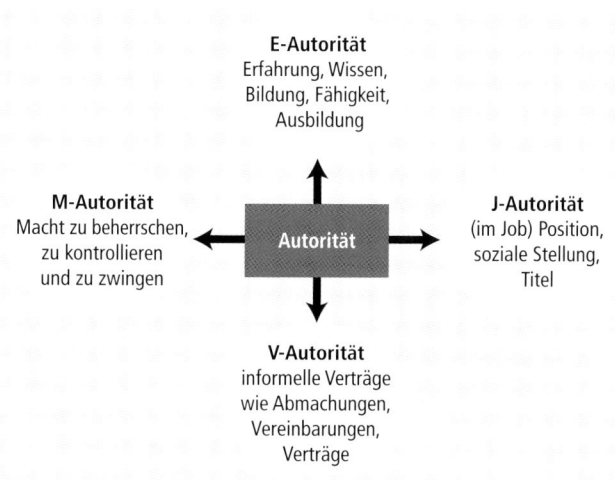

Da jeder Mensch andere Persönlichkeitsausprägungen hat, ist es schwierig, allgemeine Autoritätsmerkmale zu beschreiben.

Folgende Aspekte haben sich als hilfreich erwiesen:

- Der Vorgesetzte ruht in sich selbst. Er kennt seine Stärken und Schwächen und besitzt ein gesundes Selbstbewusstsein.
- Er lässt die Mitarbeiter nicht zu Opfern seiner Willkür werden.
- Er behandelt sie nicht als Untergebene, sondern als Partner, und akzeptiert auch abweichende Meinungen.
- Um Konflikte zu meistern, versucht er, in Mitarbeitergesprächen Probleme durch aktives Zuhören zu erkennen.

Konfliktlösung des Praxisbeispiels nach Variante III

Sie als Vorgesetzter führen mit den beiden Kollegen ein gemeinsames Gespräch. Dabei erklären Sie nochmals die Aufgaben und Ziele der Abteilung. Sie fordern beide Kollegen auf, konkrete Vorschläge zur Problemlösung zu machen.

Die verschiedenen Vorschläge bewerten Sie gemeinsam. Die beste Idee wird ausgewählt. Im Zweifelsfall geben Sie als Vorgesetzter den Ausschlag. Eventuell werden die Aufgabengebiete der beiden Mitarbeiter einvernehmlich geändert bzw. neu verteilt.

Die faire Versuch einer Konfliktlösung bzw. die gründliche Aussprache im Klärungsprozess bringen es mit sich, dass beide Mitarbeiter die Lösung mittragen und sich ihr nicht widersetzen. Außerdem wissen beide Kollegen, dass eine Abweichung nicht geduldet wird, da Sie sich sonst gezwungen sehen, die Variante „Ich gewinne, du verlierst" anzuwenden.

Literatur

Breuer, Karlpeter (Hg.): *Thomas Gordon: Das Gordon-Modell, Anleitungen für ein harmonisches Leben.* München: Heyne 1998.

Gordon, Thomas: *Managerkonferenz. Effektives Führungstraining.* 12. Aufl. München: Heyne 1995.

Gordon, Thomas: *Die neue Beziehungskonferenz. Effektive Konfliktbewältigung in Familie und Beruf.* München: Heyne 2002.

Gordon, Thomas und Carl D. Zaiss: *Das Verkäuferseminar. Psychologie des effektiven Verkaufens.* Frankfurt/M.: Campus 1995.

5. Systemische Gesprächsführung

Der Begriff „systemische Gesprächsführung" – auch bekannt unter „systemisches Interview" – entstammt ursprünglich der Psychotherapie und hier insbesondere der Familientherapie. Zu Beginn der 1980er Jahre wurde die systemische Gesprächsführung auch in andere Umfelder übertragen, beispielsweise in die Unternehmensberatung, das Projektmanagement und das Coaching.

Ganzheitliche Sicht Beim systemischen Ansatz geht man mit einer ganzheitlichen Sichtweise an ein Problem heran. Hier gelten Probleme nicht als individuelle Symptome, sondern als *individuelle Bewertungen, die mit anderen Personen kommuniziert werden.* Systemisch geschulte Führungskräfte oder Berater achten daher weniger auf geschilderte Defizite. Zudem glauben sie grundsätzlich an die Fähigkeit ihrer Mitarbeiter, ihre Probleme selbst zu lösen.

Kontext beachten Vielleicht wendet sich jemand mit einem Problem an Sie, dessen Ursache gegebenenfalls in sozialen Umwelteinflüssen liegt. Das macht es notwendig, neben dem Hilfe suchenden Menschen seine offensichtlich problematischen Beziehungen (ob aus Familie, Freundeskreis und/oder Beruf) zu sehen oder, je nach Vertrautheit, zu erahnen – ohne hier eine Lösung parat zu haben. Immer wieder machen Berater die Erfahrung, dass all ihr Engagement nahezu vergeblich ist, wenn Probleme im sozialen Beziehungskontext liegen, auf den sie keinen Einfluss haben.

5.1 Ziel der systemischen Gesprächsführung

Probleme neu bewerten Systemische Kommunikationskompetenz befähigt Führungskräfte, Trainer und Berater, mit Hilfe zirkulärer Fragetechniken ihren Mitarbeitern oder Kunden durch eine Neubeschreibung der aktuellen Konflikte gleichzeitig eine *Neubewertung* ihrer (das

Problem auslösenden) Beziehungen zu ermöglichen. Das Einnehmen der systemischen Haltung unterstützt Berater und Führungskräfte dabei, Kontakte und vertrauensvolle Beziehungen zu Mitarbeitern oder „Probleminhabern" sowie deren unterschiedlichen Auffassungen und ureigenen Wertmaßstäben herzustellen. Sie lernen zu erkennen, wo disharmonische Strukturen und /oder sonstige Beziehungskonflikte die geschilderten Perspektiven geprägt haben. Mit systemischen Gesprächsformen werden neue Standpunkte, neue Sichtweisen und damit Lösungsmöglichkeiten geschaffen und der Aufbau von Verständnis gefördert.

Was ist ein System?

Das System wird vereinfacht als eine zusammengesetzte Einheit definiert. Diese wiederum besteht aus Einzelbestandteilen oder Elementen.

Definition „System"

Die zusammenhängende Organisation der Bestandteile macht die Ansammlung von Elementen zu einem System. Die Elemente stehen in einer zirkulären Beziehung zueinander.

Ein System zu verstehen bedeutet somit, den Zusammenhang der zirkulären Organisation zu verstehen (siehe hierzu auch den systemtheoretischen Ansatz im Kommunikationsmodell von Paul Watzlawick im Kapitel A 1 dieses Buches).

Der Systemiker interessiert sich für die zirkulären Zusammenhänge von Ideen, Gefühlen, Handlungen, Personen, Beziehungen, Gruppen, Ereignissen, Traditionen etc. Seine Fragen sind insofern als zirkulär zu bezeichnen, als dass er versucht, organisatorische Zusammenhänge zu erhellen bzw. zu erklären. Fragen zu stellen zielt nicht nur auf Antworten, sondern darauf, Informationen zu generieren.

Zirkuläre Zusammenhänge

Praktisch folgt daraus, dass der Gesprächsleiter einen großen Teil seiner Fragen unter den Gesprächsteilnehmern „zirkulieren" lässt. So kann er beispielsweise zunächst A nach der

Beziehung von B und C und anschließend B nach der Beziehung von A und C befragen, um die verschiedenen Sichtweisen und tieferen Zusammenhänge der Teilnehmer untereinander besser zu verstehen. Das Stellen der Fragen stimuliert die befragte Person gedanklich bzw. stößt Ideen an.

Was ist systemische Gesprächsführung?

Definition „systemische Gesprächsführung"

Der Psychotherapeut Peter W. Gester definiert die systemische Gesprächsführung so: *„Ein systemisches Interview besteht überwiegend aus Fragen, da ein Systemiker an den unterschiedlichen Sichtweisen seiner Gesprächspartner interessiert ist. Im Wesentlichen handelt es sich bei dieser Technik darum, in Anwesenheit der Mitglieder eines natürlichen Systems die Beziehungen zwischen den anderen Mitgliedern dieses Systems zu erfragen".*

Lösung selbst finden

Ziel ist es, den Gesprächsteilnehmern einen Weg aus einem Konflikt bzw. Lösungsansätze für ein bestehendes Problem aufzuzeigen. Dabei kommt es allerdings nicht darauf an, dass der Gesprächsleiter zum Abschluss genaue Anweisungen erteilt. Vielmehr versucht der Interviewer, durch gezieltes zirkuläres Fragen den Teilnehmern neue Sichtweisen zu eröffnen, so dass diese bestenfalls selbst die möglichen Wege aus dem Konflikt finden.

5.2 Regeln systemischer Gesprächsführung

Die drei Grundregeln der systemischen Gesprächsführung sind
1. Hypothetisieren,
2. Neutralität und
3. Zirkularität.

Von größtem Gewicht ist die Zirkularität.

Regeln systemischer Gesprächsführung

| Zirkularität | Hypothetisieren | Neutralität |

untrennbar miteinander verbunden

Hypothetisieren

Zu Beginn des Gesprächs bzw. nach der Klärung der Ausgangssituation formuliert der Interviewer eine Hypothese, die ihm im Gesprächsverlauf als Richtschnur dient. Durch gezieltes Fragen sammelt er dann Informationen, um seine Annahmen zu bestätigen oder zu widerlegen.

Hypothese als Richtschnur

Neutralität

Der Interviewer kann im Verlauf seines Gespräches in vier Situationen geraten. Man spricht hier von einem „Tetralemma".

Tetralemma

Pro	sowohl Pro als auch Kontra
weder Pro noch Kontra	Kontra

Neutral: weder Pro noch Kontra

Um keiner der Parteien das Gefühl zu geben, benachteiligt zu werden, sollte der Interviewer eine neutrale Position einnehmen. Damit eröffnet sich die Möglichkeit, einen dritten, pragmatischen Weg zu suchen – jenseits von Parteigrenzen, Weltanschauungen oder der Basis des dogmatischen Entweder-oder.

Neutrale Position

Pro oder Kontra

Der Gesprächsleiter stellt sich entweder auf die eine oder andere Seite, also Person oder Gruppe – und verliert damit seine Neutralität.

Partei ergreifen

Sowohl Pro als auch Kontra

Der Interviewer nimmt eine Stellung der „Allparteilichkeit" ein. Hierbei besteht die Gefahr, dass er im weiteren Verlauf des Gesprächs von den unterschiedlichen Personen bzw. Gruppen in seinem Auftreten als ambivalent, widersprüchlich oder gar paradox empfunden wird (vgl. Fritz Simon u. a., S. 28).

„Allparteilichkeit"

Diese Situation kann man durch die Anwesenheit eines zweiten Systemikers umgehen, Die unterschiedlichen Positionen würden dann jeweils von einem Interviewer „vertreten".

Zirkularität

Zwei Arten der Gesprächsführung

Die zirkuläre Fragestellung ergänzt die systemische Hypothesenbildung. Dabei sind zwei Arten der Gesprächsführung zu unterscheiden, nämlich
1. zirkuläres *Befragen* und
2. zirkuläres *Fragen*.

Im Verlauf eines Interviews werden beide Stile gleichzeitig, nebeneinander und ineinander übergehend angewendet. Insofern ist die Zweiteilung nur theoretischer Natur.

Zirkuläres Befragen

Deskriptive und reflexive Fragen

Beim zirkulären Befragen stellt der Gesprächsleiter zunächst aneinander gereiht Fragen, ohne auf diese eine Antwort zu erwarten. Er fragt nicht, um Fakten zu erfahren, sondern will sich an die Gesprächspartner „ankoppeln", um sie so zu einer anderen Sichtweise ihres Bezugsystems (Familie, Abteilung, Schule) zu bewegen. Damit legt er die Grundlage für das weitere Gespräch. Im Gesprächsverlauf wird auf unterschiedliche Art zirkulär gefragt, beispielsweise *deskriptiv* (beschreibend) und *reflexiv* (rückbezüglich).

Neutraler Interviewer

Während des gesamten Gesprächs muss der Interviewer persönliche Stellungnahmen vermeiden, da die Gesprächsteilnehmer hierauf sensibel reagieren würden. Der Verlust der Neutralität des Interviewers behindert zwangsläufig das weitere Gespräch. Ist dennoch eine Intervention des Interviewers in den Gesprächsverlauf nötig, dann sollte der Systemiker reflexive Fragen stellen. Ein Beispiel aus der Organisationsberatung veranschaulicht dies.

Beispiel: Zirkuläres Befragen

Beispiel

Im Verlauf eines organisationsentwickelnden Abteilungsmeetings zieht ein Mitarbeiter über einen Kollegen her, der ebenfalls anwesend ist. Um die Situation zu deeskalieren und das Gespräch wieder auf eine vernünftige Grundlage zu bringen, wendet sich der systemisch geschulte Trainer mit einer reflexiven Frage an den ebenfalls anwesenden Abteilungsleiter: „Wie lange hat Ihr Mitarbeiter schon diese negative Meinung über Herrn X? Wann hat er angefangen, so über ihn zu denken?"

Die Absicht des Trainers besteht darin, den Prozess, jemanden zum Sündenbock zu machen, zu unterbrechen und den Fokus neu auszurichten. Durch die Intervention mittels einer Frage drückt er aus, dass er die Autonomie des Systems (hier: die Abteilung) respektiert. Seine Neutralität bleibt gewahrt. Mit einer expliziten Meinungsäußerung oder Anweisung durch den Trainer wäre dies nicht möglich gewesen.

Autonomie respektieren

Allein durch deskriptive oder reflexive Fragen wird sich in einem Sozialsystem zwar wenig verändern. Dennoch ist jede Frage ein potenzieller *Wirkungsauslöser*. Dabei haben Fragen mit einem reflexiven Anteil eher eine auslösende Wirkung als rein deskriptive Fragen.

Fragen als Auslöser

Das reflexive Befragen ist allerdings nicht risikofrei. Der zu häufige Einsatz dieses Fragetyps kann im Gespräch eine Verhör- oder Prüfungsatmosphäre erzeugen. Als Folge hiervon könnte das Gespräch einfrieren. Dies ist auch dann der Fall, wenn eine Sequenz deskriptiver Fragen nicht ausreichend neutral formuliert worden ist.

Risiken reflexiver Fragen

Zirkuläres Fragen

Verhalten und Gefühle offenbaren nicht nur die innere Befindlichkeit eines Menschen, sondern haben auch einen sozialen Kontext. Deshalb kann es für den einzelnen Menschen nützlicher sein, die sozialen Beziehungen (Beruf, Familie) und mögliche Ursachen und Auswirkungen zu erkennen, als ihn nur nach seinen Empfindungen zu befragen.

Folgende Fragetypen sind beim zirkulären Fragen zu unterscheiden:

Fragetypen

- *Kontextfragen.* Sie zielen darauf ab, die Gesprächsgrundlage bzw. den -hintergrund zu klären. Erst wenn der Interviewer

73

alle Hintergründe und Beziehungen der teilnehmenden Personen und das hinter dem Gespräch stehende Problem bzw. den eigentlichen Konflikt kennt, kann er den Weg zur Lösung mit entsprechenden Fragetechniken einschlagen.

Vorstellungen vereinheitlichen

- *Unterschiedsfragen.* Sie zählen zu den klassischen Fragetypen. „Nur wenn man nach Unterschieden fragt, gewinnt man Informationen" (Fritz Simon u.a., S. 23). Mit der Unterschiedsfrage will der Systemiker feststellen, ob zwei Personen mit ein und demselben Begriff eventuell unterschiedliche Vorstellungen verbinden. Ist dies der Fall, ohne dass es den Beteiligten klar wird, droht die Gefahr, dass das Interview in die falsche Richtung abdreht.

- *Definitionsfragen.* Fragen wie Wer?, Was?, Wann?, Wo?, Wie?, Wie viel? versuchen zum Kern des Problems vorzudringen. Dabei werden immer feinere Unterscheidungen getroffen, um ein klares Bild der Situation zu erhalten.

- *Erklärungsfragen.* Um Ebenen höherer Komplexität geht es bei Fragen wie Warum?, Wie kommt es …?, Auf welche Art und Weise …? Der Fokus ist auf die Bedeutung und Funktion des Problems im Kontext des Systems gerichtet.

- *Rangfolgefragen.* Sie werden zur Einstufung von Akteuren in eine Hierarchie verwendet. So können beispielsweise Personenkonstellationen der Gesprächsteilnehmer geklärt und abgebildet werden.

Kontext klären

- Zur Klärung des Kontextes werden häufig auch *Fragen zur Übereinstimmung und Nicht-Übereinstimmung* gestellt: Wer stimmt mit wem bzw. wessen Sichtweisen überein / nicht überein? Wer sieht es gerade entgegengesetzt? (Fritz Simon, S. 273)

- *Alternativfragen* stellt der Interviewer, um Ideen zu streuen. Dabei versucht er aber nicht, selbst die Antwort zu geben, sondern lässt die Fragen im Raum stehen, um diese nach und nach durch die Gesprächsteilnehmer beantworten zu lassen.

- *Hypothetische Fragen.* Der Nutzen dieser Fragen wird bei Fritz Simon so dargestellt: „Gedankenexperimente sind ein gutes Verfahren, den Möglichkeitssinn zu nutzen, Optionen durchzuspielen, die Wirkung einzelner Veränderungen zu erproben. Durch hypothetische Fragen lassen sich Interviewpartner in mögliche alternative Welten führen, sei es in der Vergangenheit, sei es in der Zukunft.“ (Fritz Simon, S. 273)

Gedanken-experimente

- *Problem(lösungs)orientierte Fragen.* So genannte *triadische Fragen* (Einführung der Außenperspektive) sind wohl die typischste Frageform bei der zirkulären Gesprächsführung. Sie sind ab einer Mindestteilnehmerzahl von drei Personen interessant. Dabei wird eine Person jeweils über die Beziehung zweier oder mehrerer anderer gefragt: „Wie sieht die Interaktion und Kommunikation von A und B aus?“ „Was macht wer wann?“ usw. Auf diese Weise bekommen die beurteilten Personen eine Rückmeldung, wie ihr Auftreten bzw. Verhalten von außen wahrgenommen wird.

Triadische Fragen

Bei dieser Art des Fragens sollen sich die Befragten in die Position eines anderen einfühlen. Dabei muss die befragte Person nicht tatsächlich mit der Meinung der Person, deren Sichtweise eingenommen wurde, übereinstimmen. Häufig ist es jedoch so, dass die antwortende Person recht gut weiß, was der oder die andere meint, wie er/sie die Situation sieht oder wie es ihm bzw. ihr geht.

Triadische Fragen bieten für die andere Person die Chance zu erfahren, wie sie von außen, also von anderen Personen ihres Umfeldes, wahrgenommen und verstanden wird. Mit diesem Wissen kann der Betroffene versuchen, das eigene Verhalten zu korrigieren. Solche Reaktionen werden üblicherweise nicht gleich bei der ersten in diese Richtung tendierenden Frage erzielt. Der Gesprächsleiter muss durch weitere Fragen entsprechend nachhaken.

Außenwahrneh-mung erkennen

> **Beispiel: Triadische Fragen**
> Ein Organisationsberater lässt den Abteilungsleiter die Beziehung zwischen einem Mitarbeiter und der Sekretärin einschätzen. Um

Beispiel

eine weitere Perspektive zu erhalten, stellt er die gleiche Frage dem Stellvertreter des Abteilungsleiters. Im Anschluss nun werden der Mitarbeiter und die Sekretärin gefragt, welche Antworten über ihre Beziehung sie vom Abteilungsleiter und vom Stellvertreter erwartet hätten und ob sie mit den erhaltenen Beschreibungen übereinstimmen. Auch die Frage, ob und wie sie sich die Schilderungen der anderen Kollegen erklären können, ist denkbar.

Ergänzende und vertiefende Informationen zum Thema Fragetechniken finden Sie im Kapitel B 1 dieses Buches.

5.3 Typische Schritte im Prozess einer systemischen Beratung

Eine typische systemische Beratung durchläuft folgende Schritte:

Basis beschreiben

1. Klären des Beratungszusammenhangs
- Welche Bedeutung hat das Gespräch für die Beteiligten?
- Wie sehen die Beteiligten das Problem?
- Welche Problemdefinitionen haben die Ratsuchenden?

Ursachen finden

2. Erfragen der Erklärungen für das Problem
- Welche Ursachen sehen die Beteiligten?
- Wie erklären die Beteiligten das Problem?
- Welches sind die Auswirkungen des Problems?
- Achten Sie auf Übereinstimmungen und Unterschiede.
- Fragen Sie nach, ob die Beteiligten dem zustimmen.
- Benennen Sie, was diese Erklärungen einschließen und was sie ausschließen.

Erwartungen äußern

3. Klären der Erwartungen
- Welche Erwartungen haben die Ratsuchenden an wen?
- Welche Bedeutungen schreiben sie diesen Erwartungen zu?

Ziele bestimmen

4. Erfragen der Ziele
- Welches Ziel möchten die Beteiligten erreichen?
- Woran werden Sie bzw. andere erkennen, dass das Problem gelöst ist?

- Was werden Sie bzw. andere als Erstes anders tun?
- Was werden Sie bzw. andere dann tun?
- Was wird dann anders sein als jetzt?
- Gibt es Lösungsversuche aus der Vergangenheit?

5. Erfragen der Problemmuster
Muster erkennen

- Wie verhalten sich die Beteiligten, wenn das Problem auftritt (Interaktionsmuster)?
- Wer reagiert womit darauf?
- Was tut wer, wenn das Problem da ist?

6. Konstruktion einer Lösung und Benennen konkreter kleiner Schritte
Lösung formulieren

- Die Beteiligten formulieren das Ziel – und zwar als Lösung in Verhaltensweisen.
- Wer tut was, wann, wo, wie – auf dem Weg zu einer Lösung?

7. Stellen der Lösungsmaßnahme/n in den Lebenskontext des Ratsuchenden
Wirkungen abklopfen

- Welche Wirkungen haben die Lösungsvorschläge auf wen?
- Was ist der Preis dieser Lösungsschritte?
- Werden alle Ratsuchenden sie tragen bzw. bezahlen?
- Was kann ihnen helfen, das zu tun?

8. Verstärken der Lösungsschritte
Umsetzung erleichtern

- Wenn Lösungsschritte vorgeschlagen werden, fixieren Sie diese zunächst.
- Erfragen Sie genau, wie sie zustande kamen.
- Fordern Sie zum weiteren Ausbau auf.
- Wie kann den beteiligten Personen das Umsetzen der Lösungsschritte erleichtert werden?

9. Erfragen der Erklärungen für das Ausbleiben von Lösungen
Ausbleiben erklären

- Welche Erklärungen gibt es dafür?
- Welche Auswirkung hat das auf den Auftrag?
- Wer kann etwas tun, um weiterzukommen?
- Wer trägt Verantwortung wofür, für welche Veränderung?

Literatur

Barthelmess, Manuel: *Systemische Beratung. Eine Einführung für psychosoziale Berufe.* 2., überarb. und erw. Aufl. Weinheim: Beltz 2001.

König, Eckard und Gerda Volmer: *Systemische Organisationsberatung. Grundlagen und Methoden.* 4., überarb. Aufl. Weinheim: Dt. Studien-Verl. 1996.

Pfeifer-Schaupp, Hans-Ulrich (Hg.): *Systemische Praxis. Modelle – Konzepte – Perspektiven.* Freiburg i. B.: Lambertus 2002.

Simon, Fritz B. und Christel Rech-Simon: *Zirkuläres Fragen. Systemische Therapie in Fallbeispielen: Ein Lernbuch.* 4. Aufl. Heidelberg: Carl-Auer-Systeme Verlag 1999.

6. Neuro-Linguistisches Programmieren (NLP)

Das Modell des Neuro-Linguistischen Programmierens (NLP) wurde seit Mitte der 1970er Jahre von Richard Bandler (geboren 1950) und John Grinder (geboren 1939) entwickelt. Ursprung ihrer Ideen waren Fragen wie:

- „Was macht einen guten Kommunikator so wirksam?“
- „Wie gehen Spitzenkönner der Kommunikation auf andere Menschen ein?“
- „Was machen sie automatisch und intuitiv richtig?“

Die Techniken des NLP entstanden durch teilnehmende Beobachtung bei anerkannten Psychotherapeuten aus den Bereichen Familien-, Gestalt- und Hypnotherapie. Bandler und Grinder entdeckten eine große Anzahl von Faktoren, die ineffiziente von effizienter Kommunikation unterscheidet, ohne dass die Kommunikatoren sich ihrer Stärken bewusst waren.

Faktoren effizienter Kommunikation

Da diese Effektivität vom Gehirn und dort eben von den Gehirnzellen (Neuronen) gesteuert wird und dies obendrein mit Hilfe von inneren sprachlichen Mustern geschieht, nannte man dieses Vorgehen zunächst neuro-linguistisch. Das Wort „Programming“ kam eher zufällig im Sinne von Verändern hinzu. Da das Wort „Programmieren“ heute zu negativen Assoziationen im Sinne des Manipulierens führt, ist der Begriff unglücklich gewählt.

Ursprung des Namens

In der Fortsetzung der Arbeit entwickelte sich aus den zahlreichen Einzelergebnissen

- ein umfassendes Kommunikationsmodell und
- eine Werkzeugbox zum Trainieren wirkungsvoller Kommunikation.

6.1 Zum Hintergrund des Namens

Programme sind meist unbewusst

Die verschiedenen Arten der Wahrnehmung – beispielsweise Bilder, Worte, Geräusche, Empfindungen und Gefühle – werden sprachlich gedeutet, verarbeitet und neurologisch gespeichert. Diese inneren Reaktionen und Denkprozesse sind entscheidend für das zwischenmenschliche Verhalten. Da dieses gelernt ist, können wir es verändern und neu „programmieren". Unser Denken, Verhalten und Lernen wird also von neurolinguistischen Programmen gesteuert, die in der Regel unbewusst sind.

NLP befasst sich mit dem Zusammenhang von Körper, Sprache und Denken.

Was die Bestandteile des Namens meinen

Neuro ⟶ Prozesse im Nervensystem
Linguistisch ⟶ Sprache
Programme ⟶ Denk- und Verhaltensmuster

Neuro

Verarbeiten von Sinnesreizen

Jedes menschliche Verhalten besteht aus neurologischen Prozessen. Nerven nehmen Reize auf und transportieren sie zum Gehirn; dort werden sie gefiltert und verarbeitet. Unser Verhalten entwickelt sich durch *Sehen* (visuelle Reize), *Hören* (auditive Reize), *Berühren* (kinästhetische Reize), *Riechen* (olfaktorische Reize) und *Schmecken* (gustatorische Reize). Mit Hilfe unserer fünf Sinne filtern wir alles, was an Informationen, Signalen und Reizen aus der Umwelt in uns eindringt.

Linguistik

Sprache codiert Erfahrung

Die Sprache ist der individuelle Ausruck unserer subjektiven Wahrnehmung. Mit der Sprache codieren und verknüpfen wir unsere Erfahrungen und tauschen diese mit anderen Menschen aus. Dazu gehört nicht nur die Sprache der Worte, sondern auch die Körpersprache – also alles, was Botschaften übermittelt.

Ergänzende und vertiefende Informationen zum Thema „Körpersprache" finden Sie im Kapitel B 4 dieses Buches.

Programmieren

Programmieren: Hiermit ist der Prozess des Lernens durch sinnvoll aufeinander aufbauende Erfahrung gemeint. Das Lernen ist stets die Ergänzung bekannter Dinge oder Wege durch neue oder bessere.

Lernprozesse

Neuro-Linguistisches Programmieren ist eine Sammlung von Verfahrensweisen zur Verbesserung der Kommunikation. Es beschreibt die Zusammenhänge zwischen Geist (Neuro) und Sprache (Linguistik) sowie die Auswirkungen ihres Wechselspiels auf Körper und Verhalten (Programmierung).

6.2 Zweck und Anwendungsbereiche des NLP

NLP kann Ihnen unter anderem helfen,

Zweck des NLP

- effizienter mit anderen zu kommunizieren – und zwar durch eine verfeinerte Wahrnehmung und ein besseres Verständnis von Kommunikationsprozessen;
- Ihre eigenen Ressourcen besser zu nutzen und Ihre Ziele wirksamer zu erreichen – und zwar durch das Bewusstmachen von bisher unerkannten Fähigkeiten und persönlichen Zielvorstellungen;
- die Teamarbeit zu verbessern – und zwar durch das Erlernen von Interventionsmöglichkeiten im Konfliktfall, um Streitsituationen schnell zu entschärfen;
- den Umgang mit Ihren Mitarbeitern erfolgreicher zu gestalten – und zwar durch die so genannte Rapportfähigkeit.

NLP kommt in vielen Bereichen zur Anwendung:

Anwendungsbereiche

- Verkaufstraining bzw. Kundenkontakt
- Personalauswahl (Interviewtechnik)
- Konfliktmanagement
- Mitarbeiterführung
- Karriereplanung und Selbstmanagement, und zwar zur Förderung der Selbstmotivation, Kreativität und des zielgerichteten Denkens sowie zum Abbau von Erfolgsblockaden.

6.3 Schlüsselbegriffe und Kerntechniken

Verhalten justieren NLP zielt darauf, das eigene Gesprächsverhalten an das Verhalten des anderen Gesprächspartners anzupassen. Voraussetzung für diese Verhaltensjustierung ist die Kenntnis über eigene Verhaltensmuster und die Beobachtung der Verhaltensmuster des Gesprächspartners. Dabei helfen Ihnen die im Folgenden skizzierten Techniken bzw. Verhaltensweisen.

Wahrnehmung

Innere Prozesse wahrnehmen Wahrnehmung und Beobachtung sind die Basiselemente jeder Kommunikation. Im Umgang mit Menschen ist die gekonnte Wahrnehmung innerer Prozesse daher sehr wichtig. Erkennen Sie beispielsweise als Vorgesetzter nicht, dass ein Mitarbeiter Probleme hat, dann können daraus Kommunikationsstörungen resultieren. Die Ursache könnte daher rühren, dass unterschiedliche Kommunikationsstile bzw. Wahrnehmungskanäle im Gespräch aufeinander treffen. Während ein Vorgesetzter beispielsweise vorwiegend mit bildhaften Schilderungen kommuniziert, bevorzugt sein Mitarbeiter Gefühlsdarstellungen.

NLP verwendet im Zusammenhang mit der Art der Wahrnehmung folgende Unterscheidungen:

Visuelle Orientierung *Visuell* orientierte Personen wenden ihre Aufmerksamkeit hauptsächlich dem Sichtbaren zu. In einem Gespräch werden sie vor allem innere Bilder und Vorstellungen als inneren Leitfaden verwenden. Ihre Wortwahl könnte so aussehen:

- „Das sieht gut aus."
- „Das ist eine brillante Idee."
- „Der Vorgang erscheint mir klar."

Auditive Orientierung *Auditiv* orientierte Personen achten mehr auf Hörbares. Sie genießen Musik und lieben gute Unterhaltung. Probleme lösen sie auf der Basis eines „inneren Dialogs". Häufig verwendete Aussagen sind:

- „Das klingt gut."
- „Dieser Satz geht mir andauernd durch den Kopf."
- „Diese Aussage hallt noch nach."

Kinästhetisch orientierte Personen lassen sich vorwiegend von ihren Bewegungsempfindungen leiten, die sie auch in der Kommunikation ausdrücken, beispielsweise so:

- „Das fühlt sich gut an."
- „Ich bin der festen Überzeugung."
- „Dafür lege ich meine Hand ins Feuer."

Kinästhetische Orientierung

Der Wahrnehmungskanal einer Person wird aber nicht nur durch die verbale Kommunikation erkennbar, sondern lässt sich auch aufgrund der Augenbewegungen feststellen. So können Sie von den Augen ablesen, ob eine Person in Bildern, Klängen oder Gefühlen denkt. Während eines Gesprächs schauen sich die Gesprächspartner nicht die ganze Zeit in die Augen, sondern wenden unter anderem die Augen ab, um nachzudenken.

Auf Augenbewegungen achten

Durch Beobachtung können Sie feststellen, dass die Menschen ihre Augen in unterschiedliche Richtungen bewegen und diese typischen Augenbewegungen ihr Leben lang beibehalten. Dadurch ist zu erkennen, wie Ihre Gesprächspartner Informationen verarbeiten, abspeichern und wieder aufrufen.

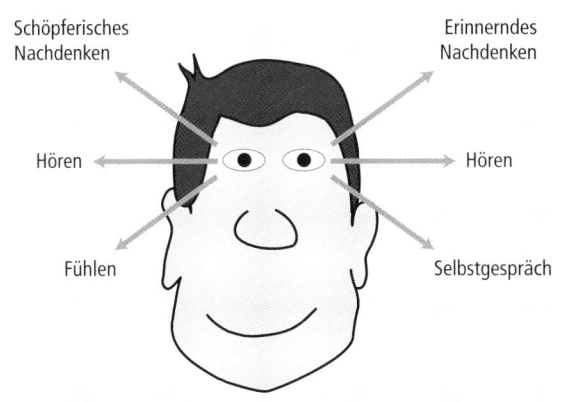

Charakteristische Augenbewegungen von Rechtshändern

Schöpferisches Nachdenken — Erinnerndes Nachdenken — Hören — Hören — Fühlen — Selbstgespräch

Wenn Sie die bevorzugten Wahrnehmungskanäle Ihrer Mitmenschen kennen, dann können Sie besser mit ihnen kommunizieren, indem Sie auf deren bevorzugte Wahrnehmungskanäle eingehen. So ist beispielsweise der Vorgesetzte in einem Gespräch dann ein guter Kommunikator im Sinne des NLP, wenn er erkennt, welche Wahrnehmung sein Gesprächspartner bevorzugt, welche „Sprache" er spricht. Seine eigenen Botschaften wird er nun durch diesen spezifischen Kanal übermitteln.

Rapport

Kontaktaufnahme und -pflege

Der Begriff „Rapport" kommt aus dem Französischen und beschreibt im NLP die unmittelbare Kontaktaufnahme und -pflege zwischen zwei Personen. Rapport ist eine wichtige Voraussetzung für gelingende Kommunikation.

Einen Rapport herzustellen bedeutet, die eigene Körperhaltung, Stimmlage und Wortwahl an die des Gesprächspartners anzupassen, um sich auf der gleichen Wellenlänge zu bewegen. So können Sie auch den anderen in bzw. zu einem gewünschten Kommunikationszustand führen. Dies verlangt entsprechende Flexibilität und einen ethischen Hintergrund, der von Einfühlungsvermögen, Respekt und Wertschätzung für den Gesprächspartner geprägt ist.

Rapport drückt auch eine Beziehung zwischen zwei Menschen aus, die auf gegenseitiger Achtung und Wertschätzung beruht. Insofern ist er eine unabdingbare Voraussetzung für ein erfolgreiches Gespräch.

Misslingender Rapport

Vor allem in Konfliktsituationen misslingt der Rapport. Aus Gesprächspartnern werden schnell Gesprächsgegner. Das muss nicht sein, denn fehlenden Rapport können Sie durch NLP-Techniken künstlich erzeugen, beispielsweise indem Sie sich durch körpersprachliche oder verbale Veränderungen im eigenen Kommunikationsverhalten an das Verhalten Ihres Gesprächspartners anpassen und ihn dann sanft, aber bestimmt in eine andere Haltung führen. Dies nennt man in der NLP-Terminologie „Leading".

Pacing

Das englische Wort „Pace" wird mit „Gangart" oder „Schritt" übersetzt. Entsprechend bedeutet Pacing im NLP, sich auf die

Gangart eines anderen Menschen einzustellen und mit ihm im Gleichschritt zu gehen, seine Körperhaltung, Mimik, Gestik, Sprechweise und Stimmlage zu kopieren. Dieses Vorgehen soll dazu dienen, sich auf den kommunikativen Rhythmus des Gesprächspartners einzustellen, um sich so in dessen psychisches System hineinzuversetzen.

Hat sich der „Pacer" auf sein Gegenüber – zum Beispiel im Verkaufsgespräch – eingeschwungen, beginnt er, ihn auf sein Ziel hinzuführen. Dieses nennt man Leading (Führen).

Leading

Leading bezeichnet das Führen von anderen Menschen. Durch Leading wird der Kommunikationspartner in die gewünschte Richtung gelenkt.

Führen von Menschen

Das soll unter anderem durch Angleichen
- der Stimme,
- des Atemmusters,
- der Körperhaltung und Gestik sowie
- durch die Übernahme der Sprachmuster und Repräsentationssysteme (die vom Gesprächspartner bevorzugte Art der Wahrnehmung: auditiv, visuell, kinästhetisch).

geschehen.

Dieses Vorgehen zielt unter anderem auf das Wohlfühlen Ihres Gesprächspartners, so dass dieser eher geneigt ist, auf Ihre Vorschläge einzugehen, und positiv reagiert.

Ankern

Schlüsselreize

Unter „Ankern" werden äußere Reize verstanden, die in unserem Erleben wie ein Schlüssel innere Räume öffnen. So kann eine bestimmte Musik oder der Duft einer Blume an ein schönes Erlebnis erinnern. Es können aber auch bestimmte Orte sein, die eine angenehme Erinnerung an die Vergangenheit hervorrufen.

Über das Ankern werden Erfahrungen mobilisiert, die dabei helfen, in einer gegebenen Situation ein selbst gesetztes Ziel zu erreichen.

Ankerarten

Anker können in allen Sinnessystemen genutzt werden. Denkbar sind *visuelle* Anker (Mimik, Gestik, Körpersprache), *auditive* (Stimmführung, Lautstärke, Betonung, wörtliche Zitate) und *kinästethische* (Berührungen). Auch *Geruchs- und Geschmacksanker* kann man nutzen.

„Moment of Excellence"

Es gibt Momente im Leben, in denen alles gelingt. Der „Moment of Excellence" ist eine besonders ressourcevolle Situation, in der sich der Betreffende im Vollbesitz seiner Kräfte befindet und die Dinge mühelos laufen – fast wie von selbst. Wer es schafft, diesen Zustand verfügbar zu machen, kann von ihm in vielen Alltagssituationen profitieren. Daher ist es für jeden Menschen nützlich, den „Moment of Excellence" selbst zu ankern und in schwierigen Situationen zu nutzen.

Ergänzende und vertiefende Informationen hierzu finden Sie im Kapitel „Moment of Excellence" im zweiten Band dieser Buchreihe.

Reframing

Positive Absichten erkennen

Reframing wird aus dem englischen Begriff „frame" (Rahmen) abgeleitet. Es bezeichnet die Fähigkeit, Ereignissen oder Verhaltensweisen einen neuen „Rahmen" zu geben. Reframing bietet die Chance, störendes Verhalten einer anderen Person in einem anderen Licht zu sehen. Im Berufsalltag lässt sich beispielsweise die Zusammenarbeit verbessern, wenn es Ihnen gelingt, das schwierige Verhalten eines Mitarbeiters in einem anderen Rahmen zu betrachten und seine positiven Absichten zu erkennen.

Es kommt auf die Deutung an

Hat sich zum Beispiel ein Konflikt zwischen zwei Angestellten so verhärtet, dass er sich auf die ganze Abteilung auswirkt, dann sucht die NLP-geschulte Führungskraft nach dem verborgenen Nutzen, den beide Streitpartner von der Aufrechterhaltung des Konfliktes haben. Beide Streithähne halten in diesem Beispiel das Nachgeben für eine Schwäche. Eine Umdeutung sähe so aus, dass Sie die „Schwäche" als Stärke umformulieren und nach einem Weg der Versöhnung suchen, ohne dass einer der beiden einen Gesichtsverlust erleidet, indem er sich (in seinen eigenen Augen) „schwach" zeigt (vgl. Birkenbihl u. a., S. 13f.).

Ressourcen

Der NLP-Schlüsselbegriff „Ressource" („Rohstoff") bezieht sich auf die Stärken, Neigungen, Talente eines Menschen. Das NLP hilft, diese Ressourcen zu erkennen und optimal zu nutzen. Oft ist man „blockiert" (zum Beispiel durch Ängste, Hemmungen, Nervosität etc.), das heißt, man steht sich selbst im Wege und hat den Zugang zu den eigenen Kräften verloren. NLP bietet die Möglichkeit, diese Blockaden zu überwinden.

Ressourcen erkennen und nutzen

Genaue Problem- und Zielbestimmung

Um einen gewünschten Zustand zu erreichen, müssen Sie zuvor eine exakte Zielbestimmung vornehmen. Um zu bekommen, was Sie wollen, müssen Sie zunächst wissen, was Sie wollen.

NLP bietet Ihnen für das Formulieren von Zielen eine Reihe von Regeln an, welche die Wahrscheinlichkeit der Zielerreichung erhöhen. Dazu gehören zum Beispiel:

Regeln für die Zielbestimmung

- *Eigeninitiative* – Ihr Ziel muss von Ihnen selbst kommen, nicht von anderen.
- *Klarer Kontext* – Ihr Zielverhalten soll situationsspezifisch festgelegt sein.
- *Positive Formulierung* – Ihre Zielbestimmung darf keine Verneinung enthalten.
- *Sinnesspezifische Konkretheit* – der Zielzustand soll anhand von konkreten sinnlichen Wahrnehmungen erkennbar sein.
- *Hier und jetzt* – der Zielzustand muss vorstellbar sein.
- *Umfeldsituation* – in der Zielbestimmung müssen Sie überprüfen, ob das Ziel in Ihre gesamte Lebenssituation hineinpasst.
- *Ressourcen* – Um das Ziel zu erreichen, müssen Sie über die erforderlichen Fähigkeiten verfügen und diese anwenden.

6.4 Regeln zur Kommunikationsverbesserung

NLP bietet Ihnen fünf Elementarregeln zur Kommunikationsverbesserung. Sie stellen einen groben Rahmen für ein Gespräch dar, in den die vorstehend genannten NLP-Techniken einzuordnen und anzuwenden sind (vgl. Ullsamer, S. 100f.).

Fünf Regeln

1. Regel: In den Kontakt mit den eigenen Kräften kommen

Programme bewusst machen

In „konfliktschwangeren" Situationen werden oft „vorprogrammierte" innere Denkprogramme abgespult mit negativen Folgen wie Wut, Depression, Schuldgefühle etc. Diese Programme werden meist nicht bewusst registriert, sondern anhand von Resultaten erkannt. Deshalb sollten Sie sich in schwierigen Situationen bewusst machen, welche negativen inneren Programme mit ihren zwanghaften Reaktionen in Ihnen gerade ablaufen. So können Sie aufgrund des größeren innerlichen Abstandes anders reagieren und diese negativen Verhaltensmuster meiden.

Zur Vorbereitung eines konfliktträchtigen Gespräches sollten Sie sich einen erfolgreichen Gesprächsverlauf und vor allem das erreichte Gesprächsziel mental vorstellen. Wichtig ist die lebendige und plastische Imagination des guten Endzustandes. So wecken Sie durch die positive Vorstellung der Gesprächssituation eigene Kräfte und Fähigkeiten.

Varianten durchspielen

Als zweiter Schritt ist zu hinterfragen, welche Eigenschaften zur Führung eines solchen Gespräches wichtig sind. In einem dritten Schritt sollten Sie geistig alle möglichen Varianten des Gesprächsverlaufs durchspielen und sich die optimale Reaktion in der jeweiligen Situation vorstellen und einüben.

2. Regel: Den „Draht" zum anderen finden

Für ein schwieriges Gespräch ist es wichtig, dass Sie „den richtigen Draht" zu Ihrem Gesprächspartner finden. Schon während der Begrüßung werden die Gesprächspartner innerlich entscheiden, ob sie „miteinander können" oder nicht.

Sich auf den anderen einstellen

Wenn zwei Personen ein harmonisches Gespräch führen, gleicht sich die Haltung und auch der Atemrhythmus unbewusst an. Ist der Kontakt dahingegen schlecht oder konfliktbeladen, wird dies anhand der gegensätzlichen, meist starren Haltung erkennbar. Deshalb sollten Sie sich auf den Gesprächspartner einstellen (Pacing). Je größer die Ähnlichkeit der Sprache, Denkweisen, Entscheidungsstrategien und der Körpersprache ist, desto einfacher und fruchtbarer wird der Kontakt.

So stellt sich eine gute Führungskraft mit ihrer Körpersprache auf den Mitarbeiter ein, bis eine gemeinsame Basis gefunden ist (Pacing). Das Führen (Leading) wird erst möglich, wenn Sie als Führungskraft den Mitarbeiter sowohl auf der inhaltlichen als auch auf der Beziehungsebene erreichen.

3. Regel: Die Welt des anderen verstehen

Jeder Mensch hat im Laufe seines Lebens Erfahrungen gemacht und eine persönliche „Weltkarte" gezeichnet, an der er sich orientiert. Infolgedessen hat jeder seinen eigenen Stil, eigene Kriterien, Symbole und Werte entwickelt. Die entsprechende Ausdrucksweise spiegelt dieses Weltbild wider.

Persönliche Weltkarte

Der Grund für Schwierigkeiten und Missverständnisse ist oftmals die unterschiedliche Art der Menschen, die Welt wahrzunehmen. Beispielsweise unterscheiden sich Menschen darin, dass sie ihre verschiedenen Sinne unterschiedlich stark nutzen. Jeder bevorzugt eine bestimmte Wahrnehmungsart. Für den einen ist Sehen wichtiger, für den anderen Hören, für den dritten Spüren. In Stresssituationen greift jeder Mensch auf seine bevorzugte Wahrnehmungsart zurück, die diametral anders sein kann als die des Gesprächspartners.

Unterschiedliche Wahrnehmungen

Um flexibel und verständnisvoll mit anderen umzugehen, sollten Sie sich auch Ihre eigene Weltkarte – also Ihre eigene Sichtweise der Dinge und Ihre eigene Sprache – bewusst machen und im Gespräch berücksichtigen.

4. Regel: Die Kräfte des anderen wecken

Damit Ihr Gespräch erfolgreich verläuft, muss auch Ihr Gesprächspartner in einem „guten Zustand" sein und seine eigenen Ressourcen zur Verfügung haben. Nur dann mündet die Kommunikation in ein gutes Ergebnis.

In jedem Gespräch werden bei Ihrem Gegenüber Assoziationen im Kopf erzeugt. Wird ein unangenehmes Thema wie beispielsweise Krankheit angesprochen, dann werden dazu passende Gefühle geweckt. Bei negativen Inhalten entsteht eine angespannte Stimmung. Deshalb sollten Sie zu Beginn eines Gesprä-

Unangenehme Assoziationen meiden

ches die Atmosphäre mit konfliktfreien Themen lockern, und zwar mit solchen, die angenehme Assoziationen beim Gesprächspartner auslösen.

Das Ziel ansprechen

Ergänzend sind Fragen nach dem Ziel zu stellen, das Ihr Gesprächspartner erreichen möchte. Jedes Ziel beinhaltet eine angenehme Vorstellung. Je konkreter und je präziser die Vorstellung des Zieles ist, desto stärker werden auch eigene Ressourcen und Kräfte mobilisiert. Jede Frage, die das Ziel betrifft, ist für Ihren Gesprächspartner somit eine Hilfe. Der Kontakt zu den eigenen Stärken macht Mut, neue Schritte zu gehen und das eigene Verhalten zu ändern.

5. Regel: Wege zum gemeinsamen Ziel

Zu den geweckten Stärken wie Zielstrebigkeit, Durchsetzung und Einsatz gehören auch Einfühlungsvermögen und Fairness. Ist der „gemeinsame Draht" zum Gesprächspartner vorhanden, dann können bei ihm Einsicht erzeugt oder Veränderungen angestoßen werden.

Ansätze für den Umgang mit Fehlern

Die folgenden Ansätze zeigen, welches Verhalten sich anbietet, um bei Fehlern Lösungen zu finden und Konflikte zu entschärfen (vgl. Ullsamer, S.104):

1. Den Fehler konkret und offen zugeben und die persönliche Verantwortung für den Fehler übernehmen. Ergebnis: Langfristig bestätigt dieses Vorgehen die eigene Zuverlässigkeit.
2. Die Reaktion des anderen aufmerksam anhören und annehmen. Ergebnis: Der andere wird seinem Ärger Luft machen können und ihn loswerden.
3. Bedauern für einen Fehler ausdrücken. Dabei ist zu berücksichtigen, dass das Bedauern noch keine Schuldanerkenntnis oder -übernahme bedeutet. Ergebnis: Der andere fühlt sich in seinen Unannehmlichkeiten verstanden.
4. Gemeinsames Ziel für die Zukunft nennen. Das Ziel kann zum Beispiel die rasche Behebung des Fehlers sein. Ergebnis: Die Aufmerksamkeit richtet sich konstruktiv in die Zukunft.
5. Um Unterstützung für das gemeinsame Ziel bitten. Ergebnis: Das Miteinander, nicht das Gegeneinander wird betont. Wer dabei aber nur eigene Vorteile will, untergräbt die Beziehung.

Literatur

Bandler, Richard: *Reframing. Ein ökologischer Ansatz in der Psychotherapie (NLP)*. Paderborn: Junfermann 2000.

Bandler, Richard: *Time for a Change. Lernen, bessere Entscheidungen zu treffen. Neue NLP-Techniken*. Paderborn: Junfermann 2003.

Birkenbihl, Vera F., Claus Blickhahn und Berthold Ulsamer: *NLP. Einstieg in die Neuro-Linguistische Programmierung*. Offenbach: GABAL 1997.

Dilts, Robert B.: *Modeling mit NLP. Das Trainingshandbuch zum NLP-Modeling-Prozess. Angewandtes NLP*. Paderborn: Junfermann 1999.

Mohl, Alexa: *NLP – was ist das eigentlich? Neurolinguistische Fähigkeiten im Überblick. Eine Entscheidungshilfe für Berater, Therapeuten, Lehrer, Trainer, Verkäufer und Führungskräfte*. Paderborn: Junfermann 2002.

Ötsch, Walter: *Das Wörterbuch des NLP. Das NLP-Enzyklopädie-Projekt*. Paderborn: Junfermann 1997.

Sommer, Jochen: *NLP for Business. Mit NLP zum beruflichen Spitzenerfolg*. Offenbach: GABAL 2003.

Ulsamer, Bertold: *NLP in Seminaren. Gruppenarbeit erfolgreich gestalten*. 2. Aufl. Offenbach: GABAL 1996.

Ulsamer, Berthold: *Exzellente Kommunikation mit NLP: Erfolgsfaktoren des Neuro-Linguistischen Programmierens für Führungskräfte*. Offenbach: GABAL 1991.

7. Themenzentrierte Interaktion (TZI)

Die Themenzentrierte Interaktion (TZI) wurde von Ruth Cohn (geboren 1912) für die Gruppenpsychotherapie entwickelt. Sie hat ihre theoretischen Wurzeln in der Psychoanalyse und der Humanistischen Psychologie. Selbsthilfegruppen waren die ersten Anwender. Dem folgten Schulen und Seminargruppen.

Bei der TZI soll sich der Seminarleiter weitgehend auf seine „Starthilfe-Funktion" beschränken. Während der selbstständigen Weiterarbeit der Gruppe bleibt er aber als Berater erreichbar und moderiert bei Bedarf die Gesprächsrunden.

Balance Der Begriff „themenzentrierte Interaktion" soll deutlich machen, dass nicht nur die Interaktionen – die Beziehungen in der Gruppe – von Belang sind, sondern auch die zu bearbeitenden Themen. Wichtig ist die Balance zwischen dem Individuum, der Gruppe und dem Thema.

Ziel der TZI: Lebendiges Lernen Ruth Cohn bemerkte, dass die Mitglieder ihrer therapeutischen Gruppen das Lernen als anregend und nutzbringend empfanden. Im Gegensatz dazu bezeichneten viele Universitätsstudenten die Vorlesungen als trocken. Es schien also einen Unterschied zwischen „totem" und „lebendigem" Lernen zu geben. Den Auslöser für lebendiges Lernen meinte sie darin zu erkennen, dass in der Gruppentherapie achtungsvoll mit den Gefühlen und dem persönlichen Befinden einzelner Teilnehmer umgegangen wurde. Dies war in Klassenzimmern und Hörsälen nicht der Fall.

Merkmale von Gruppen „Die Gruppe ist persönlich beteiligt, wenn einer der Teilnehmer von sich selbst spricht; sie nimmt sein heftiges Herzklopfen, sein schweres Atmen, seine Tränen und seine Freuden als wichtig auf. Gefühle werden als des Menschen ureigenstes Anrecht respektiert – gleichgültig, ob sie realitätsgerecht sind oder eine Illusion darstellen. Das Gruppenklima ermutigt die Teilnehmer darin,

Gefühle wahrzunehmen und auszudrücken. Die Gruppenstruktur ist geeignet, zwischenmenschliche Komplikationen sichtbar zu machen und ihren Ausdrucks- und Realitätsgehalt zu überprüfen." (Cohn, S. 112)

7.1 Die drei Faktoren der TZI

Bei der Gruppeninteraktion spielen hauptsächlich drei Faktoren eine Rolle, die sich bildlich als Eckpunkte eines Dreiecks darstellen lassen:

Das TZI-Dreieck

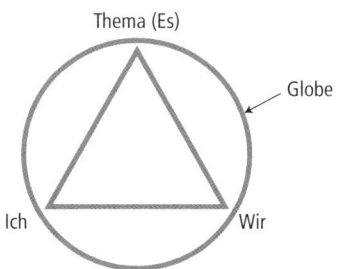

Ich

Das Ich ist das einzelne Gruppenmitglied mit individuellen Erfahrungen, Bedürfnissen, Stärken und Schwächen. Unser Inneres will, dass wir uns

Einzelnes Gruppenmitglied

- als Person wahrnehmen und achten;
- unserer Wünsche, Fähigkeiten, Möglichkeiten und Verantwortlichkeiten bewusst sind;
- der Licht- und Schattenseiten unserer Person in Verantwortung uns selbst und anderen gegenüber bewusster werden, um persönlicher und ganzheitlicher entscheiden zu können.

Wir

Das Wir ist das Team bzw. die Gruppe, die ein Netz von Interaktionen unterhält – mit Sympathien und Antipathien, Zuwendung und Ablehnung. Die Gruppe zeigt die Gemeinsamkeit der Individuen und ihre Beziehung zueinander.

Gruppe

93

Es

Thema Das Es ist die Sache, um die es geht, die gemeinsame Aufgabe, zu deren Bearbeitung die Gruppe zusammengekommen ist.

Globe

Umfeld Der Globe – in der Abbildung als Kugel dargestellt – ist das Umfeld der Gruppe. Hierzu zählt die äußere Wirklichkeit mit ihren sozialen, politischen, kulturellen, religiösen und geschichtlichen Besonderheiten. Unsere Bewusstseinsfähigkeit und Verantwortlichkeit sind erweiterungsfähig und erstrecken sich über die jeweilige interaktionelle Gruppe hinaus auf Nachbarschaft, Nation, Völker, ja auf das gesamte Leben der Erde.

Dynamischer Ausgleich Die Balance der drei Faktoren (Ich, Wir, Es) und des Globe ist nie vollkommen, sondern muss durch den Gruppenleiter dynamisch ausgeglichen werden.

> **TZI versucht die Dreiheit von Ich – Wir – Es in dynamischer Balance zu halten.**

Diese Methode unterscheidet sich von anderen Kommunikationsmethoden durch ihren gruppendynamischen Kontext, in dem die Teilnehmer versuchen, die Dreiheit von Ich – Wir – Es in dynamischer Balance zu halten. Das akademische Lernen bezieht sich beispielsweise fast nur auf das Es (das Thema), das psychologische Lernen auf das Ich (die Persönlichkeit) und die Gruppentherapie auf das Ich – Wir.

Anwendung in der Gruppe Nachdem die Gruppe zusammengekommen ist, wird sie zu Beginn der Gruppenarbeit zu einem entspannten Schweigen aufgefordert. Währenddessen gibt der Gruppenleiter folgende Anweisungen:

1. Bitte denken Sie über das anstehende Thema nach und erinnern Sie sich an frühere Gedanken und Erlebnisse, die zu diesem Thema von Bedeutung sind.
2. Analysieren Sie aufmerksam die augenblicklich gegebene Situation. Wie erleben Sie Ihre Anwesenheit in dieser Gruppe?

Was fühlen Sie von Ihrem Körper? Was sehen, hören, empfinden Sie?

3. Verbinden Sie das Thema und die gegenwärtige Situation, indem Sie zum Beispiel einen Menschen in der Gruppe aussuchen, von dem Sie glauben, ihm etwas geben zu können bzw. von dem sie etwas lernen möchten. Oder versuchen Sie in der nächsten Stunde, eine andere Rolle zu übernehmen als jene, die Sie gewohnt sind (beispielsweise gut zuzuhören anstatt zu reden).

Zusammenhalt der Gruppe

Das Thema wird als Mittelpunkt zwischen Individuum und Gruppe behandelt. Wenn sich alle Teilnehmer – jeder in seiner Art – zur gleichen Zeit auf denselben Inhalt eines Themas beziehen, ist der Zusammenhalt der Gruppe erreicht. Voraussetzung ist, das Thema präzise zu formulieren und es – wenn nötig – einzugrenzen.

7.2 Die drei Axiome der TZI

Der TZI liegen drei Axiome zugrunde:

1. Der Mensch ist als psycho-biologische Einheit Teil des Universums. Er ist darum zugleich autonom und interdependent. Die Autonomie (Eigenständigkeit) des Einzelnen ist umso größer, je mehr er seine Interdependenz (Allverbundenheit) mit allen und allem begreift.

Autonomie und Interdependenz

2. Ehrfurcht gebührt allem Lebendigen und seinem Wachstum. Das Humane ist wertvoll, Inhumanes ist wertbedrohend. Respekt vor dem Wachstum bedingt bewertende Entscheidungen.

Ehrfurcht

3. Freie Entscheidungen vollziehen sich innerhalb bedingender innerer und äußerer Grenzen. Die Erweiterung dieser Grenzen ist möglich.

Grenzen

„TZI-Axiome sind … die entscheidenden Voraussetzungen für die gruppentherapeutischen, gruppenpädagogischen und gesellschaftstherapeutischen Intentionen der TZI (…) Ohne die Anerkennung dieser Grundsätze wird TZI-Methodik zur sich selbst verneinenden Technologie." (Cohn und Farau, S. 357)

7.3 Die Postulate der TZI

Aus den Axiomen leiten sich zwei Postulate ab.

Postulat Nr. 1: Sei dein eigener Chairman (Leiter)

Bezug auf eigene Person In Bezug auf die *eigene* Person bedeutet dieses:

- Ich bin der „Vorsitzende" meiner unterschiedlichen Bedürfnisse und Bestrebungen.
- Ich akzeptiere mich so, wie ich bin – was meine Wünsche, mich zu ändern, einschließt.
- Ich mache mir meine Gefühle bewusst und wäge mein „ich soll" gegen mein „ich möchte" ab.
- Ich erkenne mich als einzigartiges psycho-biologisches autonomes Wesen an – begrenzt in Körper und Seele, in Raum und Zeit, im lebendig lernenden und schaffenden Prozess.
- Ich versuche, meine Entscheidungen auch von körperlichen Fähigkeiten und Begrenztheiten abhängig zu machen.
- Ich kenne meine Möglichkeiten und Grenzen. Ich bin nicht allmächtig, aber auch nicht ohnmächtig; meine Macht ist begrenzt.

Bezug auf andere In Bezug auf eine *andere* Person bedeutet dieses Postulat:

- Übe, dich selbst und andere wahrzunehmen.
- Schenke dir und anderen die gleiche menschliche Achtung.
- Respektiere alle Tatsachen so, dass du den Freiheitsraum deiner Entscheidungen vergrößerst.
- Nimm dich selbst, deine Aufgabe und deine Umgebung ernst.

Postulat Nr. 2: Störungen haben Vorrang

Hindernisse beachten Störungen haben Vorrang, denn ohne ihre Lösung wird Wachstum erschwert oder verhindert. Beachte daher eventuelle Hindernisse auf deinem Weg – sowohl deine eigenen als auch die von anderen.

Dieses Postulat ist eine wichtige Ergänzung zum ersten Postulat. Wenn beispielsweise einer aus dem Teilnehmerkreis zu lange, zu abstrakt oder zu unverständlich redet, dann ist diese Störung unmittelbar zu artikulieren.

7.4 Die Hilfsregeln der TZI

Die themenzentrierte Interaktion wird durch Hilfsregeln unterstützt. Sie dienen der Umsetzung der Postulate und sind für die meisten Gruppenarten anwendbar. Diese Hilfsregeln entstanden aus der Beobachtung von gut und schlecht gelaufenen Gesprächen. Sie helfen, die drei Faktoren Ich – Wir – Es in dynamischer Balance zu halten und damit das Modell des Dreiecks praktisch umzusetzen.

Regel Nr. 1: Vertritt dich selbst in deinen Aussagen.

Sage „ich" und nicht „wir" oder „man". Die verallgemeinernden Wendungen mit „wir" oder „man" in der persönlichen Rede sind fast immer ein Sichverstecken vor der individuellen Verantwortung. „Wenn ich an meine eigene Aussage glaube, brauche ich keine fiktive, quantitative Unterstützung des andern. Wenn ich dennoch Bestätigung brauche oder wünsche, muss ich überprüfen, ob die anderen mir wirklich zustimmen." (Cohn, S.124)

„Ich" statt „man"

Regel Nr. 2: Wenn du eine Frage stellst, sage, warum du fragst und was deine Frage für dich bedeutet.

Mache eine Aussage und vermeide das Interview. Wenn die Frage an den Gesprächspartner die eigene Meinung oder gar Hintergedanken tarnt oder ihr kein echtes Informationsbedürfnis zugrunde liegt, dann ist sie unecht.

Unechte Fragen meiden

Regel Nr. 3: Sei authentisch und selektiv bei Gesprächen.

Mache dir bewusst, was du denkst und fühlst, und wähle, was du sagst und tust. Cohn hierzu: „Wenn ich alles ungefiltert sage, beachte ich nicht meine und des andern Vertrauensbereitschaft und Verständnisfähigkeit. Wenn ich lüge oder manipuliere, verhindere ich Annäherung und Kooperation. Wenn ich selektiv und authentisch bin, ermögliche ich Vertrauen und Verständnis …" (Cohn, S.125)

Vertrauen möglich machen

Regel Nr. 4: Halte dich mit Interpretationen so lange wie möglich zurück.

Wenn Interpretationen richtig und rechtzeitig angebracht werden, dann schaden sie nicht; wenn sie aber nicht den richtigen

Zeitpunkt treffen, dann erregen sie Abwehr und verlangsamen den Kommunikationsprozess.

Regel Nr. 5: Sei zurückhaltend mit Verallgemeinerungen.

Verallgemeinerungen unterbrechen den Gruppenprozess und somit die dynamische Balance.

Regel Nr. 6: Wenn du etwas über das Benehmen oder den Charakter eines anderen Teilnehmers aussagst, sage auch, was es dir bedeutet, dass er so ist, wie du ihn siehst.

Aussagen über andere Teilnehmer sind eine rein persönliche Meinung. Deshalb sollte auch nur die eigene Ansicht über den anderen ausgesprochen werden – ohne Anspruch auf allgemeine Gültigkeit.

Regel Nr. 7: Seitengespräche haben Vorrang.

Seitengespräche sind wichtig

Seitengespräche stören, aber sind meist wichtig. Sie würden nicht geschehen, wenn sie unwichtig wären. Wenn ein Gruppenmitglied Aussagen an seinen Nachbarn richtet, so ist er am Gruppenprozess beteiligt. Es kann sein, dass er etwas sagen will, was ihm wichtig ist, aber sich scheut, es zu tun. Er sucht einen Privatweg, um sich am Thema zu beteiligen.

Regel Nr. 8: Nur einer zu gleichen Zeit.

Einer nach dem anderen

Es darf nicht mehr als eine Person auf einmal reden, weil sich der Gruppenzusammenhalt aus konzentriertem Interesse füreinander und für die Aussagen oder Aktionen jedes Gruppenmitglieds ergibt. Deshalb müssen die Äußerungen nacheinander erfolgen.

Regel Nr. 9: Wenn mehrere gleichzeitig sprechen wollen, verständigt euch in Stichworten, über was ihr zu sprechen beabsichtigt.

Wenn diese Regel ignoriert wird, entsteht ein verstärktes Rollenverhalten: Der Scheue wird leiser und der Dominante lauter. Deshalb kann die Gruppe die Reihenfolge, wer sprechen soll, selbst bestimmen.

Die Faktoren, Axiome, Postulate und Hilfsregeln lassen sich im TZI-Haus bildlich darstellen:

Das TZI-Haus

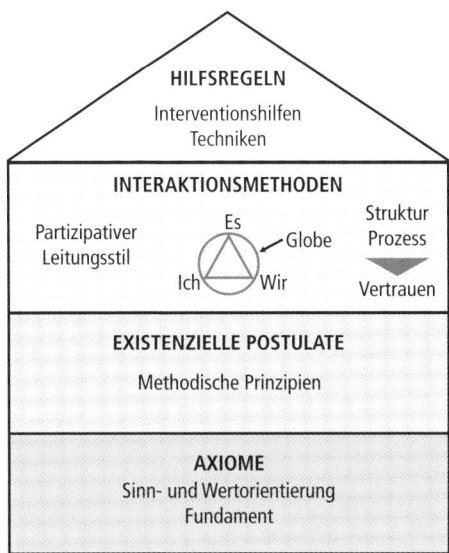

Literatur

Cohn, Ruth C.: *Von der Psychoanalyse zur themenzentrierten Interaktion. Von der Behandlung einzelner zu einer Pädagogik für alle.* 12. Aufl. Stuttgart: Klett-Cotta 1997.

Cohn, Ruth C.: *Gelebte Geschichte der Psychotherapie. Zwei Perspektiven.* 2., erw. Aufl. Stuttgart: Klett-Cotta 1999.

Cohn, Ruth C. und Christina Terfurth (Hg.): *Lebendiges Lehren und Lernen. TZI macht Schule.* Stuttgart: Klett-Cotta 2001.

TEIL B

Teilaspekte der Kommunikation

1. Fragetechniken

„Wer nicht fragt, bleibt dumm", heißt es bei der Sesamstraße – und das ist nicht nur für Kinder eine goldene Regel, sondern auch für Erwachsene. Denn, wie Erich Kästner schon sagte: „Die Fragen sind es, aus denen das, was bleibt, entsteht."

Nutzen von Fragen Indem Sie Fragen stellen, versuchen Sie Zusammenhänge zu verstehen und sich Wissen anzueignen. Auch eine gute Gesprächsführung basiert unter anderem auf Fragen. Fragen bezeugen Interesse am Gesprächspartner. Er kann entscheiden, wie er antwortet und welche Richtung er dabei einschlägt. Außerdem gilt: „Wer fragt, der führt."

Bei der Fragetechnik geht es um zwei wichtige Gesichtspunkte: Erstens geht es darum, überhaupt zu fragen, fragend einen Dialog zu gestalten, fragend sachlich und diplomatisch seine Ziele durchzusetzen. Und zweitens kommt es darauf an, *gut* zu fragen, das heißt, mit großem Geschick die richtigen Fragen zu stellen. Beides können Sie lernen.

1.1 Funktionen von Fragen

Nachfragen schafft Klarheit Um Unklarheiten zu vermeiden, sollten Sie viel fragen. Besser als das Aufstellen von Vermutungen ist es, konkret nachzufragen, denn Vermutungen können falsch sein und leicht zu Konflikten führen. Es ist wichtig, durch Fragen für ein einheitliches Verständnis zu sorgen. Andererseits können zu viele Fragen bei Ihrem Gesprächspartner Unsicherheit und Widerstand auslösen. Sie können dies vermeiden, indem Sie Ihre Fragen begründen.

Fragen dienen auch noch diesen Zwecken:
- Sie erhalten gewünschte Informationen.
- Sie zeigen Ihr Interesse.
- Sie gewinnen Zeit zum Überlegen.

- Sie können das Gespräch in eine von Ihnen gewünschte Richtung lenken und in diesem Sinne Ihren Gesprächspartner zum Mit- und Nachdenken anregen.

1.2 Frageformen

Grundsätzlich lassen sich geschlossene und offene Fragen unterscheiden.

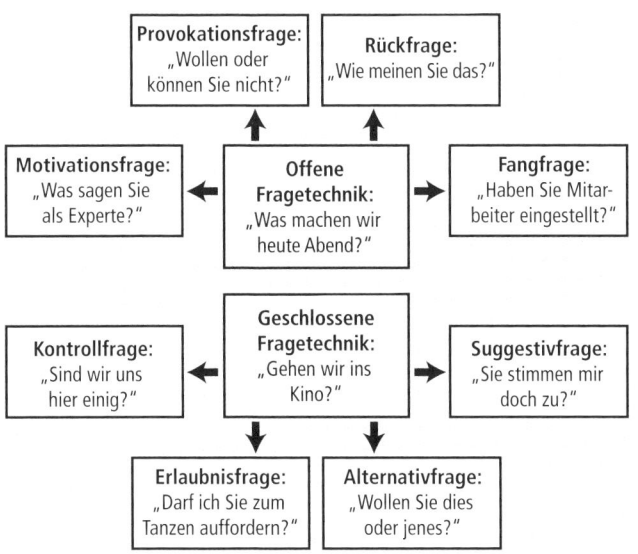

Offene und geschlossene Fragen

Manche Fragen lassen beide Formen zu. Sie können – je nach Situation – sowohl als offene wie auch als geschlossene Frage formuliert werden.

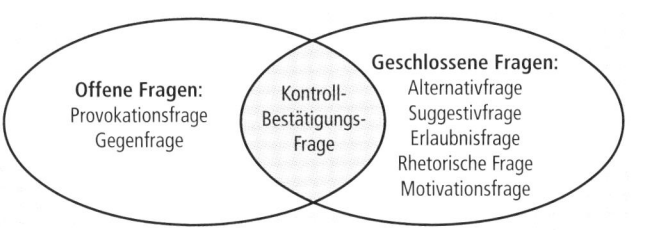

Überschneidungen sind möglich

Geschlossene Fragen

Antwort nur mit einem Wort

Auf geschlossene Fragen kann Ihr Gesprächspartner normalerweise nur mit einem Wort antworten: ja oder nein, links oder rechts, schwarz oder weiß. Geschlossene Fragen helfen, den Informationsaustausch zu erleichtern, Probleme einzukreisen, Informationen kurz und knapp einzuholen oder schnell auf den Punkt zu kommen: „Sind Sie Mitglied im ADAC?", „Haben Sie Ihren Versicherungsausweis dabei?"

Alternativfragen

Zwei Möglichkeiten anbieten

Zu den geschlossenen Fragen zählt die Alternativfrage. In der Verkaufspsychologie heißt es: „Wird ein Mensch vor die Wahl gestellt, sich zwischen zwei Dingen zu entscheiden, so vergisst er häufig die dritte Möglichkeit." Wenn Sie also ein Gespräch kurz, präzise und auf den Punkt kommend führen möchten, dann nutzen Sie Alternativfragen. Mit einer Alternativfrage vermeiden Sie eine längere Diskussion.

Beispiel: Alternativfrage

„Passt Ihnen der Montag oder Mittwoch besser?"
„Wollen Sie das Auto blau oder rot lackiert?"

Suggestivfragen

Mit Suggestivfragen wirken Sie auf den Befragten beeinflussend ein. Sie legen die gewünschte oder erwartete Antwort bereits in Ihre Frage hinein, um den Gesprächspartner in eine bestimmte Richtung zu bewegen. Sie sollten auf diese Frageform möglichst verzichten.

Beispiel: Suggestivfrage

„Sie möchten doch beim Abschluss einer Lebensversicherung eine hohe Verzinsung haben?"

Erlaubnisfragen

Mit der Erlaubnisfrage holen Sie sich eine Genehmigung ein. Solche Fragen beginnen meist mit „darf" oder „soll".

Beispiel: Erlaubnisfrage

„Darf ich Sie zum Tanzen auffordern?"

Die Angesprochene kann sich für „Ja" oder „Nein" entscheiden. Das ist präzise und schafft Klarheit.

Kontrollfragen

Die Kontrollfrage bzw. Bestätigungsfrage hilft Ihnen als Fragesteller festzustellen, ob Ihr Gesprächspartner Ihren Gedankengang in Ihrem Sinne verstanden hat. Diese Frageform eignet sich auch für den Abschluss eines Gesprächs bzw. eines Teilabschnitts.

> **Beispiel: Kontrollfrage**
> „Wir sind uns also einig, wie wir bei der Sache jetzt vorgehen werden?"

Beispiel

Offene Fragen

Offene Fragen beginnen immer mit einem Fragewort (was, wie, welche, wozu, warum etc.). Sie werden daher auch als „W-Fragen" bezeichnet. Der Gesprächspartner kann sie nicht einfach nur mit ja oder nein beantworten. Selbst die kürzeste Antwort wird in der Regel aus einem vollständigen Satz bestehen.

Antwort mit einem ganzen Satz

Mit	wird hinterfragt
Wer?	→ die Zielverantwortung
Wie? Wohin?	→ der Zielweg
Wann? Bis wann?	→ die Zielfrist
Wo? Wohin?	→ der Zielort
Wie viel?	→ die Zielmenge, -höhe, -umfang
Wozu? Weshalb?	→ der Zielgrund
Wie lange?	→ die Zielzeit
Was?	→ der Zielinhalt

Fragewörter und ihre Funktion

Offene Fragen stellen Sie, wenn Sie mehr Informationen wünschen, aber Ihrem Gesprächspartner die Richtung der Antwort überlassen. Manche Menschen schätzen es, wenn man ihnen offene Fragen stellt, denn das bietet die Chance, über Wünsche und Bedürfnisse zu sprechen.

Provokationsfragen

Mit Provokationsfragen holen Sie Ihren Gesprächspartner aus der Reserve oder bringen eine Diskussion in Gang. Sie können sie auch einsetzen, um dem Gegenüber Informationen zu entlocken, die sonst möglicherweise zurückgehalten würden.

Beispiel: Provokationsfrage
„Wollen oder können Sie mir keine klare Antwort geben?"

Rhetorische Fragen

Die rhetorische Frage ist eine Scheinfrage. Sie wird von Ihnen als Fragesteller – zumeist in Vorträgen – selbst beantwortet. Soll sie lediglich als Denkanreiz dienen, kann sie auch unbeantwortet bleiben.

Beispiel: Rhetorische Frage
„Welche Vorteile bieten meine Vorschläge? Da wären zunächst …"

Gegenfragen

Bei einer Gegenfrage reagieren Sie auf eine Frage selbst mit einer Frage. Dies verschafft Ihnen Hintergrundinformationen bzw. kann dazu dienen, die ursprüngliche Frage zu erklären.

Fühlen Sie sich durch Ihren Gesprächspartner bedrängt, verschafft Ihnen eine gute Gegenfrage Zeitgewinn und bringt Sie wieder in die Offensive. Gegenfragen haben allerdings tendenziell einen destruktiven Charakter. Daher sollten sie nur in Engpasssituationen eingesetzt werden.

Beispiel: Gegenfrage
„Wie meinen Sie das?"
„Wie kommen Sie zu dieser Ansicht?"

1.3 Regeln für ein richtiges Frageverhalten

Kein Verhör führen Zu viele Fragen könnten wie ein Verhör wirken und zu Unsicherheit und Widerstand führen. Um dies zu vermeiden, sollten Sie folgende Regeln beachten:
- Stellen Sie nicht mehrere Fragen gleichzeitig. Die Gefahr besteht darin, dass nur die einfacheren oder unwichtigen Fragen beantwortet werden.

- Mit der Fragestellung sollten Sie keine Vorausinformationen geben, an denen sich der Befragte orientieren kann („Bei dieser Tätigkeit müssen Sie viel unterwegs sein. Reisen Sie gerne?")
- Dem Befragten müssen Sie Zeit zum Nachdenken geben.
- Formulieren Sie Ihre Fragen kurz und eindeutig.

Die Fragetechnik ist die Basis guter Kommunikation. Wer sie beherrscht, verfügt über ein Grundwerkzeug, das sich in vielen Gesprächssituationen als nützlich erweist.

Literatur

Kartmann, Siegfried W.: *Wie wir fragen und zuhören … könnten! Leitfaden für erfolgreiche Dialoge in Führung und Verkauf.* 4., erw. Neuaufl. Würzburg: Schimmel 2001.

Scherer, Hermann: *30 Minuten für gezielte Fragetechnik.* Offenbach: GABAL 2003.

Sturzbecher, Dietmar (Hg.): *Spielbasierte Befragungstechniken. Interaktionsdiagnostische Verfahren für Begutachtung, Beratung und Forschung.* Göttingen: Hogrefe 2001.

Techert, Max: *Verkaufen durch Fragen und Zuhören – Die klassischen Gesprächsregeln für Verkäufer im Außendienst.* 7. Aufl. Wien: Signum-Wirtschaftsverl. 2003.

2. Zuhörtechniken

Aktiver Prozess Hören ist die Informationsaufnahme mittels akustischer Reize. Das Ohr nimmt passiv Schallwellen als Signale auf. Doch Zu- oder Hinhören ist ein aktiver Prozess, denn gutes Zuhören ist vom geistigen Aufwand her mit gutem Sprechen gleichzusetzen.

Große Konzentration Es erfordert auch eine größere Konzentration als das Lesen. Sie müssen im gleichen Moment das Gesagte verstehen und bedenken, Neues merken oder mit Altem vergleichen, gegebenenfalls mitschreiben und Gegenargumente gedanklich vorformulieren. Beim Lesen können Sie nochmals zurückblättern, während dies bei einem Gespräch nicht möglich ist – es sei denn, Sie haben es aufgenommen. Beim Lesen wählen Sie die Geschwindigkeit, während Sie beim Zuhören den Rhythmus des Redners akzeptieren müssen.

Das alles bedeutet, dass an das Zuhören erhebliche Anforderungen gestellt werden. Anhand einiger Kriterien können Sie Ihre Hörgewohnheiten überprüfen und bei Bedarf verbessern. Dabei ist zwischen dem Zuhören bei Vorträgen oder Konferenzen einerseits sowie dem Hinhören im persönlichen Gespräch andererseits zu unterscheiden.

2.1 Zuhören als persönliche Arbeitstechnik

Aufmerksam zuwenden Zuhören setzt Konzentration voraus, also ein geistiges Hinwenden zum Thema. Sie wissen aus eigener Erfahrung, dass Ihre Gedanken manchmal zu wandern beginnen, während ein anderer spricht. Haben Sie aber einmal Ihre Aufmerksamkeit abgewendet, dann verpassen Sie vielleicht wesentliche Punkte.

„Leerzeiten" im Gehirn Eine der hauptsächlichen Ursachen mangelnder Konzentration ist darin zu suchen, dass das Denken viermal schneller als das Hören funktioniert. Sie können in einer Minute durchschnittlich 130 Worte hörend aufnehmen. Wo „Leerzeiten" im Gehirn entstehen, können andere Gedanken Platz greifen. Von hier ist es dann nicht mehr weit zum unkonzentrierten Dasitzen oder dem so genannten Tagträumen.

Motivation zum Zuhören

Zuhören setzt Motivation voraus. Wie schaffen Sie diese? Zunächst einmal sollten Sie Fragen formulieren, auf die Sie Antworten erwarten. Suchen Sie praktische Anwendungen und überlegen Sie sich Zusammenhänge zu anderen Themen und Problemen. Betreiben Sie eine positive Selbstmotivation, indem Sie sich sagen: „Dieses Thema kann mir bei meiner Arbeit, beim nächsten Projekt, bei meinem Studium nützen." Wer erkennt, *wozu* er etwas hört und lernt, konzentriert sich besser.

Sich selbst motivieren

Schon bevor gesprochen wird, beginnt das richtige Zuhören. Sie sollten sich vor Beginn eines Vortrages oder eines Gespräches rechtzeitig und ausreichend mit dem zu erwartenden Thema vertraut machen und sich dabei gleichzeitig über Ihr spezielles Informationsanliegen bewusst werden. Aber Sie sollten sich nicht nur gedanklich, sondern auch organisatorisch vorbereiten – beispielsweise durch die Bereitstellung technischer Hilfsmittel wie Bleistift und Papier oder gar ein Notebook.

Gut vorbereiten

Zum guten Zuhören gehört auch das Erfassen der Struktur des Gesagten, der Hauptpunkte bzw. des „roten Fadens". Jeder Vortrag hat normalerweise einen Aufbau, das heißt, die Informationen sind nicht einfach wahllos aneinander gereiht, sondern sinnvoll gegliedert.

Struktur erfassen

Nicht alles ist von gleicher Wichtigkeit, viele Ausführungen dienen lediglich der Illustration oder Auflockerung. Die Aufgabe des Hörers besteht darin, die Gliederung zu finden und das Wesentliche vom Unwesentlichen zu unterscheiden.

Mitschreiben

Das Mitschreiben trägt zur Konzentration bei und ermöglicht dadurch ein besseres Aufnehmen und längeres Behalten der gebotenen Informationen. In umfangreichen psychologischen Untersuchungen und Experimenten wurde nachgewiesen, dass

Vorteile des Mitschreibens

sich der Mensch durchaus gleichzeitig mit Hören, Denken und Schreiben beschäftigen kann. Durch das Schreiben wird man zur Aktivität gezwungen, zudem werden mehr Sinne in den Aufnahmeprozess einbezogen. Dabei wäre es allerdings falsch, stenografisch Wort für Wort zu notieren. Das würde Sie am Mitdenken hindern. Machen Sie sich Stichworte und Notizen und überarbeiten Sie diese später.

Aktiv oder passiv zuhören?

Schweigendes Zuhören

Bei Gesprächen kann man aktiv und passiv zuhören. Das passive Zuhören zielt darauf ab, jemanden zum Sprechen zu ermuntern, dem das nicht immer leicht fällt. Dieses ist insbesondere dann der Fall, wenn jemand Probleme mit sich herumträgt. Ein solcher Mensch wird erst dann über das, was ihn bewegt, sprechen, wenn Sie eine Einladung dazu aussprechen, etwa so: „Ich würde Ihnen gern helfen, wenn ich wüsste, worum es geht." Hat Ihr Gegenüber in Ihnen einen Zuhörer gefunden, so wird er Ihr aufmerksames Schweigen als Beweis für Ihr Interesse verstehen. Schweigen kann somit ein wichtiges Instrument sein, jemandem zuzuhören.

Aktiv Zeichen geben

Oft genügt schweigendes Zuhören aber nicht. Ihr Gesprächspartner braucht Zeichen dafür, dass Sie ihm auch wirklich zuhören und nicht mit eigenen Gedanken beschäftigt sind. Darum müssen Sie sich als Zuhörer um eine aktive Informationsaufnahme bemühen. Während das passive Zuhören die Bereitschaft zum Anhören ausdrückt, zeigt das aktive Zuhören, dass der Hörer die Mitteilung auch versteht.

Ergebnisse guten Zuhörens

Durch gutes Zuhören
- erhalten Sie von Ihrem Gesprächspartner Informationen,
- lernen dessen Ansichten, Meinungen, Wünsche sowie Absichten kennen,
- gewinnen Sie wichtige Anhaltspunkte für Ihre Argumentation,
- vermeiden Sie Missverständnisse,
- bringen Sie Wertschätzung zum Ausdruck, denn wenn Sie Ihrem Gesprächspartner zuhören, zeigen Sie damit, dass er wichtig ist und als Person von Ihnen geachtet wird.

2.2 Passives Zuhören

Passives Zuhören zeigt sich daran, dass einer spricht, während der andere sichtbar zuhört. Sichtbar heißt, dass er mit dem Kopf nickt, Blickkontakt hält und sich mit dem Oberkörper dem Sprecher zuwendet.

Sichtbar zuhören

Passives Zuhören mit „Rückzug"

Wird der Kontakt mit dem Gesprächspartner vermieden, handelt es sich um einen so genannten „Rückzug". Es findet ein Hören ohne Hinhören statt, das heißt, der Zuhörer hat während des Gespräches äußerlich „abgeschaltet". Die Aufmerksamkeit ist nicht auf den Gesprächsinhalt gerichtet, sondern auf die eigene Beschäftigung oder auf das Bedürfnis, die erstbeste Gelegenheit zu erwischen, selber zu Wort zu kommen. Typische Erkennungsmerkmale für passives Zuhören mit „Rückzug" sind zum Beispiel die Vermeidung von Blickkontakt, fehlende Gestik, wenige Bewegungen des Oberkörpers sowie häufige klischeeartige Bejahungen, wie „ja", „hm", „ach".

Hören ohne Hinzuhören

Passives Zuhören mit „Abtasten"

Beim passiven Zuhören mit „Abtasten" erfolgt eine Selektion des Gehörten, das heißt, der Zuhörer greift nur die für ihn nützlichen Informationen auf und übergeht die restlichen Gesprächsinhalte. Er bemüht sich nicht herauszufinden, was der andere meint oder sagen will, sondern steuert den Gesprächsverlauf ausschließlich auf Aspekte, die seinem Interesse dienen.

Gehörtes selektieren

Typische Erkennungsmerkmale dafür sind:
- häufige Versuche, Gesprächsthemen zu wechseln,
- dem Partner ins Wort fallen,
- Ungeduldsreaktionen,
- klischeeartige Bejahungen, die Langeweile ausdrücken.

2.3 Aktives Zuhören

Aktives Zuhören geht über passives Zuhören hinaus und ist mit einem intensiveren Kontakt zum Gesprächspartner verbunden.

Intensiverer Kontakt

Merkmale aktiven Zuhörens

Das bedeutet:

- Sie stellen sich auf den Gesprächspartner ein und versuchen, sich in seine Lage zu versetzen. Sie signalisieren: *„Ich interessiere mich für dich und für das, was du sagst.“*
- Sie akzeptieren den Gesprächspartner und bringen ihm Achtung und Wertschätzung entgegen. Sie signalisieren: *„Ich versuche, dich zu verstehen.“*
- Sie hören dem Gesprächspartner konzentriert zu, das heißt, Sie schweifen nicht mit den Gedanken ab. Sie signalisieren: *„Ich höre dir aufmerksam und konzentriert zu.“*
- Sie lassen den Gesprächspartner ausreden und unterbrechen ihn nicht. Sie signalisieren: *„Ich interessiere mich für das, was du sagst.“*

Aufmerksamkeit zeigen

Durch verbale oder nonverbale „Aufmerksamkeitsreaktionen“ können Sie Ihrem Gesprächspartner andeuten, dass Sie ihm aktiv zuhören. Zeigen Sie Aufmerksamkeit und Interesse, indem Sie zum Beispiel fragen: „Können Sie mehr darüber sagen?“, „Wirklich?“, „Und weiter?“. Möglich sind aber auch nonverbale Verhaltensweisen wie beispielsweise Blickkontakt oder bewusster Einsatz Ihrer Oberkörperhaltung.

2.4 Kommunikationsfördernde Zuhörtechniken

Folgende Techniken des aktiven Zuhörens können Sie einsetzen:

Paraphrasieren

Unter Paraphrasieren versteht man das Wiederholen eines Sachinhalts mit eigenen Worten.

Beispiel

Beispiel: Paraphrasieren
Aussage: „Die FDP ist die einzige wählbare Partei für uns kleine Leute.“
Antwort: „Wenn ich Sie richtig verstanden habe, meinen Sie, dass die FDP also Ihre Interessen vertritt.“

Durch Paraphrasieren können Sie Ihrem Gesprächspartner zeigen, dass Sie das Wesentliche seiner Aussage verstanden haben. Er wird auf diese Art und Weise zum Weiterreden angeregt und auf das Gesprächsthema fixiert.

Verbalisieren

Im Unterschied zum Paraphrasieren wiederholen Sie beim Verbalisieren die emotionale Aussage des Gesprächspartners mit eigenen Worten.

Emotionen in Worte fassen

Bei einem Gespräch sind die Sach- und Beziehungsebenen fest miteinander verbunden (vgl. die Ausführungen über das Kommunikationsmodell von Paul Watzlawick im Kapitel A 1). Daher werden selbst im Sachgespräch zugleich Emotionen mitgeteilt.

Wenn Sie diese mit eigenen Worten wiederholen, dann helfen Sie so Ihrem Gesprächspartner, sich über seine eigene Gefühlslage klar zu werden. Durch das Ansprechen der Gefühle erfährt dieser, dass Sie sich für ihn und seine Emotionen interessieren. Das kann es ihm erleichtern, seine Gemütslage offen zu kommunizieren.

> **Beispiel: Gefühle aufgreifen und aussprechen**
> Aussage: „Die suchen einen Sündenbock. Dafür soll ich herhalten. Ich bin mit den Nerven am Ende."
> Antwort: „Ich kann Sie verstehen. Das hört sich an, als ob alle auf Ihnen herumhacken."

Beispiel

Die Vorteile des Verbalisierens sind:

Vorteile des Verbalisierens

- Ihr Gesprächspartner wird angeregt, weiter über seine Meinung und Gefühle zum Thema nachzudenken.
- Die Situation „entemotionalisiert" sich, indem Emotionen offen besprochen werden.
- Ihr Gesprächspartner öffnet sich Ihnen.

Nachfragen

Wenn Sie Fragen stellen, zeigt dies Ihrem Gesprächsteilnehmer, dass Sie ihm aufmerksam und interessiert zuhören und noch mehr von ihm erfahren möchten. So wird er zum Weiterreden angeregt.

Ergänzende und vertiefende Informationen zu Fragetechniken finden Sie im Kapitel B 1 dieses Buches.

Zusammenfassen

Sinn des Zusammenfassens Zieht sich das Gespräch in die Länge oder besteht die Gefahr, dass Ihr Gesprächspartner vom Thema abweicht, hilft Ihnen das Zusammenfassen. Sie können auf diese Weise Zwischenergebnisse sichern und Kernaussagen verdeutlichen. Zudem garantiert Ihnen das Zusammenfassen, den Überblick zu behalten und die Gedanken zu ordnen. Es zeigt Ihrem Gesprächspartner außerdem, dass Sie sich als Zuhörer für seine Ausführungen interessieren.

Klären

Gegebenenfalls sind die Aussagen Ihres Gesprächspartners näher abzuklären. Durch Ihre klärenden Rückmeldungen erfährt er, ob seine Aussage richtig angekommen ist. Falls Sie ihn falsch verstanden haben, hat er nun die Möglichkeit, sich präziser auszudrücken. Das verringert Missverständnisse und das Aneinandervorbeireden.

Beispiel

Beispiel: Klären einer Aussage

Mitarbeiter A: „Bis zum 15. dieses Monats muss dieses Projekt abgeschlossen sein. Aber wenn ich mir die ganzen unerledigten Arbeiten anschaue, ist es fast unmöglich, diesen Termin einzuhalten."
Mitarbeiter B: „Glaubst du wirklich, wir schaffen das nicht, trotz der neuen Kollegin und der neuen Software?"

Weiterführen

Manchmal möchte man seinen Gesprächspartner gedanklich weiterführen. Eine Rückmeldung könnte ihn dazu veranlassen, über ein Problem oder einen bestimmten Sachverhalt vertiefend nachzudenken, um so zu einer Lösung oder Entscheidung zu kommen.

Beispiel

Beispiel: Weiterführen einer Überlegung

Mitarbeiter A: „Eigentlich muss ich mich auf das Kommunikations-Seminar nächste Woche vorbereiten. Aber viel lieber würde ich dieses Seminar sausen lassen und an meinem Projekt weiterarbeiten."

Mitarbeiter B: „Ich frage mich, ob du von diesem Seminar überhaupt profitierst."

Abwägen

Beim Abwägen vergleichen Sie sich widersprechende Aussagen Ihres Gesprächspartners miteinander. Die Rückmeldungen sind so zu formulieren, dass sie die Kernaussagen Ihres Gesprächspartners aufzeigen und die einzelnen Alternativen gegeneinander abwägen. Dadurch fällt es dem Sprechenden leichter, eine Entscheidung zu treffen.

Kernaussagen aufzeigen

> ### Beispiel: Abwägen von Alternativen
> Mitarbeiter A: „In der Einkaufsabteilung haben die mich gemobbt. Besonders der Meier. Im Vertrieb haben mich alle ignoriert. Das war genauso grässlich."
> Mitarbeiter B: „War das Mobbing schlimmer als die Nichtbeachtung?"

Beispiel

2.5 Analytisches Zuhören

Zum gekonnten Zuhören gehört das analytische Zuhören. Dabei hören Sie dem Gesprächspartner aktiv zu und versuchen, dessen Sachaussagen hinsichtlich ihrer sachlichen Richtigkeit und Logik zu analysieren.

Bei der Analyse einer Sachaussage versuchen Sie als Zuhörer, falsche Informationen, unlogische Schlussfolgerungen, Unstimmigkeiten, Scheinargumente oder stillschweigende Voraussetzungen zu erkennen, damit sie das Gespräch nicht negativ beeinflussen.

Negative Einflüsse erkennen

Scheinargumente

Kann Ihr Gesprächsteilnehmer seine Aussage nicht belegen, verwendet er gegebenenfalls Scheinargumente. Hierbei belegt er einen Sachverhalt mit Begriffen, die einen hohen Stellenwert besitzen wie zum Beispiel Fortschritt, Tradition, Erfahrung etc. Dieser scheinbare Zusammenhang soll seine Aussage beweisen oder aufwerten.

Zweck der Scheinargumente

Beispiel

„Jedes modern geführte Unternehmen arbeitet heute mit der weltweit führenden Software von …"

Ergänzende und vertiefende Informationen zu Argumentationstechniken finden Sie im Kapitel C 8 dieses Buches

Stillschweigende Voraussetzung

Vorgehen des Sprechers
Bei einer stillschweigenden Voraussetzung geht der Sprecher von bestimmten Annahmen aus, die er jedoch nicht thematisiert. Der Sprecher nennt nur die sich aus seinen Annahmen ergebenden Schlussfolgerungen.

Gefahren
Wenn der Sprecher nur die Schlussfolgerung nennt und die notwendigen Voraussetzungen verschweigt, wird der Gesprächspartner getäuscht und in seiner Denkweise manipuliert. Missverständnisse sind damit vorprogrammiert.

Wenn Sie die stillschweigenden Voraussetzungen und Scheinargumente in der Aussage Ihres Gesprächsteilnehmers rechtzeitig erkennen, können Sie diese mit Hilfe von Fragetechniken entkräften.

Beispiel

Aussage: „Aufgrund meiner langjährigen Erfahrung …" (Scheinargument)
Gegenfrage: „Inwiefern?"

Literatur

Bay, Rolf H.: *Erfolgreiche Gespräche durch aktives Zuhören.* 2. Aufl. Renningen: Expert-Verl. 2000.

Bone, Diane: *Richtig zuhören, mehr erreichen. Ein praktischer Leitfaden zu effektiver Kommunikation.* Frankfurt/M: Ueberreuter Wirtschaft 1998.

3. Feedback

Der Begriff Feedback (engl.: zurückleiten) entstammt ursprünglich der Kybernetik (Lehre der Steuerungs- und Regelungsvorgänge). Er bedeutet so viel wie Rückkopplung. Heute wird er häufig im sozialpsychologischen Kontext im Sinne von „Rückmeldung auf das Verhalten anderer" benutzt.

Feedback bedeutet Rückmeldung

Viele Menschen neigen zu Fehleinschätzungen ihres Könnens. Im Zusammenhang mit institutionalisierten Feedback-Verfahren in der Arbeitswelt – zum Beispiel bei der Kunden- und Mitarbeiterbeurteilung – wird das gekonnte Feedback daher immer wichtiger. Aber auch im „zwischenmenschlichen Normalbereich" hilft das Feedback, die Gesprächsatmosphäre und das Zusammenleben zu harmonisieren. Wer mehr über sich erfahren, seine Wirkung auf andere Menschen einschätzen und seine Persönlichkeit entwickeln will, sollte sich immer wieder Feedback von den Mitmenschen seines Umfeldes geben lassen.

Mehr über sich erfahren

Im täglichen Leben begegnen Sie dem Feedback in Form von Anerkennung und Kritik, von Lob und Tadel. Es kommt aber auch in Form von indirekter Kommunikation vor.

> **Beispiel: Feedback durch indirekte Kommunikation**
> Herr Müller kommt zu spät zur Arbeit. Sein Chef Herr Meier fragt ihn darauf, ob er denn wüsste, wie es spät es sei. Herr Meier ist natürlich nicht an der aktuellen Uhrzeit interessiert, sondern versteckt mit dieser Frage seine Kritik am Zuspätkommen.

Beispiel

3.1 Sinn und Zweck des Feedbacks

Feedback dient dazu, sich selbst und andere Menschen realistischer wahrzunehmen. Die Eigeneinschätzung des Feedback-Nehmers unterscheidet sich oft von dem Bild, das er bei seinem Gegenüber hinterlässt. Der Feedback-Geber nimmt Verhaltensweisen und Eigenschaften wahr, die dem Feedback-Nehmer

Sich besser einschätzen

vielleicht gar nicht bewusst sind. Das Feedback bietet so die Möglichkeit, die Eigeneinschätzung mit dem Eindruck zu vergleichen, den er bei seinem Umfeld hinterlässt. Das Feedback klärt die gegenseitige Einstellung zueinander und verbessert das gegenseitige Verständnis sowie die Gruppenzusammengehörigkeit.

Stärken ausbauen, Fehler vermeiden

Der Feedbach-Nehmer erfährt mehr über jene Verhaltensweisen, die sein Umfeld als positiv empfindet. Er kann nun gezielt bestimmte Eigenschaften weiter ausbauen und fördern. Umgekehrt werden auch problematische Verhaltensweisen durch Feedback bewusst gemacht. Der Feedback-Nehmer kann nun auf solche Fehler achten und sie vermeiden.

Vorteile

Feedback hat viele Vorteile:

- Feedback steuert Verhalten.
- Positives Feedback ermutigt.
- Feedback erleichtert die Fehlersuche.
- Feedback fördert persönliche Lernprozesse.
- Feedback verbessert die Motivation.
- Feedback hilft bei der Selbsteinschätzung.

Verbessertes Arbeitsklima

Feedback ist überall dort anwendbar, wo Menschen aufeinander treffen und miteinander sprechen. Im Kollegenkreis und gegenüber dem Vorgesetzten oder in der Vorgesetztenrolle verbessert es das Arbeitsklima.

Besonders nach Kundengesprächen, Vorträgen, Seminaren oder auch Vorstellungsgesprächen ist eine Rückmeldung nützlich. Das Feedback schafft die Voraussetzungen dafür, gezielt an seinen Stärken und Schwächen zu arbeiten.

3.2 Die Ausgangssituation

Eigenschaften von Personen

Die Feedback-Ausgangssituation lässt sich mit dem „Johari-Window" darstellen. Dieses Modell zeigt auf, inwiefern Eigenschaften einem selbst bzw. dem jeweiligen Umfeld bekannt sind – und zwar in diesem Sinne:

Johari-Window

Die Eigenschaften sind einem selbst

bekannt   unbekannt

| | bekannt | A
Öffentliche Person | C
Blinder Fleck |
| Die Eigenschaften sind anderen | unbekannt | B
Privatperson | D
Unbekanntes |

■ *Quadrant A:* Der Bereich der *öffentlichen Person (Arena):* Hier kennt der Mensch sich selbst und ist für die anderen transparent. Es ist der Bereich der freien Aktivität, der öffentlichen Sachverhalte und Tatsachen, wo Verhalten und Motivationen sowohl dem Menschen selbst bekannt als auch für andere wahrnehmbar sind. Das Fenster ist von beiden Seiten durchsichtig.

Öffentlich

■ *Quadrant B:* Der Bereich der *privaten Person.* Er ist einem selbst bekannt und bewusst, soll aber anderen nicht bekannt gemacht werden. Dieses Fenster ist von außen nicht einsehbar.

Privat

■ *Quadrant C:* Der Bereich des *Blinden Flecks.* Diese Aspekte bzw. Eigenschaften der Person werden zwar von anderen Menschen wahrgenommen, aber nicht von der Ausgangsperson. Abgewehrtes, Vorbewusstes und nicht mehr bewusste Gewohnheiten fallen hierunter. Das Fenster des Blinden Flecks ist nur von außen einsehbar, von innen ist keine Wahrnehmung möglich. Hier kann Feedback eine Hilfe sein, mehr über sich zu erfahren oder den Blinden Fleck sogar zu beseitigen.

Blinder Fleck

Unbekanntes

■ *Quadrant D:* Der Bereich des *Unbewussten.* Er erfasst Vorgänge, die weder einem selbst noch anderen bekannt sind. Hier geht es um Aspekte, die in der Tiefenpsychologie als „unbewusst" bezeichnet werden. Das bedeutet: Weder der Betreffende selbst noch andere Menschen haben hier einen unmittelbaren Einblick. Das Fenster ist von beiden Seiten her undurchsichtig.

Vor dem Feedback: kleiner Quadrant A

Kommen – beispielsweise in einer Projektgruppe – Menschen zusammen, die sich untereinander noch nicht kennen, dominiert der Quadrant B. Der Bereich öffentlich bekannter Aspekte und Verhaltensweisen – also Quadrant A – ist noch sehr klein.

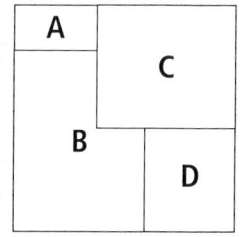

Durch Feedback: Quadrant A wächst

Systematische Feedback-Prozesse führen dazu, dass Blinde Flecke aufhellen und größere Ausschnitte der Persönlichkeit für Menschen in der Umgebung transparent werden. Mit anderen Worten: Quadrant B und C schrumpfen, während Quadrant A größer wird.

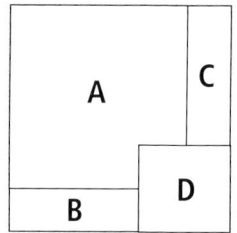

3.3 Feedback richtig geben

Genau beobachten

Um erfolgreiches Feedback zu geben, müssen Sie genau zuhören und beobachten. Nur wenn Sie als Feedback-Geber dem Feedback-Nehmer detailliert schildern, was Sie gesehen oder gehört haben, kann dieser Ihre Rückmeldung nutzen.

Als Feedback-Geber sollten Sie dem Feedback-Nehmer eine Hilfe bieten. Dementsprechend darf Ihre Rückmeldung nicht wie ein Angriff wirken. Umgekehrt muss der Feedback-Nehmer

Bereitschaft zeigen, Ihre Hilfestellung auch anzunehmen. Er darf sich nicht beleidigt oder angegriffen fühlen.

Verwechseln Sie Feedback nicht mit Kritik. Diese bewirkt zwar auch eine Änderung des Verhaltens, aber auf anordnender Grundlage. Beim Feedback liegt das Augenmerk auf dem *freiwilligen* Veränderungsprozess. Außerdem ist Kritik meist sehr einseitig, da der Kritisierende *seine* Sichtweise betont. Bei einem erfolgreichen Feedback-Gespräch kommen dagegen beide Seiten zu Wort, und die Gesprächspartner nehmen gegenseitig Rücksicht aufeinander.

Feedback statt Kritik

Feedback ist seinem Wesen nach eher beschreibend als bewertend, eher konkret als allgemein, eher einladend als zurechtweisend.

Das Feedback bezieht sich auf ein Verhalten und nicht auf den Charakter. Es wird im Idealfall erbeten und nicht aufgezwungen. Ein gutes Feedback erfolgt rasch nach dem beobachteten Verhalten und ist klar und eindeutig.

Merkmale guten Feedbacks

Empfehlungen für den Feedback-Geber
Wenn Sie Feedback geben, dann lohnt es sich, folgende Ratschläge zu beachten.

Formulieren Sie persönlich, also in der Ich-Form
Sie sollten von Ihren persönlichen Beobachtungen und Empfindungen sprechen, statt „man-Botschaften" zu übermitteln.

Keine „man"-Botschaften

> Beispiel: Feedback persönlich formulieren
> „Ich fand das großartig, wie Sie vor der großen Gruppe frei gesprochen haben."

Beispiel

Ihr Feedback sollte beschreibend sein
Vermeiden Sie Bewertungen und Interpretationen, denn diese wirken häufig verletzend. Drücken Sie stattdessen das Erlebte oder Empfundene klar und deutlich aus.

Beispiel: Beschreiben statt bewerten

„Ich habe beobachten können, dass sie …"

Geben Sie das Feedback rechtzeitig

Je schneller das Feedback auf die entsprechende Situation folgt, desto größer ist die Wahrscheinlichkeit der Verhaltensänderung. Gefühle und Empfindungen, die mit dem Ereignis verbunden sind, sind noch präsent und werden intensiver verarbeitet.

Formulieren Sie möglichst konkret

Das Feedback sollte so ausführlich, sachlich und konkret wie möglich sein, nicht allgemein und pauschal. Nur dann kann der Feedback-Nehmer genau nachvollziehen, was Sie ihm als Feedback-Geber sagen wollen.

Beispiel: Konkrete Aspekte benennen

„Sie haben in Ihrem Referat häufig ‚äh' gesagt und die Hände in den Hüften abgestützt."

Verhalten Sie sich konstruktiv

Das Aufzählen von Fehlern wäre destruktiv. Sie dürfen als Feedback-Geber dem Feedback-Nehmer nur dann Verbesserungsvorschläge machen, wenn dieser es wünscht.

Das Feedback muss brauchbar sein

Ihr Feedback darf sich nur auf veränderbare Verhaltensweisen beziehen, nicht auf Unveränderbares wie etwa eine hohe Stimme oder eine große Nase.

Seien Sie positiv

Sandwich-Methode Keiner wird gern kritisiert. Daher ist es wichtig, Kritisches gut zu „verpacken" – zum Beispiel mit der Sandwich-Methode. Hier wird Negatives zwischen zwei positiven Anmerkungen „verpackt".

Empfehlungen für den Feedback-Nehmer

Wer Feedback bekommt, sollte auf folgende Hinweise achten.

Lassen Sie den Feedback-Geber ausreden

Hören Sie sich zunächst die Äußerung an, bevor Sie antworten.

Verteidigen und rechtfertigen Sie sich nicht

Da korrektes Feedback kein Angriff ist, gibt es keinen Grund zur Verteidigung. Als Feedback-Nehmer sollten Sie die Wahrnehmung des Feedback-Gebers respektieren und – falls sinnvoll – daraus lernen.

Überdenken Sie das Feedback kritisch

Überlegen Sie sich, was Sie an Ihrem Verhalten ändern wollen. Die Entscheidung liegt bei Ihnen, ob und was sie verändern möchten.

Seien Sie für das Feedback dankbar

Eine von Dankbarkeit geprägte Haltung ist angebracht, denn gutes Feedback bietet Ihnen die Chance, sich weiterzuentwickeln.

Empfehlungen für beide Seiten

Paraphrasieren

Feedback-Nehmer und -geber optimieren die Situation, indem sie ihre Äußerungen „paraphrasieren" und sich ihre Empfindungen gegenseitig mitteilen. Der Begriff „paraphrasieren" bedeutet, die Nachricht eines anderen mit eigenen Worten wiederzugeben. Es ist also nicht gleichzusetzen mit Zitieren, sondern soll Klarheit schaffen und Missverständnisse vermeiden. Wenn Sie das Gehörte nochmals mit Ihren Formulierungen aussprechen, dann gehen Sie sicher, dass Sie alles richtig vernommen und verstanden haben.

Nachfragen bedeutet nicht, dass der Feedback-Geber nicht aufmerksam zugehört hat. Im Gegenteil, er drückt sein Interesse für den Gesprächspartner aus. Das gilt selbst für negative Rückmeldungen.

Emotionen mitteilen

Die Feedback-Partner sollten sich gegenseitig auch ihre Empfindungen bzw. Gefühle mitteilen. Das erfordert insbesondere vom Feedback-Geber eine gewisse Selbstoffenbarung. Die entscheidende Frage dabei lautet nicht „Wer hat Recht?" sondern „Was wird empfunden?"

Ergänzende und vertiefende Informationen zum Verbalisieren von Gefühlen finden Sie im Kapitel B 2 dieses Buches.

Literatur

Bastian, Johannes: *Feedback-Methoden. Erprobte Konzepte, evaluierte Erfahrungen.* Weinheim: Beltz 2003.

Brinkmann, Ralf D.: *Vorgesetzten-Feedback. Rückmeldung zum Führungsverhalten. Grundlagen und Anleitung für die Praxis.* Heidelberg: Sauer 1998.

Fengler, Jörg: *Feedback geben. Strategien und Übungen.* Weinheim: Beltz 1998.

Vilsmeier, Carmen: *Feedback geben, mit Sprache handeln. Spielregeln für bessere Kommunikation.* Düsseldorf: Metropolitan-Verl. 2000.

4. Körpersprache

Arm- und Beinhaltungen, Augenbewegungen, Mundwinkel und Ausrichtung der Hände – das alles verschafft einem geschulten Beobachter Einblicke in die Gedanken, Ängste und inneren Befindlichkeiten eines Menschen. Auch die Kleidung, Stimme, Frisur und manche Details des Gesichtes können als Informationsquellen dienen.

Einblicke in das Innere

Die Sprache des Körpers ist dabei bei manchen Menschen ehrlicher als das, was über die Lippen kommt. Denn das, was Sie für wichtig halten, „hören" Sie mit den Augen: Der Psychologe Albert Mehrabian fand heraus, dass mit Worten nur sieben Prozent aller Informationen eines Gespräches transportiert werden. Aus dem Klang der Stimme beziehen wir 38 Prozent und 55 Prozent aus der Körpersprache.

Über den verbalen Kanal kommen nur die so genannten „harten Fakten". Auf dem nonverbalen Kanal werden die „weichen Fakten" transportiert, also all das, was letztlich ein Bild der Seele zeichnet. Dazu gehören unter anderem Haltungen, Stimmungen, Zwischentöne und Gefühle. Unser Gesicht sowie unsere Arme, Hände und Beine sagen also mindestens so viel wie unsere Zunge. Folgt man Mehrabian, sagen sie sogar noch sehr viel mehr. In Haltungen und Bewegungen drücken sich Energie und Informationen aus. Insofern ergänzt die Körpersprache das gesprochene Wort.

Körpersprache ergänzt das Wort

4.1 Hintergrund und Wirkungsweise der Körpersprache

Die Wirkungsweise der Körpersprache erklärt sich aus der Einheit von Körper und Geist. Diese stehen in permanenter Wechselwirkung miteinander, so dass ein emotionaler Impuls automatisch eine körperliche Reaktion hervorruft, zum Beispiel Schmerz oder Wohlbefinden.

Einheit von Körper und Geist

Die Erklärung hierfür fußt auf dem Prinzip der Muskelbewegung. Durch die Innervation (Versorgung mit elektrischen Impulsen) eines Muskels durch die Nervenzellen wird dieser kontrahiert und streckt zugleich seinen Antagonisten (Gegenmuskel). Das Zusammenspiel der mehr als 630 Muskeln des Menschen fügt sich zu einem komplexen Bewegungsapparat zusammen.

Bewegungen tragen Botschaften

Jede Bewegung dieses Apparates enthält in der Art und Weise, wie sie ausgeführt wird, eine unterschwellige Botschaft für unsere Mitmenschen. Da niemand in der Lage ist, jegliche Muskelbewegung abzustellen, verhalten wir uns wie Sender, die unwillkürlich und pausenlos kommunizieren.

Weil die Körpersprache ein so elementarer Bestandteil unserer Kommunikation ist, haben viele Ausdrucksbewegungen auch Eingang in unsere verbale Sprache gefunden. Beispielsweise kann jemand den „Kopf hängen lassen", was ein Ausdruck für Depression oder Niedergeschlagenheit ist, während etwa das „Kopfeinziehen" den verletzlichen Hals schützen soll und so Angst und Erschrecken ausdrückt. Das Versteifen der Halsmuskulatur beschreibt wiederum einen „halsstarrigen" oder „hartnäckigen" Typen. Diese Liste ließe sich beliebig fortsetzen.

Bewusste und unbewusste Körpersprache

Bewusste und unbewusste Körpersprache

Ihre Körpersprache lässt sich in zwei Kategorien unterteilen – nämlich in die bewusste und in die unbewusste –, wobei die Grenze zwischen diesen beiden fließend verläuft. Den kleineren Teil macht hierbei die bewusste Körpersprache aus, bei der Sie willentlich versuchen, mit Hilfe Ihrer Gestik und Mimik etwas auszudrücken.

Der weitaus größere Teil der Körpersprache findet allerdings auf der unbewussten Ebene statt. Das Muskelspiel ist willentlich kaum beeinflussbar, da kein Mensch in der Lage ist, seine Motorik in allen Bereichen gleichzeitig und bis ins feinste Detail zu steuern. Jeder kann sich immer nur auf einen Ausschnitt seines Körpers konzentrieren, während andere Teile unbewusst reagieren.

4.2 Interpretation der Körpersprache

Für Sie als Gesprächspartner ist es wichtig, beide Kommunikationsebenen – die verbale und die nonverbale – richtig zu deuten. Denn oft bleiben in Gesprächssituationen wichtige Informationen unausgesprochen und sind nur an den nonverbalen Signalen erkennbar.

Häufig treten auch Widersprüche zwischen dem Gesagten und dem nonverbalen Verhalten auf, was zu Verwirrung und Missverständnissen führt. Das Wissen über Körpersprache ermöglicht es Ihnen, einzelne körpersprachliche Bewegungsabläufe gezielter einzusetzen und die Verhaltensweisen von Mitarbeitern, Kunden und Geschäftspartnern besser zu deuten.

Verhalten besser deuten

Nur wer die verschiedenen Ausdrucksbereiche der Körpersprache kennt, kann angemessen reagieren. So vermeidet man auch den Fehler, einzelne körpersprachliche Signale isoliert zu interpretieren. Eine einzelne Reaktion sagt wenig aus und kann mehrdeutig sein. Jede Geste steht für einen einzelnen Sachverhalt, hat ihre eigene Interpunktion und Grammatik. Erst als komplettes Set bzw. als „Traube" lassen Gesten das erkennen, was hinter den Worten steckt.

Keine isolierte Betrachtung

Ein Kratzen am Hinterkopf bedeutet nicht immer Unsicherheit und Nervosität. Vielleicht juckt es den anderen einfach nur. Darum bieten die folgenden Merkmale nur einen schematischen Umriss. Es handelt sich nicht um feste Interpretationsregeln, sondern um Hinweise auf mögliche Verhaltensweisen.

Ausdrucksbereiche des Gesichts (Mimik)

Die Mimik umfasst die Bewegungen der Gesichtsmuskulatur. Von allen äußerlich wahrnehmbaren körperlichen Reaktionen ist der Gesichtsausdruck am unmittelbarsten mit dem Seelenleben verknüpft. Man kann aus dem Mienenspiel des Gesprächspartners Rückschlüsse auf dessen Gefühle, Gedanken und Wünsche ziehen – zum Beispiel auf Freude, Interesse oder Langeweile. Ein echtes Lächeln drückt einen positiven Gemütszustand aus.

Das Gesicht als Spiegel der Seele

Der Stirnbereich

Der Stirnbereich mit seiner Faltenbildung und den Augenbrauen gibt Aufschluss über die Intensität des Denkens:

Waagerechte Falten
- Die *waagerechten* Stirnfalten gehen meist mit einem Heben der Augenbrauen einher und können darauf hindeuten, dass die Aufmerksamkeit beansprucht ist. Das gleiche Bild zeigt sich auch bei Menschen mit Hochmut, Arroganz und Blasiertheit.

Senkrechte Falten
- *Senkrechte* Stirnfalten zwischen den Augenbrauen zeigen, dass die gesamte Aufmerksamkeit mit starker geistiger oder körperlicher Konzentration auf etwas gerichtet ist, beispielsweise bei der Bewältigung einer komplizierten Aufgabe oder der Verarbeitung eines inneren Konfliktes. Aus diesem Grund wird diese Falte auch „Konzentrationsfalte" genannt.

Der Blickkontakt

Gerader Blick
- Der *gerade, zugewandte Blick* drückt in der Regel Sympathie aus. In zwischenmenschlichen Beziehungen zeigt dieser Blick und das fortführende Anschauen Interesse und Wertschätzung. Bei gegenseitiger voller Zuwendung findet der Blickkontakt ungefähr auf gleicher Höhe statt. Dies besagt, dass Sie mit Ihrem Gesprächspartner auf gleichem Niveau verkehren und ihn als gleichberechtigt anerkennen.

  Der gerade Blick aus voll geöffneten Augen in das Gesicht des Gesprächspartners zeigt Ihre Bereitschaft zu offener und direkter Kommunikation. Ohne Heimlichkeiten und Umwege signalisiert dieses Anschauen Ihre selbstbewusste und gerade Persönlichkeit.

  Der feste fixierende Blick auf den Gesprächspartner kann Selbstsicherheit, Selbstbewusstsein, Kraft und Wirkungsstärke signalisieren. Auf Objekte in der Umwelt gerichtet, lässt dieser Blick Zielstrebigkeit erkennen.

Blick von oben herab
- Im Gegensatz dazu kann der *Blick von oben herab* überlegen, stolz, herrschsüchtig, hochmütig, arrogant und verachtend wirken.

Der *Blick von unten mit gesenktem Kopf* signalisiert Unterwerfung (wenig Spannung) oder Angriffsbereitschaft (mehr Spannung). Trotz gesenkten Hauptes will jemand sein Gegenüber wahrnehmen. **Blick von unten**

Der *seitliche Blick aus den Augenwinkeln heraus* ermöglicht den Augenkontakt zum Gesprächspartner, während das Gesicht von ihm abgewendet ist. Die fehlende Zuwendung weist auf eine unauffällige heimliche Beobachtung aktiver Art, eventuelle Skepsis und Misstrauen hin. Auch der Öffnungsgrad der Augen gibt dazu Informationen. Sind die Augen aufgerissen, ist der Hintergrund dafür eher Angst. Bei voll geöffneten Augen kann sich Neugier oder abschätzende Zurückhaltung ausdrücken. In einem verengten Blick spiegelt sich eher Misstrauen oder Hinterhältigkeit wider. **Seitlicher Blick**

Die Gestik

Gesten sind unbewusste Ausdrucksbewegungen von Kopf, Arm(en) oder Hand (Händen). Dem Kopf kommt eine besondere Bedeutung zu. Er wird zur besseren Wahrnehmung nach vorne gestreckt, zum Schutze zurückgezogen, zum Verarbeiten nach rechts oder links geneigt, zum Ausweichen seitlich weggenommen und bei Annäherungsversuchen gesenkt. **Besondere Bedeutung des Kopfes**

Auch unterschiedliche Handbewegungen verstärken Kommunikationsaussagen. Die Handgesten verdeutlichen zum Beispiel den Gehalt einer Aussage. Wenn Sie Ihre Hände verschränken oder falten, signalisiert dies eher Distanz gegenüber dem Gesagten. **Handgesten**

Gesenkter Kopf: Das Senken Ihres Kopfes mit fehlendem Blickkontakt kann ein schlechtes Gewissen, Beschämung und Unterwerfung ausdrücken. Wird jedoch eine Kopfneigung beim Gruß verwendet, handelt es sich um eine bewusste, der Höflichkeit und Unterordnung dienenden Verkleinerung. „Sich beugen" signalisiert den Verzicht auf Eigenwillen und drückt schweigende Zustimmung aus. **Gesenkter Kopf**

Gesenkter Blick: Ihr gesenkter Kopf mit Blick von unten signalisiert spannungsgeladene Aktivität, Kampfbereitschaft, **Gesenkter Blick**

Aggressivität, Oppositionsfreude oder Halsstarrigkeit und erinnert bildlich an den gesenkten Kopf des angreifenden Stiers.

Aufgerichteter Kopf

▪ *Aufrichten des Kopfes:* Bei einem aufgerichteten Kopf liegt der Hals frei. Diese empfindliche Stelle ist ungeschützt. Wer sich so darstellt, fühlt sich sicher und fürchtet nicht, dass ihm jemand „an den Hals" geht. Das Aufrichten des Kopfes drückt somit eine Steigerung des Selbstwertgefühls und der Tatbereitschaft aus.

Schaukeln des Kopfes

▪ *Pendelndes Hin-und-her-Neigen des Kopfes:* Diese Bewegung des Kopfes kann Zu- und Abwendung, Bejahung und Verneinung, also Zweifel ausdrücken. Die Schaukelbewegung verrät, dass Geborgenheit und Sicherheit fehlen. Meist ist dieses Verhalten mit angezogenen Schultern und heruntergezogenen Mundwinkeln kombiniert. Die hochgezogenen Schultern (Deckung des Halses) zeigen, dass weitere Angriffe bzw. Reize befürchtet werden.

Handinnenfläche oben

▪ *Handinnenfläche nach oben:* Diese Handhaltung wird eingenommen, wenn Sie etwas Wertvolles in Empfang nehmen wollen. Es ist aber auch die Geste des offenen Darlegens und Überreichens von positiven Ideen oder wertvollen Dingen an wertgeschätzte Empfänger.

Je weiter die Hände nach vorne gestreckt werden, desto größer ist der Aufforderungsgrad. Bei gespreizten Fingern verstärkt die zusätzlich gewonnene Fläche die Aufforderung, etwas hineinzulegen. Sind die Finger nach oben gewölbt, sodass das Bild einer Schale entsteht, wird diese Aufforderung symbolisch verstärkt.

Handinnenfläche unten

▪ *Handinnenfläche nach unten:* Diese Haltung kommt der ursprünglichen Bedeutung der Hand als Greifwerkzeug am nächsten. Sie kann Ausdruck von Geiz und Raffgier, aber auch der Bemühung sein, Worte zu finden und Gedanken festzuhalten. Umklammernd und festhaltend drückt die Greifhand ein Bedrohtheitsgefühl aus. Das Festhalten symbolisiert den Willen zu Selbstbehauptung und Eigensinn, aber auch Ängstlichkeit. Werden die Finger nicht oder nur ein wenig gekrümmt, wirkt die Hand als Fläche zum Abwehren oder Niederdrücken.

- *Handinnenfläche nach vorn:* Zeigt Ihre Handfläche nach vorn, wird sie zum Instrument des Wegschiebens. Diese Geste deutet auf Ablehnung oder Zurückweisung hin. Aber sie kann auch dazu dienen, Zuhörer zu besänftigen. Sind die Finger gespreizt oder werden beide Hände verwendet, wird auch hier die größere Fläche dazu benutzt, die Wirkung der Geste zu steigern.

Handinnenfläche vorn

Bewegungen des Oberkörpers

Wird Ihr Oberkörper dem Gesprächspartner oder Publikum *zugewendet,* bedeutet dieses Interesse, Furchtlosigkeit und Aufgeschlossenheit, insbesondere wenn das Gesicht gleichzeitig zugewandt wird.

Oberkörper zugewendet

Ist Ihr Oberkörper aber *abgewendet,* drückt dieses Desinteresse, Zurückweisung und Abwendung aus, vor allem dann, wenn auch Ihr Gesicht gleichzeitig abgewendet ist.

Oberkörper abgewendet

Mit den *Bewegungen* des Oberkörpers stellen sich automatisch auch Distanzverringerung oder -erweiterung ein. Zuneigung und „sich Näherkommen" spiegeln sich im Zuneigen des Oberkörpers wider. Abneigung und „sich Distanzieren" gehen mit der Neigung des Oberkörpers nach hinten einher.

Beinstellungen im Sitzen

Wer beim Sitzen mit gekreuzten Beinen und eng aneinander gepressten Füßen sitzt und dabei die Hände auf den Armlehnen verkrampft, zeigt Angst. Auf diese Weise sitzen zum Beispiel Mitarbeiter, die sich in einem Konfliktgespräch „beengt" fühlen.

Hinweise auf Angst

Weit von sich gestreckte Beine besagen, dass der so Sitzende seine Ruhe gefunden hat und dass er nicht vorhat, bald wieder aufzustehen. Diese Sitzhaltung macht es unmöglich, zu fliehen. Der Sitzende fühlt sich sicher.

Hinweis auf Sicherheit

Je näher die Füße zum Körperschwerpunkt hin angezogen werden, desto größer ist der unbewusste Wunsch, aktionsbereit zu sein. Ist ein Fuß oder sind beide Füße um das Stuhlbein gehakt, drückt dies den Wunsch nach Sicherheit und Halt aus.

Bein gibt Hinweis auf Zuwendung Generell zeigt die Richtung des übergeschlagenen Beines die Richtung, der die „Zu-Wendung" gilt. Da sich mit dem Überschlagen des Beines auch der Oberkörper mitbewegt, wird die Zu- oder Abwendung in eine bestimmte Richtung noch verstärkt.

4.3 Körpersprache im Gespräch und bei Verhandlungen

Körpersprache beeinflusst Erfolg Gespräche dienen dem Kennenlernen, dem Verstehen des anderen, dem Erzeugen von Einsicht und Motivation. Verhandlungen dahingegen sind eher von dem Versuch geprägt, eigene Interessen durchsetzen. Während Sie beispielsweise im Gespräch einen der gerade freien Plätze einnehmen, ist bei der Verhandlung die Sitzposition ein wichtiges strategisches Mittel. Obwohl auf unterschiedliche Ziele ausgerichtet, kann sowohl der Gesprächs- als auch Verhandlungserfolg davon abhängen, inwieweit die eigene Körpersprache bewusst wahrgenommen, kontrolliert und aktiv eingesetzt wird.

Förderliche Verhaltensweisen Als förderlich gelten Verhaltensweisen, die Offenheit, Interesse und Aktivität signalisieren. Hierzu gehört insbesondere die Sitzhaltung, das heißt konkret das aufrechte und gerade Sitzen ohne Verkrampfungen. Dies signalisiert Ihrem Verhandlungspartner, dass Sie die Verhandlung aufmerksam verfolgen.

Merkmale der Aufmerksamkeit Das Gleiche gilt, wenn Sie während der Ausführungen Ihrem Gesprächspartner zugewandt bleiben, Blickkontakt halten und durch Nicken signalisieren, dass Sie ihm aufmerksam zuhören und verstehen. Ihre Hände liegen auf dem Tisch oder unterstreichen mit angemessener Gestik das, was Sie sagen.

Auch die Mimik spielt eine wichtige Rolle. Ihr freundlicher Gesichtsausdruck zeigt Ihr Interesse an einer konfliktfreien Kommunikation und gemeinsamen Lösung. In schwierigen Verhandlungen können Sie durch eine ernste Miene zeigen, dass Ihnen eine tragfähige Lösung wichtig ist, aber nicht um jeden Preis.

Im Gespräch		In der Verhandlung
Auf der Grundlage einer wohlwollenden, interessierten Einstellung:		Auf der Grundlage einer zielfixierten Einstellung:
Partner sind pünktlich	⟷	Gegner lassen warten
lächeln	⟷	Pokergesicht
echtes Lächeln	⟷	gespieltes Lächeln
Augenbrauen oft hochgezogen	⟷	Augenbrauen oft zusammengekniffen
waagerechte Stirnfalten	⟷	senkrechte Stirnfalten
häufiges Nicken	⟷	wenig Zustimmung
ausdrucksstark	⟷	ausdruckslos
räumlich nah	⟷	distanziert
Handreichgesten	⟷	Faustgesten
Handflächen werden gezeigt	⟷	Hände sind möglichst verborgen (nicht auf die Finger sehen lassen)
Gesten mit nach oben gerichteten Handflächen	⟷	Gesten mit nach unten gerichteten Handflächen
alle Finger liegen nebeneinander	⟷	der Zeigefinger wird besonders oft als „Waffe" benutzt
Unterstreichungen erfolgen mit Zeigefinger	⟷	Unterstreichungen erfolgen mit gestrecktem Zeigefinger

Quelle: Horst Rückle: Körpersprache für Manager. Verlag Moderne Industrie 1998, S. 375

Körpersprache im Gespräch und bei der Verhandlung

Ein Gespräch wird durch Desinteresse, Verschlossenheit und Angriffsverhalten gehemmt. Mit verschränkten Armen im eigenen Stuhl zu versinken, wirkt verschlossen und abweisend. Das Gleiche gilt für den bewusst abgewendeten oder aus dem Fenster schweifenden Blick. Unruhige, auf den Tisch trommelnde Finger signalisieren Ungeduld und fehlende Disziplin. Mit dem Finger auf andere zu zielen, wirkt angriffslustig. Der erhobene Zeigefinger wirkt oberlehrerhaft.

Hemmende Verhaltensweisen

Ein Kopfschütteln während der Ausführungen anderer kann irritieren, wenn nicht sogar provozieren. Und wenn sich die Hände des Sprechers, während er redet, am Kopf oder dem

Mund befinden, kann der Gesprächspartner dieses als Verschlossenheit, Unsicherheit oder den Versuch, etwas zu verbergen, interpretieren.

Literatur

Fast, Julius: *Körpersprache.* Reinbek: Rowohlt 2001.

Köster, Rudolf: *Körpersprache und Redewendungen. Die Brücke von Mensch zu Mensch.* Renningen: expert-Verlag 2003.

Molcho, Samy: *Körpersprache der Promis.* München: Goldmann 2003.

Molcho, Samy: *Körpersprache im Beruf.* München: Goldmann 2001.

Rückle, Horst: *Körpersprache für Manager.* Landsberg: Verlag Moderne Industrie 1998.

5. Gesprächsführung

Dieses Praxismodell des Autors hat einen anderen Charakter als die vorstehend dargestellten Ansätze. Hier geht es eher um den Rahmen, den Sie bei Gesprächen beachten sollten. Es basiert auf den Erfahrungen des Autors dieses Buches als Führungskraft, Hochschullehrer und Kommunikationstrainer.

5.1 Grund und Ziel von Gesprächen

Gespräche zu führen, ist ein menschliches Bedürfnis. Der Plausch unter südländischer Mittagssonne oder nach Feierabend am deutschen Stammtisch, allgemeines Geplauder, die normale Unterhaltung zu einem beliebigen Thema, der Flirt etc. stehen hierfür als Beispiel.

Menschliches Bedürfnis …

Gespräche sind zugleich eine Folge und eine Notwendigkeit des menschlichen Zusammenlebens. Das gilt insbesondere für die Kommunikation am Arbeitsplatz. Hier sind Abläufe zielgerichtet zu gestalten, Sachfragen sind zu klären und Informationen auszutauschen. Das geht nur mittels Kommunikation.

… und Notwendigkeit

Es gibt Gespräche ohne einen expliziten Grund, beispielsweise Geplauder oder Smalltalk. Diese Gespräche entwickeln sich aus einer gegebenen Situation heraus. Meistens aber werden mit Gesprächen bestimmte Ziele verfolgt.

Je nachdem, welche Ziele angestrebt werden, lassen sich verschiedene Gesprächstypen unterscheiden. Gebräuchliche Typen sind: Bewerbergespräche, Beurteilungsgespräche, Kritikgespräche, Verkaufsgespräche, Zielvereinbarungsgespräche, Kündigungsgespräche, Beratungsgespräche, Interviews, Verhöre, Teambesprechungen bzw. Konferenzen und Lehrgespräche.

Gesprächstypen

Um im Gespräch Ihr Ziel zu erreichen, ist es wichtig, dass Sie sich gut vorbereiten.

> Beachten Sie, dass Ihr Gesprächsziel konkret formuliert, realistisch, kontrollierbar, terminiert und quantifiziert ist.

Falls sich bei schwierigen Gesprächen das Hauptziel nicht erreichen lässt, sollten Sie Teilziele festlegen. Es kann vorteilhaft sein, das Gespräch zu beenden, sobald ein Teilziel vereinbart wurde.

5.2 Organisatorische Vorbereitungen

Jeder Augenblick, den Sie in die Vorbereitung investieren, zahlt sich in der Gesprächsdurchführung aus. Die folgenden Aspekte sollten Sie bei der Vorbereitung abwägen:

Gesprächsort

Stimulierendes Umfeld schaffen Das Umfeld eines Gespräches kann sowohl stimulierend als auch negativ auf den Gesprächsverlauf wirken. Wird beispielsweise eine Unterredung fortwährend durch ein klingendes Telefon oder ständig anklopfende Mitarbeiter unterbrochen, dann stört das den Gesprächspartner und führt zur Verärgerung. Jemand, der sich laufend unterbrechen lässt, signalisiert seinem Gegenüber, dass dieser ihm nicht so wichtig ist.

Eine hierarchische Sitzordnung in einer Konferenz wirkt hierarchisierend auf das Gesprächsklima. Auch Temperatur, Beleuchtung oder Belüftung beeinflussen den Gesprächsverlauf.

Zeitpunkt

Günstigen Zeitpunkt wählen Ein ungünstig gewählter Zeitpunkt wirkt störend auf den Gesprächsverlauf. Das ist beispielsweise der Fall, wenn der Gesprächspartner gerade in den Feierabend gehen will oder ein Vorgesetzter den Mitarbeiter „überrumpelt" und sich dieser nicht auf die Besprechung vorbereiten kann.

Wichtige Gespräche sollten zu einem Zeitpunkt stattfinden, zu dem die Gesprächspartner ihr Leistungshoch haben, also zum Beispiel vormittags und nicht direkt nach dem Mittagessen.

Gesprächsunterlagen

Auch die Gesprächsunterlagen sind sorgfältig vorzubereiten. Visualisierungen mit Hilfe eines Overheadprojektors oder Flipcharts können ein Gespräch fördern. Komplizierte Sachverhalte lassen sich so schneller, einprägsamer und verständlicher erläutern. Außerdem verdeutlichen vorbereitete Arbeitsunterlagen wie beispielsweise Entwürfe, Muster und Notizen die Wichtigkeit einer Besprechung.

Unterlagen vorbereiten

5.3 Gesprächsdurchführung

Um ein Gespräch in die Richtung des Gesprächszieles zu steuern, ist es zweckmäßig, es in vier Phasen aufzuteilen.

Die vier Phasen eines Gespräches

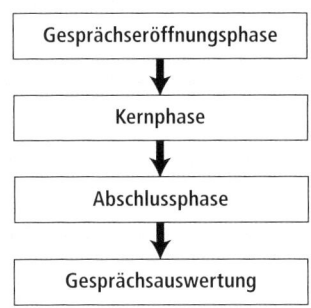

Gesprächseröffnungsphase

Die Eröffnung Ihres Gespräches entscheidet über den weiteren Gesprächsverlauf. In dieser Phase ist es wichtig, dass Sie eine positive persönliche Beziehung zum Gesprächspartner aufbauen. Darum ist der Gesprächspartner freundlich zu begrüßen. Einfache Eröffnungsfragen über allgemeine Situationen wie zum Beispiel das Wetter, die Anfahrt oder aktuelle Ereignisse entkrampfen die Situation.

Positive Beziehung aufbauen

Ist der persönliche Kontakt zu Ihrem Gesprächsteilnehmer hergestellt, dann nennen Sie den Gesprächsgrund und das -ziel.

Damit ein gesprächsförderndes Klima entsteht, sollten Sie als Einlader folgende Punkte beachten:

Wertschätzung

Achtung und Akzeptanz zeigen

Wertschätzung beschreibt die positive Zuwendung eines Gesprächspartners gegenüber dem anderen. Die Haltung sollte von Achtung und Akzeptanz geprägt sein. In diesem Sinne sollten Sie sich zum Beispiel als Führungskraft bewusst machen, dass Ihre Meinungen und Verhaltensweisen von denen Ihres Mitarbeiters abweichen können. Versuchen Sie, den Standpunkt, die Motive und Bedürfnisse des Mitarbeiters nachzuvollziehen und Lösungen herbeizuführen, die für beide Seiten annehmbar sind.

Glaubwürdigkeit

Die Kommunikation verläuft erfolgreich, wenn Sie als Vorgesetzter mit Ihrem Mitarbeiter ehrlich umgehen.

Was zur Glaubwürdigkeit beiträgt

Wesentliche Aspekte, die zu dieser Glaubwürdigkeit beitragen sind:

- *Offenheit.* Das bedeutet, dass Ihre Mitarbeiter alle Informationen, die sie für ihre Arbeit benötigen, erhalten. Dazu gehört auch, dass Sie sie am eigenen Wissens- und Erfahrungsstand offen teilhaben lassen.
- *Echtheit.* Echtheit bedeutet, dass Sie Ihrem Gesprächspartner aufrichtig begegnen. Ihr Verhalten darf nicht aufgesetzt und gespielt wirken, sondern sollte echt und transparent sein. Dazu gehört auch, dass die ausgesendeten verbalen und nonverbalen Botschaften übereinstimmen.
- *Sachkompetenz.* Als Führungskraft müssen Sie Ihre Mitarbeiter überzeugen können. Sie dürfen die Einwände Ihrer Mitarbeiter nicht einfach abblocken, sondern müssen sich mit ihnen sachlich und fair auseinander setzen. Sie sollten dabei in der Lage sein, klare Worte zu finden und Stellung zu beziehen. Wenn Sie etwas nicht wissen, sollten Sie dazu stehen.
- *Ich-Botschaften.* Viele Menschen kommunizieren mit Sie-, Du- bzw. Man-Botschaften. Diese lösen negative Assoziationen aus, zum Beispiel wenn jemand sagt „Man macht das nicht so, sondern so", „Man muss das beachten" etc.

Diese Sie-, Du- bzw. Man-Botschaften drücken unter anderem Wertungen und Urteile über den anderen aus oder lassen – bewusst oder unbewusst – den Eindruck entstehen, man wisse es besser als der Gesprächspartner. Das kann zu offenen oder unterschwelligen Konflikten führen und die offene und konstruktive Kommunikation verhindern. Die reine Man-Botschaft wirkt unpersönlich. Sie sollten den Gesprächspartner direkt ansprechen. Eine Man-Formulierung ist nur dann angebracht, wenn sich die Botschaft an unbestimmte Adressaten richtet.

Man-Botschaften vermeiden

Viel hilfreicher erweist sich dagegen die Ich-Botschaft. Bei dieser Technik stülpt man dem Gesprächspartner nicht die eigenen Sichtweisen über oder unterstellt ihm irgendwelche Absichten. Vielmehr wird ihm mitgeteilt, wie man selbst die Situation erlebt. Der Gesprächspartner erhält so die Gelegenheit, diesen Eindruck zu korrigieren.

> **Beispiel: Ich-Botschaften senden**
> „Ich glaube, jetzt liegt ein Missverständnis vor. Ich hatte Sie so verstanden, dass die besprochenen Konditionen aus Ihrer Sicht in Ordnung sind. Wo liegt das Problem?"

Beispiel

Mit diesen Ich-Botschaften teilen Sie dem anderen gleichzeitig etwas von Ihren eigenen Empfindungen und Emotionen mit und signalisieren Ihrem Gesprächspartner Vertrauen.

Ergänzende und vertiefende Informationen zum Senden von Ich-Botschaften finden Sie im Kapitel A 4 dieses Buches.

Kernphase (Gesprächsmitte)
In der Kernphase findet das eigentliche Gespräch statt. Das Gesprächsthema wird vertieft und – falls möglich – Einigkeit erzielt.

Dabei sollten Sie beachten:

Wichtige Hinweise

- Geben Sie Ihrem Gesprächspartner Gelegenheit, seine eigene Sichtweise darzustellen.
- Treten Sie seinen Sichtweisen offen gegenüber.

- Fragen Sie nach, wenn Sie etwas nicht verstanden haben.
- Drücken Sie Ihre eigene Meinung aus, ohne um den „heißen Brei" herumzureden.
- Verhalten Sie sich flexibel, indem Sie Ihre Meinung ändern, wenn sich im Gespräch neue Aspekte ergeben.
- Arbeiten Sie zusammen mit Ihrem Gesprächspartner Unterschiede der einzelnen Sichtweisen heraus.
- Suchen Sie gemeinsam nach den Ursachen für unterschiedliche Betrachtungsweisen.
- Suchen Sie nach Lösungen, die für beide Gesprächspartner akzeptabel sind, und vereinbaren Sie diese.

Fördernde Techniken

Ihr Gespräch wird durch diese kommunikationsfördernden Techniken bzw. Verhaltensweisen gefördert:

- gezieltes Fragen,
- aktives Zuhören,
- gutes Argumentieren,
- Reformulieren (Wiederholen mit eigenen Worten),
- Ich-Botschaften senden,
- Feedback geben,
- negativ besetzte Wörter („schlecht", „teuer") vermeiden.

Die Argumentation bildet das Kernstück des Gesprächs. In ihr zeigt sich, wie gut die eigene Vorbereitung war.

Die Gesprächsmitte eines Dialogs ist in ihrem Ablauf nicht so strikt festgelegt und ritualisiert wie die Eröffnungs- und die Abschlussphase. Sie ist offen für individuelle Gestaltungsmöglichkeiten. Bei aller Flexibilität der Gestaltung sollte Ihr Gesprächsteilnehmer jedoch immer wissen, an welchem Punkt sich das Gespräch gerade befindet.

Abschlussphase

Gutes Klima schaffen

Der Charakter der Abschlussphase eines Gespräches hängt stark von den Zielen und dem Gesprächsverlauf ab. In dieser Phase ist ein positives Gesprächsklima besonders wichtig, da es entscheidend für die weitere Zusammenarbeit ist. Inhaltlich besteht die Abschlussphase aus den Komponenten Ergebnissicherung, Ausblick und Verabschiedung.

Um die erzielten Ergebnisse zu sichern und die weitere Vorgehensweise festzulegen, sollten die Vereinbarungen bzw. Maßnahmen besonders betont werden. Sie könnten den Gesprächspartner auffordern, die Zusammenfassung zu ergänzen, indem Sie fragen: „Möchten Sie weitere Aspekte hinzufügen?" oder: „Habe ich einen wesentlichen Punkt vergessen?" So werden die Ergebnisse und zu treffenden Maßnahmen gemeinsam gesichert.

Ergebnisse sichern

Zum Schluss verabschieden sich die Gesprächspartner. Als Gesprächsführender sollten Sie sich für die Teilnahme, die faire Auseinandersetzung sowie für die konstruktive Grundhaltung bedanken.

Dank und Abschied

Gesprächsauswertung

Die Gesprächsauswertung dient dazu, den Verlauf des Gespräches zu analysieren.

Verlauf analysieren

Beantworten Sie zeitnah folgende Fragen:
- Habe ich mein Gesprächsziel erreicht?
- Wenn nicht: Woran sind meine Fragen und Argumentationen gescheitert?
- Wie habe ich mich im Gespräch verhalten? Habe ich meinem Gesprächspartner Wertschätzung entgegengebracht? Habe ich seine Bedürfnisse beachtet?
- Wie war das Gesprächsklima?
- Bin ich mit den festgelegten Gesprächszielen im Nachhinein zufrieden?
- Ist mir in den einzelnen Phasen eine sinnvolle Strukturierung des Gesprächs gelungen?
- Welchen Eindruck habe ich von meinem Gesprächspartner?
- Was muss ich bei weiteren Gesprächen mit diesem Partner beachten?
- Auf welche Bedürfnisse muss ich künftig stärker eingehen?

Die Antworten helfen Ihnen, Fehlverhalten zu erkennen und zukünftig zu vermeiden.

Literatur

Benien, Karl: *Schwierige Gespräche führen. Modelle für Beratungs-, Kritik- und Konfliktgespräche im Berufsalltag.* Reinbek: Rowohlt-Taschenbuch-Verlag 2003.

Cooper, Cary und Valerie Sutherland: *30 Minuten für den Umgang mit schwierigen Kollegen.* Offenbach: GABAL 1998.

Crisand, Ekkehard und Marcel: *Das Sachgespräch als Führungsinstrument. Gesprächspsychologische Grundsätze.* 2., überarb. Aufl. Heidelberg: Sauer 1997.

Drzyzga, Uwe: *Personalgespräche richtig führen. Ein Kommunikationsleitfaden.* München: Dt. Taschenbuch-Verlag dtv 2000.

Linde, Boris von der und Anke von der Heyde: *Gesprächstechniken für Führungskräfte. Methoden und Übungen zur erfolgreichen Gesprächsführung.* Freiburg i. B.: Haufe 2003.

Pawlowski, Klaus und Hans Riebensahm: *Konstruktiv Gespräche führen. Fähigkeiten aktivieren, Ziele verfolgen, Lösungen finden.* Reinbek: Rowohlt 1998.

Pink, Ruth: *Souveräne Gesprächsführung und Moderation. Kritikgespräche, Mitarbeiter-Coaching, Konfliktlösung, Meetings, Präsentationen.* Frankfurt/M.: Campus 2002.

TEIL C

Besondere Kommunikations- zwecke

1. Rhetorik

Viele verschenken die Chance, ihre klugen Gedanken mitzuteilen, weil es ihnen nicht gelingt, ihre Mitmenschen verständlich und wirkungsvoll anzusprechen. Schuld sind Sprachhemmungen, technische, gestalterische und rhetorische Mängel oder einfach unklare Überlegungen. Eine gute Rede hängt nicht nur von dem *Was,* sondern ebenso von dem *Wie* ab.

> **Bei einer Rede geht es nicht nur um den kultivierten Gebrauch der Muttersprache, sondern um das bestmögliche Ansprechen und Erreichen des Zuhörers.**

Ziel: der optimale Effekt — Anders ausgedrückt: Es geht um den optimalen Kommunikationseffekt. Da für die verschiedenen Kommunikationssituationen – wie Gespräch, Diskussion oder Vortrag – nur graduelle Unterschiede bestehen, gelten für alle tendenziell die gleichen Grundsätze. Was zum Beispiel für das Schreiben mit Blick auf den Stil bedeutsam ist, gilt ebenso für das Sprechen.

Ergänzende und vertiefende Informationen hierzu finden Sie in den Kapiteln C 2 („Präsentation") und C 11 („Schreiben") dieses Buches.

1.1 Tipps zur Sprache

Folgende Sprachtipps steigern die Wirkung Ihrer Rede. Wenn Sie die angesprochenen Fehler vermeiden, wird dies die Wirkung Ihrer Sprechleistung verbessern.

Atmung

Nicht hörbar atmen — Viele Menschen „schnappen nach Luft", das heißt, sie atmen – besonders, wenn sie sich „offiziell" äußern – laut hörbar ein. Das wäre eigentlich nicht schlimm. Nur entsteht dabei ein psycho-

logisch unangenehmer Nebeneffekt: Ein solcher Sprecher macht
auf seine Zuhörer einen unsicheren, nervösen Eindruck.

Kurze Sätze

Bemühen Sie sich nicht, unnötig lange Sätze in einem Atemzug
zu sprechen. Bei vernünftiger Gliederung können Sie ohne
Schwierigkeiten an vielen Stellen zwischenatmen. Vor Rede-
beginn sollten Sie tief einatmen. Dies kommt dem Sicherheits-
gefühl zugute.

Zwischenatmen

Klangfarbe

Für die Wirkung der Sprechleistung spielt die Klangfarbe Ihrer
Stimme eine große Rolle. Oft ist zu beobachten, dass Mitarbeiter
und Vorgesetzte im persönlichen Gespräch durchaus angenehm
wirken, aber „ganz anders" reden, sobald sie etwas vortragen
oder in einer Konferenzdiskussion auftreten.

**Angenehme
Wirkung behalten**

Was ist der Grund dafür? Der offizielle Anlass und die veränderte Sprechsituation bringen – wenn man nicht darauf achtet – ein
Höherwerden der Stimme mit sich. Die gesunde, natürliche
Sprechtonhöhe wird teilweise um mehrere Tonwerte über-
schritten. Die Stimme klingt dann nicht mehr voll, angenehm
und souverän, sondern wirkt hart, dünn, angestrengt, teilweise
sogar heiser und abstoßend.

Abbau von Redeängsten

Warum haben Menschen Redeängste? Ist man in einer kleinen
Gruppe von Freunden, kann man sich ohne Schwierigkeiten
verständigen. Doch steht man vor einem mittleren bis großen
unbekannten Publikum, meint man, es verschlägt einem die
Sprache. Der Grund dafür ist, dass das Publikum in den Augen
des Redners in der Anonymität verschwindet und man selbst auf
dem Präsentierteller sitzt. Daher entsteht die Angst, sich zu
blamieren bzw. die Angst, ohnmächtig der Überzahl preisgegeben zu sein.

Ursachen für Angst

Hemmungen entstehen auch, wenn man befürchtet, dass das Publikum mehr über das Thema weiß als man selbst, dass ein Teil
nicht zuhört oder dass es bei einem Versprecher lacht.

Artikulation

Dem Anlass gemäß sprechen

Es ist empfehlenswert, die Aussprache je nach Art des Textes und der Sprechsituation zu differenzieren. Beispielsweise sollten Verse mit größtmöglicher Artikulationsgenauigkeit rezitiert werden. Bei einem Fachvortrag muss Ihre Aussprache deutlicher sein als etwa bei einem Mitarbeitergespräch, das Sie unter vier Augen führen.

Es kommt also nicht darauf an, in jedem Falle besonders „fein" und formvollendet zu sprechen. Wichtig ist, dass Sie stets diejenige Artikulation wählen, die dem Anlass, dem Stoff und dem Hörerkreis im Sinne des günstigsten Kommunikationseffekts entspricht.

Flicklaute

Schluss mit „äh" und „gell"

Unter Flicklauten wird die verbreitete Erscheinung verstanden, Denkpausen regelmäßig mit dem bekannten „äh" oder Satzenden mit „ja" oder „gell" akustisch zu versehen. Beginnen Sie noch heute, diese und ähnliche Flicklaute aus Ihrem Sprachgebrauch zu verbannen!

Gesten

Nicht zu stark

Gesten sollen das gesprochene Wort unterstreichen und glaubhafter machen. Doch denken Sie daran, dass Sie kein Volksredner sind. Allzu viele Gesten erwecken den Eindruck der Schauspielerei. Wichtig ist, dass Sie Ihre Zuhörer ansehen, um aus ihren Blicken und Reaktionen zu erspüren, ob sie interessiert sind oder ob Ermüdung und Langeweile droht.

Ergänzende und vertiefende Informationen zur Körpersprache finden Sie im Kapitel B 4 dieses Buches.

Satzbau

Klar und einfach

Was den Satzbau angeht, so sollten Sie klare und übersichtliche Sätze verwenden, um den Zusammenhang nicht zu verlieren. Mancher Redner bleibt stecken, weil er mitten in einem Satz nicht mehr weiß, wie er begonnen hat und wie der Satz zu Ende zu führen ist. Je einfacher der Gedankengang, umso leichter merkt ihn sich der Redner und umso eher fassen ihn die Zuhörer auf. Die Führung der Gedanken sollte stets möglichst gradlinig sein. Allzu feine Untergliederungen, Nebensätze und Nebengedanken verzetteln die Aufmerksamkeit und verhindern die Aufnahme des Ganzen.

Fremdwörter

In der deutschen Sprache ist es weitgehend üblich, fremde Namen und Begriffe nach den Sprachgewohnheiten des Ursprungslandes auszusprechen. Die Computersprache mit Begriffen wie „Hardware" und „Keyboard" ist dafür ein gutes Beispiel. Aber auch führungstechnische Begriffe sind zum großen Teil der englischen Sprache entlehnt. Hier ist beispielsweise an die ganze „Management-by"-Palette zu denken.

Korrekte Aussprache

Alle Übertreibungen bei der Aussprache von Fremdwörtern stören den sprachlichen Zusammenhang. Es ist beispielsweise unnötig, bei englischen Wörtern auch gleich die ganze gaumige Artikulationsbasis mit zu entlehnen, um so seine Sprachkenntnisse zu beweisen.

Keine Übertreibungen

1.2 Tipps zur inhaltlichen Gestaltung

Gegenüber der schriftlichen Mitteilung kann man beim Vortrag viel lebendiger, persönlicher, kontaktstärker und differenzierter auf seine Zuhörer einwirken. Folgende Hinweise können Ihnen dabei helfen.

Gliederung

Eine schlüssige Gliederung ist für die Wirkung Ihres Vortrages sehr wichtig. Anders als beim Bericht und der Beschreibung kommt es bei einem Referat nicht nur auf die sachlich korrekte Darstellung der Fakten an. Ein gutes Referat verlangt vor allem eine systematische, logische und hinreichend umfassende Behandlung des betreffenden Themas.

Schlüssig und umfassend

Es geht darum, dass Zusammenhänge, Wechselwirkungen, kausale und funktionale Abhängigkeiten aufgezeigt und theoretische Verallgemeinerungen und Gesetzmäßigkeiten fundiert

In Teilfragen gliedern

und anschaulich aufgezeigt werden. Am besten gehen Sie in wohl abgewogenen, folgerichtig aufgebauten Denkschritten an die Lösung der gestellten Vortragsaufgabe heran. Dazu empfiehlt es sich, den Gesamtkomplex in sinnvolle Teilabschnitte bzw. Teilfragen zu gliedern, die wichtigsten Teile hervorzuheben und ihre Funktion als Elemente eines Ganzen analytisch darzustellen. Die gute Gliederung macht bereits den halben Beitrag aus.

Diskussionsbeitrag Auch bei einem *Diskussionsbeitrag* müssen Sie beachten, dass der gewählte Aufbau übersichtlich und folgerichtig ist. Die verschiedenen Gedanken müssen in den richtigen Proportionen verabreicht werden. Rhetorische Elemente wie beispielsweise eine Steigerung (Klimax) verleihen dem Beitrag zusätzliche Würze. Auch ein Diskussionsbeitrag benötigt den so genannten roten Faden bzw. Leitgedanken, der Ihnen das Sprechen erleichtert und Ihren Zuhörern das Verstehen einfacher macht.

Argumentation

Beweisformen Das entscheidende rhetorische Element beim Vortrag ist die Argumentation, also die erläuternde Begründung und Beweisführung zu Ihren Ansichten. Der *Tatsachenbeweis* stützt sich auf Ereignisse oder Zusammenhänge, die nachprüfbar und unbestritten sind. Der *Analogiebeweis* argumentiert mit den Mitteln des Vergleichs. Bestimmte Argumentationsprobleme löst man durch *indirekte Beweisführungen,* die von den Folgen einer Erscheinung ausgehen. Methodisch kann die Argumentation sowohl *deduktiv* – vom Allgemeinen zum Besonderen – wie auch umgekehrt, also *induktiv* vorgenommen werden.

Den Zuhörer berücksichtigen Die Beweisführung muss die vorhandenen Informationen voll nutzen und dem Bildungs- und Bewusstseinszustand des Zuhörers angepasst sein. Dabei ist besonders auf das angemessene Verhältnis von konkreter und abstrakter Beweisführung zu achten.

Fremdwörter

Fremdwörter sind sparsam einzusetzen – zumal dann, wenn ebenso präzise deutsche Begriffe an ihre Stelle treten können.

Stichwortzettel

Dieses Hilfsmittel dient nicht nur als Gedächtnisstütze. Der Stichwortzettel ist gleichzeitig das praktische Kurskonzept für den geplanten Beitrag. Er enthält Stichworte, Zahlen und Zitate sowie gegebenenfalls die Kernaussage bzw. den Kernsatz Ihres Beitrages. Ein Blick auf den Zettel löst die notwendige gedankliche Assoziation aus. Mittels des so genannten Denk-Sprech-Vorganges entwickeln Sie – quasi automatisch – die entsprechenden Formulierungen.

Funktionen

Wichtig ist dabei, wirklich nur Stichworte zu notieren und nicht etwa einen ausformulierten Text, der dann – ohne Kontakt zum Publikum – einfach abgelesen wird.

Nicht ausformulieren

Eine Generalanforderung an jeden, der sich mündlich mitteilt, lässt sich in folgendem Merksatz zusammenfassen:

Machen Sie Ihren Zuhörern das Aufnehmen der geäußerten Gedanken leicht.

Es gibt zahlreiche rhetorische Darstellungsmittel. Die folgende Tabelle fasst die wichtigsten zusammen.

Rhetorisches Mittel	Beschreibung bzw. Beispiel	Wirkungsakzent
Metapher, Bildsprache, Beispiel	▪ „Schüchtern wie ein Lamm" ▪ „Schlau wie ein Fuchs" ▪ „So groß wie ein Haus"	anschaulich
Vergleich	▪ schwarz-weiß ▪ Ost-West	
Narration, Anekdote	„Stellen Sie sich vor, gestern habe ich mit einem Freund über dieses Thema gesprochen und er meinte …"	
Wiederholung	Verankert die Kernaussage	eindringlich
Betonung	„Jeder, und ich betone: jeder …"	

149

Rhetorisches Mittel	Beschreibung bzw. Beispiel	Wirkungsakzent
Raffung	zusammenfassende, kurze Wiederholung	
Zitat	kann eine Rede auflockern und Argumente unterstützen	eindringlich
Chiasmus (Kreuzstellung)	„Pläne machen ist leicht, aber schwer, sie zu verwirklichen."	
Klimax (Steigerung)	■ Auf einen Höhepunkt zuarbeiten ■ „Gut ist … besser ist … am besten wäre aber …"	
Antithese (Gegensatz)	„Wir müssen einen kühlen Kopf und ein heißes Herz haben."	spannend
Kette	„Wer Berlin hat, hat Deutschland. Wer Deutschland hat, hat Europa." (Lenin)	
Überraschung	„Ich bin durchaus für Abschaffung der Todesstrafe – nur müssen die Herren Mörder damit anfangen!" (Bismarck)	
Wortspiel	„Wir wollen nicht den Menschen verstaatlichen, sondern den Staat vermenschlichen." (Theodor Heuss)	
Allusion (Anspielung)	„Das Sprichwort ‚Lügen haben kurze Beine' stimmt wohl nicht immer, denn du hast relativ lange Beine."	ästhetisch, anschaulich
Paraphrase (Umschreibung)	„Im Land, wo die Zitronen blüh'n" (Italien)	
Hyperbel (Übertreibung)	„Da war die Hölle los."	
Scheinwiderspruch	„Weniger wäre mehr"	
Vorgriff, Prolepsis (Einwandvorausnahme)	„Überlegen wir uns doch einmal, was passieren würde, wenn …"	
Rhetorische Frage (Scheinfrage)	„Sind wir uns nicht darin einig, dass etwas geschehen muss?"	kommunikativ, einbeziehend
Synekdoche (Mitverstehen)	„In Berlin wurde beschlossen" statt „die Mehrheit des Bundestages hat beschlossen"	

Quelle: Nach H. Lemmermann: Lehrbuch der Rhetorik, München 1997

Literatur

Birkenbihl, Vera F.: *Rhetorik. Redetraining für jeden Anlass. Besser reden, verhandeln, diskutieren.* München: Goldmann 2004.

Enkelmann, Nikolaus B.: *Rhetorik Klassik. So überzeugen Sie andere.* 3. Aufl. Offenbach: GABAL 2002.

Fey, Heinrich: *Redetraining als Persönlichkeitsbildung. Praktische Rhetorik zum Selbststudium und für die Arbeit in Gruppen.* Regensburg: Fit for Business 2002.

Geisselhart, Oliver: *Souverän freie Reden halten. Die Power der Memo-Rhetorik.* Offenbach: GABAL 2003.

Heigl, Peter R.: *30 Minuten für gute Rhetorik.* Offenbach: GABAL 2001.

Mentzel, Wolfgang: *Rhetorik. Frei und überzeugend sprechen.* 3., überarb. Aufl. Planegg: Haufe 2002.

Ueding, Gert: *Moderne Rhetorik. Von der Aufklärung bis zur Gegenwart.* München: Beck 2000.

2. Präsentation und Mediennutzung

Wort und Bild kombinieren

Wahrnehmungspsychologische Untersuchungen zeigen, dass visuell aufgebaute Informationen – in Verbindung mit dem gesprochenen Wort – viel leichter behalten werden als nur verbal vorgetragene Beiträge.

Deswegen kommt es darauf an, eine Idee, ein neues Produkt oder sich selbst nicht nur verbal, sondern gegebenenfalls auch real darzustellen und gut zu „verpacken". Hierbei hilft ein vielfältiges Medienangebot, mit dem eine Präsentation interessant und abwechslungsreich gestaltet werden kann. Aber nicht nur die Informationsaufnahme wird durch die Mediennutzung optimiert, sondern auch die Verständlichkeit. Was nützen mit Zahlen gefütterte Tabellen, die Ihre Zuschauer nicht behalten, geschweige denn verstehen können!

Mindestens zwei Medien nutzen

Wenn Sie unterschiedliche Medien einsetzen, bringt das Abwechslung in Ihren Vortrag. Darum sollte Sie mindestens zwei verschiedene Medien nutzen. Das sichert den Erfolg Ihrer Präsentation auch dann, wenn ein Medium ausfällt.

> **Präsentieren ist die Fähigkeit, einen Sachverhalt über mehrere Sinneskanäle zu vermitteln.**

Zuschauer sollen informiert oder überzeugt werden von:
- einem Angebot,
- einer guten Idee,
- der Notwendigkeit einer Maßnahme und
- dem daraus entstehenden Nutzen.

Präsentieren ist zumeist Überzeugungsarbeit. Die folgenden Aspekte helfen dabei, diese Arbeit erfolgreich zu bewältigen.

152

2.1 Die Vorbereitung

Eine Präsentation gliedert sich wie ein Schulaufsatz in diese drei Teile:

Drei Teile der Präsentation

1. Einleitung
2. Hauptteil
3. Schluss

Jeder Gedanke, den Sie in eine gute Vorbereitung dieser drei Teile investieren, erspart viele Augenblicke unangenehmer Erfahrungen.

In der *Einleitung* stellen Sie Thema, Ablauf und Ziel kurz vor. Die Einleitung ist genauso wichtig wie der Start beim Fliegen. Hier droht die erste Gefahr des Scheiterns.

Gelungen starten

Im *Hauptteil* werden Informationen strukturiert präsentiert. Der thematische Schwerpunkt, der rote Faden und das Ziel der Präsentation müssen für Ihre Zuhörer klar erkennbar sein. Sie erläutern die Konsequenzen und schlagen Maßnahmen zur Problemlösung vor.

Der *Schluss* Ihrer Präsentation muss genauso gelingen wie beim Fliegen die Landung. Zum Ende einer Präsentation appellieren Sie an Ihr Publikum, sich eine Meinung zu bilden oder zu einer Entscheidung zu kommen. Gleichzeitig können Sie bei Bedarf Ihre Zuhörer zur Diskussion auffordern, um Fragen zu beantworten und Missverständnisse zu klären.

Sicher abschließen

Sie bereiten sich mit drei Kernfragen auf Ihren Auftritt vor:
1. *Wen* will ich mit meiner Botschaft erreichen (Publikum)?
2. *Was* will ich mitteilen (Inhalt)?
3. *Wie* will ich meine Botschaft mitteilen (Methoden, Medien)?

Drei Kernfragen

Danach folgt die Material- bzw. Informationssammlung. Informationen ordnen Sie nach der Stärke der Argumente. Das zweitstärkste Argument gehört an den Anfang, das stärkste an den Schluss. Die Aufmerksamkeit Ihres Publikums ist am Anfang und Ende der Präsentation am höchsten. Darum sollten Sie Ihre Kernaussagen dort unterbringen.

Kernaussagen wiederholen
Die Kunst einer guten Präsentation besteht im gekonnten Weglassen von Informationen, denn es gibt meistens mehr Material, als Ihnen Redezeit zur Verfügung steht. Das bietet Ihnen auch die Möglichkeit, Ihre Kernaussagen zwei-, dreimal zu wiederholen, gegebenenfalls mit anderen Worten.

Informationen visualisieren
Wenn Sie die wichtigsten Informationen bildlich darstellen, erübrigt sich ein Manuskript. Die Bildaussagen erläutern sie. Bei Bedarf können Sie sich wichtige Teilaspekte mit einer dünnen Bleistiftmine auf die Präsentationsunterlage schreiben, beispielsweise an den Rand eines Flipchart-Bogens.

Informationen zu rhetorischen Aspekten finden Sie im Kapitel C 1 dieses Buches.

2.2 Die Durchführung

Das Publikum

Die Adressaten kennen
Es ist wichtig, dass Sie Ihr Publikum, dessen Gefühle, Vorinformationen und Interessen kennen. Nur dann sind Sie in der Lage, zielgenau zu präsentieren. Sprache und Wortwahl sind je nach Alter und Bildungsstand adressatenbezogen anzupassen.

Wenn Sie beispielsweise außerhalb eines wissenschaftlichen Kontextes auftreten, dann sollten Sie einen Satz wie den folgenden möglichst vermeiden:

Beispiel: Adressatenbezogene Wortwahl in der Wissenschaft
„Es geht um Fragen der Performanz spaßiger Texte, um spezifische Wissensstrukturen der humoristischen Diskurse, um die empirisch fundierte Unterscheidbarkeit scherzhafter Aktivitätstypen … und um Methodenprobleme, die sich bei der Scherzkommunikation stellen, z. B. Pragmatik und Ethnographie der Kommunikation" (aus einer Ankündigung der Gesellschaft für angewandte Linguistik der Universität Trier zum Thema „Sprache: Verstehen und Verständlichkeit").

Meist gilt: Eine Gruppe wird eher gewonnen, wenn Sie hin und wieder einzelne Personen direkt ansprechen. Außerdem sollten Sie sich um eine adressatenbezogene Ausdrucksweise bemühen. Statt von sich („ich", „mein", „unser") zu sprechen, stellen Sie Ihr Publikum mit den Personalpronomen „ihr", „euer, „dein, „sie" in den Mittelpunkt.

Publikum ansprechen

Stehen oder sitzen?

Die Antwort auf die Frage, ob Sie als Präsentator eher stehen oder sitzen sollen, hängt von diesen Faktoren ab:

Drei Faktoren

1. Wollen Sie Aufmerksamkeit schaffen und Dynamik ausdrücken, dann stehen Sie.
2. Sie stehen, wenn Ihre Zuhörergruppe mehr als 15 Personen umfasst.
3. Eine Lehrpräsentation vor kleinem Publikum kann sitzend erfolgen. Wer sitzt, spricht aus der Gruppe heraus. Sind Sie nervös oder hektisch, dann empfiehlt sich ebenfalls eine sitzende Position.

Die Zeitplanung

Eine Präsentation kann durchschnittlich 20 bis 30 Minuten dauern. Einleitung und Schluss sollten zusammen nicht mehr als etwa fünf Minuten in Anspruch nehmen. Für Fragen und Diskussion im Anschluss sind je nach Veranstaltung ungefähr 20 Minuten einzuplanen.

Das Lampenfieber

Eine Präsentation wird von vielen Vortragenden als Stress empfunden. Sie leiden unter Lampenfieber mit Begleiterscheinungen wie Schweißperlen, feuchten Händen, einer zittrigen Stimme etc. Lampenfieber bedeutet aber zugleich Spannung und Respekt gegenüber dem Publikum. Es verleiht Ihrer Präsentation Dynamik.

Nicht nur negative Aspekte

Gegen Lampenfieber hilft eine gründliche Vorbereitung. Je besser sie ist, umso größer ist Ihre Selbstsicherheit. Auch sollten Sie sich Ihren Wissensvorsprung gegenüber dem Publikum vergegenwärtigen. Eine Probepräsentation vor dem Spiegel wirkt oft Wunder.

Lampenfieber abbauen

155

Visualisierung

Ein Bild sagt mehr als tausend Worte. Bilder, Fotos, Grafiken, Diagramme, Tabellen und Schrifteffekte unterstützen den Informationsfluss zwischen Ihnen und Ihren Zuhörern. Ohr und Auge sollten gemeinsam als Wahrnehmungskanal genutzt werden.

Zahlen veranschaulichen

So können Sie zum Beispiel Zahlen in Tabellen und Diagrammen darstellen, um sie anschaulicher zu machen. Der Text sollte plakativ gestaltet werden. Das bedeutet, gezielt fette, möglichst serifenlose Schriften zu verwenden, sich auf eine Schriftfamilie zu beschränken und die Darstellung nicht mit Text zu überladen.

Farben

Farben können den Botschaften einen gefühlsmäßigen Anstrich verleihen. Sie sollten deshalb bewusst zur Wahrnehmungsförderung eingesetzt werden.

Standards festlegen

Legen Sie Standards fest, die bei der Gestaltung Ihrer Unterlagen durchgängig beachtet werden. Sie können dabei zum Beispiel *inhaltlich* vorgehen und Fakten schwarz schreiben, während Meinungen in blauer Schrift erscheinen. Sie können auch *funktional* vorgehen und Verbote rot kennzeichnen, während Gebote grün dargestellt werden. Wichtig ist, dass die Auswahl der Farben einer klaren Logik folgt.

Bunte Gestaltung vermeiden

Helle Farben erhöhen die Aufmerksamkeit. Große blaue Flächen wirken hingegen ermüdend. Schwarz wirkt schwer. Gelb auf Blau hat eine gute Fernwirkung, Weiß auf Rot einen intensiven Signaleffekt. Beim Einsatz von Farben sollten Sie darauf achten, nicht zu viele unterschiedliche Töne zu verwenden. Bunt wirkt unruhig.

2.3 Die Medien

Als Präsentationsmedien werden vor allem das Flipchart, der Beamer und der Overheadprojektor genutzt. Welches Medium Sie einsetzen, hängt natürlich zunächst von der Verfügbarkeit ab.

In vielen Besprechungs- und Seminarräumen steht nur ein Over-headprojektor. Für Ihre Aussage macht es keinen inhaltlichen Unterschied, ob Sie nun das Flipchart, einen Overheadprojektor oder vielleicht auch eine Wandtafel verwenden.

Als guter Präsentator bringen Sie verschiedene Medien gekonnt in Beziehung: Sie nutzen Folien für die Hauptinformation, das Flipchart für Notizen und spontan gezeichnete Illustrationen sowie Handouts für detaillierte Hintergrundinformationen. Spätestens nach 20 Minuten sollten Sie einen Medienwechsel vornehmen.

Medien wechseln

Overheadprojektor

Der Overheadprojektor führt die „Hitliste" der Medien an. Dies verwundert nicht, denn die Vorteile gegenüber anderen Medien sind offensichtlich:

Vorteile

- Folien lassen sich leicht transportieren.
- Sie lassen sich mit Grafikprogrammen leicht und schnell erstellen.
- Sie sind sofort kopierbar.
- Ein ständiger Blickkontakt zwischen Präsentator und Zu-schauern ist möglich.

Die Folien, die Sie benutzen, sollten Sie in Ruhe vorher erstellen. Die Größe der Schrift richtet sich nach der Größe des Raumes: Je tiefer der Raum ist, umso größer muss die verwendete Schrift sein.

Achten Sie darauf, dass Sie die Seiten nicht überladen. Jede Folie muss auf ein Thema begrenzt sein. Sie sollte so viel Informatio-nen wie nötig und so wenig Informationen wie möglich ent-halten. Konkret heißt das: Auf eine Folie gehören höchstens sieben Zeilen mit jeweils maximal etwa sieben Wörtern.

Folien nicht überladen

Bringen Sie Farben und Bilder ein, um Aspekte besonders her-vorzuheben. Sortieren Sie Ihre Folien vor der Präsentation und legen Sie hinter jede Folie ein weißes Zwischenblatt, damit Sie besser erkennen, was auf der Folie steht. Halten Sie leere Folien bereit, um neue Gedanken aufnehmen zu können.

Technische Vorbereitungen

Prüfen Sie vor dem Einsatz, ob das Gerät in einem einwandfreien Zustand ist. Für alle Fälle sollten Sie eine Ersatzbirne parat haben. Üben Sie vorab den Umgang mit dem Gerät – zum Beispiel das Einstellen der Schärfe oder das Ändern des Projektionswinkels. Klären Sie, ob man den Raum verdunkeln kann.

Wichtige Hinweise

Achten Sie bei der Präsentation auf folgende Punkte:

- Erkundigen Sie sich gleich bei Vortragsbeginn, ob alle Anwesenden die Folie gut lesen können.
- Jede Folie ist nur so lange zu zeigen, wie der inhaltliche Bezug gegeben ist.
- Wenn keine Folie gezeigt wird, ist das Gerät auszuschalten.
- Als Präsentator stehen Sie zu keinem Zeitpunkt vor oder hinter dem Projektor.
- Die richtige Position für Rechtshänder befindet sich links neben dem Gerät (von Ihnen aus gesehen). Damit verhindern Sie, dass Sie im Bild stehen, während Sie etwas auf die Folie schreiben.

Aspekte erläutern

Wenn Sie einen Aspekt genauer erläutern möchten, dann sollten Sie dies nicht an der Leinwand oder mit der Hand auf dem Projektor tun. Das würde den Text verdecken. Nehmen Sie besser einen Zeige- oder Bleistift. Legen Sie den Stift auf dem Projektor ab, damit man Ihr eventuelles Zittern nicht in der Bildfläche sieht.

Abdeck- und Overlay-Technik

Sind auf einer Folie Punkte, die aufeinander aufbauen, können Sie diese mit der Abdecktechnik nacheinander enthüllen. Benutzen Sie dazu einfach ein Blatt Papier, um die anderen Punkte abzudecken. Sollte diese Methode zu umständlich sein, dann verwenden Sie die Overlay-Technik. Hierbei werden einzelne Punkte auf verschiedene Folien geschrieben, die Sie während der Präsentation einfach übereinander legen.

Flipchart

Einsatzmöglichkeiten

Ein häufig genutztes Medium ist das Flipchart. Sie können es für Präsentationen in Gruppen bis zu zehn Personen einsetzen. Daneben wird es als ergänzendes Medium oder als „ kollektiver Notizzettel" für die anschließende Diskussion genutzt.

Das Flipchart bietet folgende Vorteile:

Vorteile

- Der Umgang ist schnell erlernbar.
- Diskussionsbeiträge können Sie sofort festhalten.
- Sie können zurückblättern.
- Das Flipchart ist ein guter Stichwortgeber für einen Vortrag.
- Die einzelnen Charts können Sie abreißen und an der Wand befestigen.

Aber ein Flipchart hat auch Nachteile. Zu diesen gehört die begrenzte Zuhörerzahl, denn man kann die Schrift nur bis zu einer Entfernung von etwa fünf Metern lesen. Achten Sie beim Schreiben darauf, dass Ihre Schrift besonders gut lesbar und nicht zu klein ist. Je nach Raumgröße sollten die Buchstaben zwischen fünf und zehn Zentimeter groß sein.

Nachteile

Sie können Ihre Präsentationstexte und -grafiken bei Bedarf mit Bleistift dünn vorschreiben. Wenn Ihnen keine karierten oder linierten Blätter zur Verfügung stehen, dann zeichnen Sie sich Hilfslinien mit dem Bleistift auf das Papier. Sonst könnte Ihre Schrift in einer Berg- und Talfahrt enden. Auf einer Seite des Flipcharts dürfen höchstens etwa sieben Zeilen mit jeweils nicht mehr als ungefähr sieben Wörtern stehen.

Während der Präsentation sollten Sie Blickkontakt zu Ihren Teilnehmern halten, besonders wenn Sie auf das Flipchart zeigen. Sprechen Sie nicht gegen das Flipchart – auch nicht beim Schreiben oder Zeichnen. Führen Sie die Teilnehmer mit einer Hand auf dem Flipchart Punkt für Punkt durch die Präsentation.

Blickkontakt halten

Sollte sich Ihr Vortrag über eine große Anzahl von Charts erstrecken, dann fügen Sie alle sechs bis acht Charts ein Zusammenfassungs-Chart ein. Charts mit wichtigen Information können Sie auch abreißen und mit Klebeband an der Wand befestigen.

Pinnwand

Als Referent können Sie auch mit diesem Medium Ihren Vortrag visuell untermauern. Dazu schreiben Sie die wichtigsten Stichworte auf Kärtchen und befestigen diese während des Referats an der Pinnwand. Das auf der Pinnwand befestigte Packpapier dient als Schreibfläche für vertiefende Ausführungen, Grafiken oder Teilnehmereinwände.

Eigenaktivität der Teilnehmer

Der besondere pädagogische Wert von Pinnwänden liegt aber in der hohen Eigenaktivität der Teilnehmer, die durch Kärtchenschreiben den Seminarverlauf visuell mitgestalten. Dieses Einbeziehen belebt Ihr Seminar und schafft eine vertrauliche Seminaratmosphäre.

Vorteile

Die Vorteile einer Pinnwand sind:
- Gedanken können Sie schriftlich festhalten und sind so immer abrufbereit.
- Die Aufnahmebereitschaft Ihrer Teilnehmer bleibt lange erhalten, weil Diskussionen an der Pinnwand interaktiv stattfinden.
- Komplexe Sachverhalte können Sie klar und übersichtlich darstellen.
- Die Meinungsvielfalt der Gruppe bleibt auf dem Weg zum Besprechungsziel sichtbar.

Um mit einer Pinnwand zu arbeiten, gibt es verschiedene Techniken. Die gebräuchlichsten werden hier vorgestellt.

Kartenabfrage

Die erste Methode ist die *Kartenabfrage*. Sie wird genutzt, um schnell Antworten auf eine vorgegebene Frage zu bekommen.

Die Vorteile der Kartenabfrage sind:
- In kurzer Zeit wird ein breites Meinungsspektrum sichtbar, da alle Teilnehmer Karten beschriften.
- Die Teilnehmer sind an der (optischen) Diskussion beteiligt, sodass viele Meinungen sichtbar werden.
- Sie macht Schwerpunkte durch viele ähnliche Antworten erkennbar. Diese können dann mit einem Oberbegriff überschrieben werden.

Punktabfrage

Auf der Basis von Kartenabfragen lassen sich Problem- und Entscheidungslisten erstellen, die dann mittels einer *Punktabfrage* gewichtet werden. Zu diesem Zweck bekommen Ihre Teilnehmer eine bestimmte Anzahl von Selbstklebepunkten (zum

Um wie viel Prozent ließe sich Ihrer Meinung nach die Effektivität unserer Konferenzen steigern, vorausgesetzt, dass …

Beispiele
für den Einsatz
von Punktabfragen

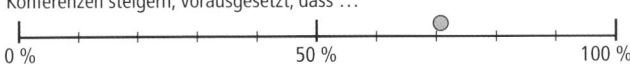

Wie viel Prozent Ihrer Arbeitszeit verbringen Sie in Konferenzen?

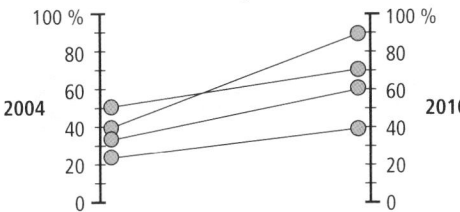

Was brachte Ihnen dieses Seminar?

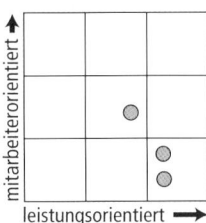

1	2	3	4	5	6	7	8	9	10
		●							

wenig Neues   viel Neues

Unsere Vorgesetzten verhalten sich mehr

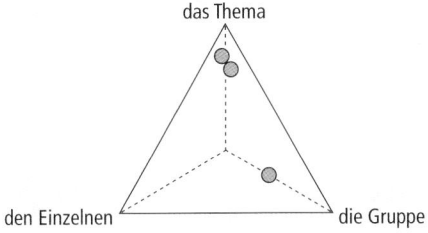

Der Trainer sollte mehr achten auf…

Beispiel drei Punkte pro Teilnehmer). Diese können dann ihre Stimme für Sachverhalte oder Probleme abgeben, die aus Teilnehmersicht am wichtigsten sind oder als Erstes bearbeitet werden sollten.

Ergebnisse dokumentieren

Ein mit Pinnwänden durchgeführtes Seminar kann fotografisch dokumentiert werden. Zu diesem Zweck können Sie die voll gepinnten oder voll geschriebenen Wände fotografieren. Die Bilder werden dann fotokopiert.

Ergänzende und vertiefende Informationen zu Moderationstechniken finden Sie im Kapitel C 4 dieses Buches.

Beamer

Die traditionellen Medien werden immer häufiger durch den Beamer ersetzt. Er lässt sich vor Gruppen mit beliebig vielen Teilnehmern einsetzen. Mit seiner Hilfe wird ein Bildschirminhalt auf eine Leinwand übertragen.

Vor- und Nachteile

Ein großer Vorteil des Beamers besteht darin, dass auch Töne und Videos eingebunden werden können und die Präsentation schnell und kostengünstig vervielfältigt werden kann: Sie lässt sich einfach per E-Mail an die Teilnehmer verschicken. Nachteilig kann sich auswirken, dass das Gerät nicht rasch ab- und eigeschaltet werden kann.

Eine Präsentation per Beamer besteht meist aus mehreren so genannten „Screens". Diese sollten keine langen Texte, sondern nur Kernaussagen enthalten. Auch hier dürfen nie mehr als ungefähr sieben Zeilen mit maximal etwa sieben Wörtern erscheinen.

Medien kombinieren

Damit die Teilnehmer die Übersicht behalten, können Sie parallel zum Beamer ein Flipchart, eine Pinnwand oder Overheadfolien einsetzen. Notieren Sie hier beispielsweise Ziele, den Veranstaltungsablauf oder die Zusammenfassungen.

Gestalten Sie Ihre Screens einheitlich. Ein Rand und großzügiger Abstand zwischen den Zeilen erleichtern das Lesen einer Seite.

Hauptgedanken sollten immer allein auf einem Screen stehen. Zu große Informationsmengen kann der Teilnehmer nicht verarbeiten. Um die Seiten abwechslungsreich zu gestalten, können Sie Farben, Bilder und Grafiken benutzen.

Bei der Schrift achten Sie darauf, dass diese möglichst schnörkelfrei und gut lesbar ist (beispielsweise Arial oder Helvetica). Mischen Sie – falls überhaupt – nur Schriftarten, die gut zusammenpassen. Hervorhebungen erreichen Sie durch Fettdruck, Kursivschrift oder Unterstreichungen.

Gestaltung der Schrift

Wenn Sie farbige Texte verwenden, dann muss der Kontrast zwischen Schrift und Hintergrund stimmen (zum Beispiel dunkle Schrift, heller Hintergrund). Die Schriftgröße sollte 20 pt nicht unterschreiten. Überschriften sollten immer deutlich größer als der restliche Text dargestellt werden.

Kontrast beachten

Der Hintergrund der Bildfläche muss farbig sein. Weiße Hintergründe wirken langweilig. Benutzen Sie helle Farben. Das bringt Licht in den dunklen Raum. Ein leichtes Muster bringt Ihren Text mehr zur Geltung als ein vollfarbiger Hintergrund. Achten Sie aber darauf, dass das Muster nicht vom Text ablenkt.

Gestaltung des Hintergrunds

Zahlenkolonnen lassen sich viel einfacher durch ein Diagramm darstellen. Visuell sind sie dann leichter zu erfassen. Eine ordentliche und genaue Beschriftung ist Pflicht. Wenn Sie Symbole oder Cliparts einsetzen, dann möglichst originelle und nicht solche, die jeder bereits kennt.

Medium	Vorteile	Nachteile
Overheadprojektor	■ Blickkontakt zu den Teilnehmern ■ Neue Folien können im Seminarverlauf erstellt werden, z. B. Gruppenarbeitsergebnisse ■ Einfache Lagerung der Folien ■ Folienkopien leicht erstellbar	■ Projektionsfläche muss vorhanden sein ■ Folienfolge verlangt strukturierten Ablauf ■ Bild wird unter Umständen verzerrt dargestellt

Vor- und Nachteile von Präsentationsmedien

Fortsetzung:
Vor- und Nachteile
von Präsentations-
medien

Medium	Vorteile	Nachteile
Flipchart	▪ Leichte Handhabung ▪ Charts entstehen u. a. im Trainingsprozess ▪ Möglichkeit der Präsentation von Gruppenergebnissen ▪ Charts können an den Wänden aufgehängt werden, so dass Rückblenden möglich sind	▪ Große Schrift setzt zeichnerische Übung voraus ▪ Kleines Format (70 x 100 cm) ▪ Nicht fotokopierfähig ▪ Lagerungsprobleme bei häufiger Verwendung ▪ Vorhandener Schriftraum muss gut geplant werden
Pinnwand	▪ Große Präsentationsfläche ▪ Teilnehmer aktiv infolge der Kärtchentechnik ▪ Sortiermöglichkeit	▪ Grundkenntnisse der Moderationsmehtode erforderlich ▪ Umständlicher Transport
Beamer	▪ Präsentation lässt sich per E-Mail versenden ▪ Töne und Videos können eingebunden werden	▪ Gerät kann nicht schnell ab- und angeschaltet werden

Kabellose Maus

Die kabellose Maus ermöglicht es dem Vortragenden, sich vom Computer zu entfernen. Sie dient als Fernbedienung für die Präsentation und ist eine Alternative zur „angeleinten" Maus.

Zwei Typen   Es gibt zwei verschieden Typen kabelloser Mäuse:

1. Die *infrarot gesteuerte* Maus, Sie funktioniert nur auf kurze Distanz und nur wenn keine Gegenstände im Wege stehen. Sie muss immer auf den Empfänger – meist den Computer – gerichtet sein.
2. Die *per Funk gesteuerte* Maus. Hier wird der Empfänger direkt an den Computer angeschlossen. Die per Funk gesteuerte Maus funktioniert über längere Distanzen, selbst wenn Hindernisse im Weg stehen.

Handouts

Handouts können Sie vor, während oder nach einer Präsentation verteilen. Die Zettel enthalten Zusatzinformationen für

Ihre Zuhörer. Sie sollten jedoch darauf achten, dass Ihre Zuhörer während Ihres Vortrags nicht in den Handouts blättern, da dieses Lärm verursacht und die Konzentration behindert.

Copyboard

Das Copyboard ähnelt einem Flipchart. Auf eine weiße Kunststoffoberfläche schreiben Sie Ihre Informationen, die ein Sensor oder Scanner erfasst. Sie können die entsprechenden Informationen bearbeiten und ergänzen. Der Inhalt kann auf einem integrierten Drucker ausgedruckt oder per Schnittstelle an einen Computer weitergeleitet werden, um von dort per E-Mail verschickt zu werden.

Ergebnisse drucken oder speichern

Bei der Vorbereitung zu einer Präsentation per Copyboard sollten Sie prüfen, ob noch genügend Papier im Drucker ist, ob alle Stifte und der Reinigungsschwamm vorhanden sind und ob das Verbindungskabel zwischen Copyboard und Computer korrekt angeschlossen ist.

Plasmabildschirme

Plasmabildschirme werden vermutlich bald Leinwände und vielleicht auch Beamer ersetzen. Bei Plasmabildschirmen können Notebooks direkt an den Bildschirm angeschlossen werden. Die Bildschirme sind nur etwa zehn Zentimeter dick und können fast beliebig groß gebaut werden. Die Farben werden naturgetreu dargestellt.

Medium der Zukunft

Der Präsentator als Leitmedium

Bei allem Nachdenken über Medien darf nicht vergessen werden: Als Vortragender sind Sie der Mittelpunkt der Präsentation. Darum sollten Sie nicht vor der Leinwand stehen und nie dem Publikum den Rücken zukehren. Am besten stehen Sie als Rechtshänder rechts von der Leinwand (aus der Sicht der Teilnehmer). Dies passt am besten zu den Gesten Ihres rechten Arms.

Der Vortragende steht im Mittelpunkt

So verlockend der Einsatz verschiedener Medien auch ist – sie haben für den Vortragenden nur eine unterstützende Funktion. Wer eine Folie abliest, braucht nicht zu präsentieren. Lesen können die Teilnehmer allein. Ein Präsentator, der Foliensalven abschießt, verwechselt den Seminarraum mit einem Kino.

> **Der gute Präsentator überzeugt nicht nur mit dem Thema, sondern auch durch seine Persönlichkeit.**

Gesamteindruck entscheidet

Der persönliche Gesamteindruck ist ausschlaggebend. Als Präsentator müssen Sie einem Thema Ihren „Stempel" aufdrücken. Der Präsentator ist und bleibt das Leitmedium.

Literatur

Fey, Heinrich: *Sicher und überzeugend präsentieren. Kurzvortrag, Referat, Verkaufspräsentationen. Rhetorik, Didaktik, Medieneinsatz.* Düsseldorf: Fit for Business 1998.

Forsyth, Patrick: *30 Minuten bis zur überzeugenden Präsentation.* Offenbach: GABAL 1998.

Franz, Susanne: *Die gute Präsentation. So begeistern Sie Ihre Zuhörer.* München: Markt und Technik Verlag 2002.

Gressmann, Markus u.a.: *Präsentation mit elektronischen Medien.* Künzell: Neuland Verlag für lebendiges Lernen 1999.

Martin, Günter: *Powerpräsentation mit PowerPoint. Inkl. Internetworkshop.* Offenbach: GABAL 2004.

Philippi, Reinhard: *30 Minuten für eine professionelle Beamer-Präsentation.* Offenbach: GABAL 2003.

Seifert, Josef W.: *Visualisieren – Präsentieren – Moderieren.* 20. Aufl. Offenbach: GABAL 2003.

Wieke, Thomas: Präsentationen. *Wie Sie überzeugen, wie Sie Fehler vermeiden.* Frankfurt/M.: Eichborn 2001.

Zelazny, Gene: *Das Präsentationsbuch.* Frankfurt/M.: Campus 2001.

3. Lehrmethoden

Die Hinweise dieses Kapitels helfen Ihnen, im Seminar erfolgreich zu arbeiten. Sie sind aber kein Ersatz für ergänzende Qualifikationen wie zum Beispiel ein Moderatorentraining.

Folgende Aspekte sind für das Gelingen einer Lehrveranstaltung wichtig:

Wichtige Aspekte

- Die ideale Teilnehmerzahl liegt bei etwa zwölf Personen. Mit Gruppen von mehr als 20 Teilnehmern lässt sich kaum mehr lernaktiv arbeiten.
- Der Schulungsraum sollte ausreichend groß, ruhig gelegen, gut belüftet und abzudunkeln sein.
- Achten Sie bei der Sitzordnung darauf, dass sich alle Teilnehmer sehen können.
- Für Gruppenarbeiten (drei bis fünf Teilnehmer je Gruppe) benötigen Sie zusätzliche Räume oder Sitzecken, in denen die Gruppen ungestört arbeiten können.
- Für die Teilnehmer müssen ausreichend Arbeitshefte, Schreibmaterial, Leerfolien, Metaplankarten sowie Filz- und Folienstifte zur Verfügung stehen.
- Bereiten Sie den Trainingsraum sorgfältig mit Ihren Arbeitsmitteln vor (Pinnwände, Overheadprojektor, Flipchart, Moderationskoffer etc.).
- Machen Sie in jedem Fall vor Veranstaltungsbeginn einen Probelauf mit den technischen Geräten.
- Denken Sie an Arbeitspausen, die nach jeder Arbeitsstunde etwa fünf bis zehn Minuten dauern sollten.

3.1 Dozentenorientierte Methoden

Referat

Das Referat dient zur kurz gefassten Darstellung eines Stoffes durch den Seminarreferenten. Innerhalb einer kurzen Zeitspanne wird dabei eine große Stoffmenge strukturiert vermittelt. Der Vortragende behält dabei die Initiative.

Wenig Zeit, viel Stoff

Nicht ablesen Das wörtliche Ablesen von Referaten birgt Gefahren in sich: Es kann als Ausdruck mangelnder Vorbereitung gewertet werden und schadet dann der Autorität des Vortragenden. Durch die schnelle Informationsfolge droht zudem die Gefahr, dass die Zuhörer nicht folgen können. Außerdem führt das konzentrierte Zuhören schnell zur Ermüdung.

Tipps für gute Referate Dort, wo das Kurzreferat vorgesehen ist, sollten Sie folgende Empfehlungen beherzigen:

- Sprechen Sie frei, um so den Kontakt zu Ihren Zuhörern zu behalten.
- Formulieren Sie kurze und verständliche Sätze.
- Sprechen Sie deutlich und artikuliert.
- Beispiele, Vergleiche etc. untermauern Ihre Aussagen und tragen so zur Verständlichkeit bei.
- Fragen und Thesen erzeugen die Aufmerksamkeit und das Interesse Ihrer (passiven) Zuhörer und machen diese zu (aktiv) Beteiligten.
- Zusammenfassungen und Wiederholungen erleichtern den Teilnehmern, Ihnen zu folgen.
- Ihr Referat sollte nicht viel länger als 15 bis 30 Minuten dauern.

Ergänzende und vertiefende Informationen finden Sie in den Kapiteln C 1 (Rhetorik) und C 2 (Präsentation und Mediennutzung) dieses Buches.

Lehrgespräch

Dialog mit den Teilnehmern Durch das Lehrgespräch wird ein einseitiger Vortragsstil vermieden. Es handelt sich hierbei um ein gezieltes Gespräch zum jeweiligen Thema, das Sie als Referent durch Fragen steuern, um in den Dialog mit den Teilnehmern zu kommen.

Ihre Hauptaufgabe als Vortragender besteht in der klaren Strukturierung und Formulierung der Fragen. Diese regen Ihre Teilnehmer zum Mitdenken an und führen zur geistigen Auseinandersetzung mit dem Lernstoff. Das garantiert einen hohen Lerneffekt. Voraussetzung ist aber, dass Sie die Fragetechnik beherrschen.

Bei der Fragestellung achten Sie darauf, dass Sie nicht mehrere Fragen auf einmal stellen. Fragen, die mit Ja oder Nein zu beantworten sind (so genannte geschlossene Fragen), sollten Sie vermeiden. Das gilt auch für Fragen, die sich nur an das Wissen der Teilnehmer richten. Stattdessen sind offene Fragen zu stellen. Sie beginnen meist mit Fragewörtern („Wie", „Was", „Warum", „Weshalb" etc.). Ergänzende und vertiefende Informationen zu Fragetechniken finden Sie im Kapitel B 1 dieses Buches.

Offene Fragen stellen

Das Lehrgespräch ist besonders wertvoll, weil Ihre Teilnehmer hier ihre Vorkenntnisse und Erfahrungen zum Nutzen aller einbringen können. Allerdings ist hierbei der erheblich größere Zeitaufwand im Vergleich zum Vortrag zu berücksichtigen.

Sie können diese zwei Wege zur Gesprächseinleitung nutzen:
1. Sie stellen eine These auf, die Sie dann im Gespräch durch praktische Beispiele erhärten (*deduktive* Methode).
2. Sie stellen ein praktisches Beispiel vor, aus dem dann im Gespräch Lehren gezogen werden (*induktive* Methode).

Deduktiv oder induktiv

Das Lehrgespräch stellt an Sie als Lehrenden besondere Anforderungen. Wenn Sie jedoch diese Regeln beachten, wird der Erfolg nicht ausbleiben:

Wichtige Regeln

- Ohne die Mitarbeit der Teilnehmer ist ein Lehrgespräch nicht möglich. Daher müssen Sie gleich zu Beginn Unsicherheiten und Hemmungen bei Ihren Teilnehmern abbauen.
- Es ist wichtig, mit Ihren Fragen den Teilnehmern das Gefühl zu geben, dass es oft nicht nur eine richtige Antwort gibt.
- Durch Visualisierungen wird das gesprochene Wort unterstützt und die Veranstaltung lebendiger. Setzen Sie daher Medien ein – insbesondere das Flipchart.

3.2 Teilnehmerorientierte Methoden

Gruppenarbeit

Die Gruppenarbeit ist eine wirksame Methode, den Lernprozess zu fördern. Die Seminarteilnehmer arbeiten hier in kleineren Gruppen (im Regelfall drei bis fünf Teilnehmer) weitgehend selbstständig an bestimmten Aufgaben, teilweise unter Zuhilfenahme von Arbeitsmaterial (Bücher, Arbeitshefte etc.). In etwa 30 bis 45 Minuten versuchen sie, zu einer einheitlichen Meinungsbildung zu kommen bzw. ein gemeinsam getragenes Ergebnis zu erarbeiten.

Vorteile der Gruppenarbeit

Der Vorteil der Gruppenarbeit liegt in der stärkeren Lernwirkung beim einzelnen Teilnehmer. Auch fördert sie soziales Verhalten. Zudem kommt es meist zu einer hohen Identifikation jedes einzelnen Teilnehmers mit dem Arbeitsergebnis.

Bei stark voneinander abweichenden Gruppenresultaten kommt es häufig zum Rechtfertigungsverhalten. Jede Gruppe verteidigt „ihr" Ergebnis. Es ist dann Ihre Aufgabe als Trainer, strukturierend in die Diskussion einzugreifen.

Regeln für erfolgreiche Gruppenarbeit

Für den Erfolg der Gruppenarbeit sind folgende Regeln wichtig:
- Formulieren Sie genau, *was* Sie mit der Gruppenarbeit erreichen wollen und wie dieses geschehen soll.
- Gewähren Sie ein Zeitlimit von maximal 45 Minuten. Nach dieser Zeit lassen Konzentration und Spannung nach. Setzen Sie Ihre Gruppen ruhig unter Zeitdruck. Das reduziert zeitraubende Gruppendiskussionen.
- Die Teilnehmer können in der Regel ihre Gruppen selbst zusammenstellen. Es empfiehlt sich allerdings, in gewissen zeitlichen Abständen neue Gruppen zu bilden, um so die „Durchmischung" des Teilnehmerkreises zu fördern.
- Der Gruppensprecher hat nicht die Funktion eines Vorgesetzten, sondern die eines Teammoderators.
- Jedes Teammitglied hat das Recht, seine eigene Meinung in der Gruppe und im Plenum zu vertreten.
- Als Referent sollten Sie bei Bedarf Hilfestellung leisten – insbesondere dann, wenn die Arbeit ins Stocken geraten ist. Allerdings sollten Sie nicht zu lange und nicht dominant in einer Gruppe tätig werden, da sonst Selbstständigkeit und Selbsttätigkeit leiden und das Erfolgserlebnis der eigenen Arbeit geschmälert wird.
- Verteilen Sie die Arbeitsblätter erst unmittelbar vor der Aufgabenbearbeitung.

Kleingruppenszenarien

Thema	
wichtige Problemaspekte	Lösungsansätze
Widerstände	erste Schritte

Thema		
Lösungsvorschläge	Betroffene	zu Beteiligende

erste Schritte:

Thema	
Probleme	Lösungsvorschläge

Tätigkeiten:

was	wer	mit wem	bis wann	Bemerkungen

Thema		
Vorhaben/Projekt	Kosten	Nutzen

Wer muss einbezogen werden:

Vorgehen im Plenum

Nach Ablauf der vereinbarten Zeit treffen sich die Arbeitsgruppen wieder im Plenum. Folgende Vorgehensweise hat sich bewährt:

1. Der Sprecher von Gruppe 1 trägt das Ergebnis seines Teams vor. Dieses wurde zuvor auf Flipchart oder Folie geschrieben oder gezeichnet. Er darf während seines etwa fünfminütigen Vortrages nicht unterbrochen werden. Sie als Referent dürfen nur zur Klärung von Missverständnissen oder zur Korrektur unklarer Beiträge eingreifen.

2. Die Teilnehmer der anderen Gruppen haben nach Ablauf der fünf Minuten Gelegenheit für Fragen, Kommentare und Diskussionsbeiträge.

3. Die Ergebnisse der anderen Gruppen werden ebenso in dieser Weise präsentiert und diskutiert.

4. Nachdem alle Gruppen ihr Ergebnis vorgestellt haben, wird in einer Schlussdiskussion versucht, ein gemeinsames Resümee zu ziehen. Der Referent übernimmt dabei die Rolle des Diskussionsleiters und Koordinators.

5. Der Referent kann ergänzend die Punkte ansprechen, die nach seiner Meinung nicht ausreichend berücksichtigt wurden.

Pinnwände doppelt nutzen

Falls keine geeigneten Räume für die Gruppenarbeit zur Verfügung stehen, können Sie die Gruppen auch im Seminarraum arbeiten lassen. Zu diesem Zweck ordnen Sie die Tische so an, dass jeweils eine Gruppe an einem Tisch zusammensitzt. Pinnwände benutzen Sie als Trennwände. Außerdem können diese zur Visualisierung der Gruppenarbeitsergebnisse benutzt werden.

Einzelarbeit

Arbeitsblätter einsetzen

Als Hilfsmittel für die Einzelarbeit können Arbeitsblätter eingesetzt werden. Diese sollten Sie wie bei der Gruppenarbeit erst unmittelbar vor der Übung verteilen. Nachdem sie ausgefüllt und ausgewertet sind, kommen sie in die persönlichen Teilnehmerunterlagen.

Fallstudie

Aufgabe der Fallstudie ist es, analytisches Denken zu aktivieren und das Erkennen von Zusammenhängen zu erleichtern. Zu einem vorgegebenen Fall ist durch die Teilnehmer eine Lösung zu erarbeiten.

Ihre Teilnehmer erhalten einen fortlaufenden Text mit einem ausgesuchten Problem aus der Praxis. Dieser ist dann zu bearbeiten. Das kann sowohl in Form der Einzel- als auch der Gruppenarbeit geschehen.

Einzel- oder Gruppenarbeit

Bewährt hat sich der Einsatz von Fallstudien, um nach einer dozentenorientierten Wissensvermittlung die praktische Anwendung des Stoffes zu üben. Sie können sie daher auch als eine Art der Praxissimulation einsetzen.

Stoff anwenden

Rollenspiel

Das Rollenspiel ist eine Art Laientheater, bei dem eine Situation aus der Wirklichkeit Ihrer Seminarteilnehmer gespielt wird – entweder so, wie sie ist, oder so, wie sie sein könnte bzw. sein sollte. Zunächst wird ein bestimmter praktischer Problemfall erörtert. Danach werden Arbeitsgruppen gebildet. Hierbei wird zwischen der Darstellungsgruppe und dem Beobachtungsteam unterschieden.

In der Darstellungsgruppe (zwei bis sechs Teilnehmer) verkörpert jeder Mitspieler eine bestimmte Person, deren Probleme vorgegeben sind. Er soll die Rolle dieser Person übernehmen und möglichst realistisch darstellen.

Aufgabe der Darsteller

Aufgabe des Beobachtungsteams ist das Erfassen der Spielhandlung. Das Team soll feststellen, ob sich bestimmte Argumentationen und Verhaltensweisen im Rahmen des Rollenspiels vollziehen. Beide Gruppen treffen sich nach der „Aufführung" zum gemeinsamen Auswerten.

Aufgabe der Beobachter

Durch Rollenspiele wird das Hineindenken in die Lage anderer Menschen sowie das Erkennen problematischer Verhaltensweisen möglich. Es zielt auf Einsichten und Verhaltensänderungen. Als Referent müssen Sie bei der Auswertung auf ein faires Verhalten der Teilnehmer bezüglich persönlicher Kritik achten. Denn beim Rollenspiel geht es nur darum, Nutzen aus dem

Keine persönliche Kritik

lebendigen Beispiel zu ziehen, und nicht um persönliche Kritik an einzelnen Darstellern.

Literatur

Henninger, Michael und Heinz Mandl: *Zuhören, verstehen, miteinander reden. Ein multimediales Kommunikations- und Ausbildungskonzept.* Bern: Huber 2003.

Meier, Rolf: *30 Minuten für effektive Wissensvermittlung.* Offenbach: GABAL 2003.

Niegemann, Helmut M.: *Neue Lernmedien. Konzipieren, entwickeln, einsetzen.* Bern: Huber 2001.

Pätzold, Günter: *Lehrmethoden in der beruflichen Bildung. 2., erw. Aufl.* Heidelberg: Sauer 1996.

4. Die Moderations- methode

Die Moderationsmethode unterstützt die Meinungsbildung und Entscheidungsfindung in Gruppen. Das wird durch eine intensive Visualisierung des Diskussionsverlaufs und der diskutierten Inhalte erreicht. Sie optimiert Gruppen-, Kleingruppen- und Einzelarbeit im Wechsel mit dem Plenum.

Für die Moderation lassen sich viele Anwendungsmöglichkeiten nennen, zumal die einzelnen Methoden je nach Bedürfnis entsprechend angepasst oder abgewandelt werden können. Wo es um die Strukturierung komplexer Probleme, Entscheidungsfindungen oder um den kommunikativen Austausch von Menschengruppen geht, eignet sich die Moderationsmethode, Abläufe auf effiziente Weise zu organisieren.

Strukturieren, entscheiden, kommunizieren

Außerdem eignet sich die Methode gut für die Durchführung von Planungs- und Bildungsveranstaltungen, da sie den Transfer von Wissen erleichtert und Informationstransparenz herstellt. Sie kann Kongresse begleiten und den Austausch vieler Menschen zum Beispiel in Form von Informations- und Diskussionsmärkten organisieren.

Bis in die 1970er Jahre hinein wurden Gesprächsrunden durch einen „Hierarchen" geleitet. Dieser war angeblich kompetenter als die anderen und übernahm deshalb die Rolle des Entscheiders. Doch im Laufe der Zeit wollten Studenten, Mitarbeiter, Vereinsmitglieder etc. mitbestimmen und mitentscheiden. Hierarchische Verhältnisse wurden nicht mehr hingenommen, wie sie waren. In diesem Umfeld entstand die Moderationsmethode.

Wunsch nach Mitbestimmung

Parallel dazu nahm in einer komplexer werdenden Gesellschaft das Bedürfnis nach Planung zu. Die Zahl der Unternehmensberatungen und Planungsstäbe stieg an, während ihre aufwen-

Bedürfnis nach Planung

175

digen Untersuchungen und Gutachten jedoch nur selten erfolgreich umgesetzt wurden. Dies lag unter anderem am Fehlen einer geeignete Methode, mit der Wünsche und Bedürfnisse im Vorfeld und während der Planung adäquat erfasst werden konnten. Oft wurde an den Betroffenen vorbei geplant.

Vor diesem Hintergrund entwickelten Eberhard Schnelle und seine Kollegen vom „Quickborner Team" die Metaplan-Methode. Sie war die Vorstufe der Moderationsmethode, die dann von ihm und anderen weiterentwickelt wurde.

Verbreitung der Methode Diese Methode verbreitete sich zunächst unter Führungskräften und in der betrieblichen Weiterbildung. Später griff sie auf andere gesellschaftliche Bereiche über, so auf Sportvereine, gewerkschaftliche Fortbildungsveranstaltungen und vereinzelt auch auf Hochschulen.

4.1 Der Moderator

Moderator ist wie eine Hebamme Die Rolle des Moderators wird oft mit der einer Hebamme verglichen, die das Kind nicht zur Welt bringt, sondern die Geburt unterstützt. Ähnlich helfen Moderatoren einer Gruppe, eigenverantwortlich zu arbeiten, die Lösungen für ihre Fragen oder Probleme selbst zu finden und sie umzusetzen.

Nicht inhaltlich eingreifen In dieser Rolle halten sie sich aus inhaltlichen Diskussionen weitestgehend heraus. Ein Moderator ist kein Dozent. Die Gruppe ist selber für das Ergebnis verantwortlich. Der Einsatz eines Moderators fördert den kommunikativen Austausch in der Gruppe. Er strukturiert und optimiert den Arbeitsverlauf – möglichst ohne Intervention in den Inhalt.

Aufgaben des Moderators Der Moderator hat folgende Aufgaben wahrzunehmen:
1. Klärung der Ausgangssituation
   – Kurzer Problemaufriss mit Visualisierung
   – Anschieben der Einstiegsdiskussion
   – Situationsbezogener Wissensinput, Beantworten von Fragen

2. Steuerung der Gruppenarbeit
   – Aufgaben stellen und Rollen verteilen
   – Zeitbudget und -verlauf beachten
   – Initiieren und Vorantreiben der Gruppenarbeit
   – Strukturieren und Ordnen der inhaltlichen Arbeit
   – Motivieren, Lenken von Aufmerksamkeit und Interesse
   – Normen setzen, Spielregeln einführen und kontrollieren

3. Umgang mit gruppendynamischen Prozessen
   – Umgang mit Unterbrechungen, Ablenkungen und Störungen
   – Umgang mit Widerständen, Protesten und Zweifeln
   – Umgang mit Konflikten innerhalb der Gruppe

4. Lenken und Bewerten von Gruppenprozessen
   – Beobachten und Einschätzen des Gruppenklimas
   – Positive Beeinflussung des Gruppenklimas
   – Aufarbeiten von Verstimmungen

Ergänzende und vertiefende Informationen zum themenzentrierten Umgang mit Gruppen finden Sie im Kapitel A 7 dieses Buches.

Um diese Aufgaben zu erfüllen, sollte der Moderator **Verhaltensregeln**
- sich mit eigenen Meinungen und Wertungen zurückhalten,
- Meinungen sichtbar und besprechbar machen,
- Informationen und Ideen von den Gruppenmitgliedern erfragen,
- Schwierigkeiten der Teilnehmer erkennen und durch gezielte Wissensvermittlung beheben,
- die Teilnehmer zu konstruktivem Feedback anleiten,
- durch vorsichtige Vermittlung Außenseiter integrieren.

Jeder Teilnehmer bringt Bedürfnisse, Motive, Kenntnisse, Erfahrungen, Vorurteile, Sympathien und Antipathien in die Gruppe ein, die sein Verhalten bestimmen. Als Moderator müssen Sie auf die unterschiedlichen Persönlichkeiten eingehen und in der Lage sein, mit Verhaltensweisen und Situationen, die eine wirkungsvolle Teamarbeit behindern, souverän umzugehen. Sie **Umgang mit Konflikten** sollten scheinbare Störungen, lebhafte Diskussionen, zeitweises Durcheinander und Konfrontationen zwischen Teilnehmern aushalten und tolerieren können, aber auch nicht zögern einzugreifen, wenn es notwendig ist.

4.2 Visualisierung

Inhalte sichtbar machen

Die Visualisierung ist neben der sprachbasierten Moderation eines der beiden Standbeine der Moderationsmethode. Das ständige Sichtbarmachen und Bebildern des diskutierten Stoffes ist wesentlich für das Gelingen der Moderation. Die optische Darstellung soll die Sprache ergänzen, nicht ersetzen. Dadurch verringern sich die Anforderungen an das Gedächtnis, und der rote Faden wird erkennbar.

Die stichwortartigen oder bildlichen Informationen an der Pinnwand bleiben ständig präsent. So entsteht ein gemeinsames Aufmerksamkeitszentrum. Das fördert die Aufnahmebereitschaft der Gruppe. Beiträge bleiben erhalten. Ein „schreibender Teilnehmer" hat außerdem die Gewissheit, dass sein Beitrag angekommen ist – zumindest an der Tafel.

Durch optische Unterstützung und Konzentration auf das Wesentliche können Sie auch schwierige Sachverhalte verständlich machen. Das verringert die Gefahr von Fehlinterpretationen und Konflikten. Auch ist der Stand der Diskussion jederzeit erkennbar.

Teilnehmer einbeziehen

Wenn man die Struktur (zum Beispiel durch Linien) und die stichpunktartigen Inhalte der Diskussion vor Augen hat, werden Querverbindungen sichtbar. Die Probleme lassen sich so leichter analysieren und strukturieren. Die Teilnehmer können so in die Diskussion und die Lösungssuche aktiv einbezogen werden. Das steigert deren Identifikation mit den Lösungen.

Materialien für die Visualisierung
Zur Visualisierung können Sie eine Reihe von Hilfsmitteln einsetzen. Es handelt sich um:

Pinnwände

Die mit Packpapier bespannten Pinnwände dienen als Arbeitsfläche für die visuelle Kommunikation. Auf ihnen erarbeiten Sie
Tableaus oder Collagen. Bilder oder beschriftete Kärtchen können Sie hier anheften bzw. später aufkleben. Auf das Packpapier
können Sie direkt schreiben, und zwar Worte, Zahlen, Verbin-
dungspfeile, Skalen, Trennlinien und anderes mehr.

Arbeitsfläche

Pappkarten

Für die Aussagen der Teilnehmer und zur Plakatgestaltung nutzen Sie Pappkarten in verschiedenen Farben und Formen
(Rechtecke, Kreise, Ovale). Auf rechteckige Karten (10 x 21 cm)
schreiben die Teilnehmer ihre Beiträge. Runde und ovale Karten
und längere Überschriftsstreifen dienen der Strukturierung
(Unterteilung, Hervorhebung, Haupt- und Zwischenüber-
schriften).

**Formen gezielt
nutzen**

Klebepunkte

Bei Abstimmungen, Meinungsabfragen etc. können Sie Klebe-
punkte in verschiedenen Farben und Größen einsetzen.

Flipchartständer und Flipchartpapier

Vorbereitete Flipcharts dienen der optischen Unterstützung
Ihrer Vorträge. Sie können auch Anweisungen für die Gruppenarbeiten enthalten. Bei Diskussionen im Plenum oder in der
Gruppenarbeit nutzen Sie das Flipchart wie eine Tafel zum Festhalten von Beiträgen oder zur Vorbereitung einer Ergebnis-
präsentation.

**Orientieren und
dokumentieren**

Filzstifte

Die Karten werden mit verschiedenfarbigen Filzstiften be-
schriftet. Für Diskussionsbeiträge sind mittelstarke Filzstifte in
den Farben Schwarz und Blau am besten geeignet. Andere Farben wie beispielsweise Grün und Rot sowie breitere Stifte eignen
sich für Überschriften und Hervorhebungen.

**Mehrere Farben
einsetzen**

Hilfsmaterialien

Zu den weiteren Hilfsmaterialien gehören Markierungsnadeln,
Klebestifte, Klebebandrollen und Scheren.

Regeln für die Visualisierung

Wichtige Hinweise Beachten Sie bei der Visualisierung folgende Regeln:

- Ihre Teilnehmer müssen freien Zugang zu Plakaten und Materialien haben, sodass sich auch jeder jederzeit schriftlich äußern kann.
- Bei der Gestaltung eines Plakates bedenken Sie bitte, dass die Visualisierung ein Lernziel hat.
- Die Plakate sind knapp und übersichtlich zu gestalten: Nicht zu viele Stichpunkte, Formen, Farben.
- Freiflächen sind wichtig für Ergänzungen. Sie ermöglichen die Mitarbeit der Gruppe.
- Die Strukturierung der Plakate erfolgt nach ihrer inneren Ordnung, zum Beispiel durch die Betonung der Oberpunkte.
- Farben und Formen sind Bedeutungsträger und sind dementsprechend gezielt einzusetzen.
- Lesegewohnheiten sind zu beachten, das heißt, Sie schreiben von links nach rechts, dann von oben nach unten.
- Die Größe der Schrift muss der Entfernung der Diskussionsteilnehmer angemessen sein.

Darstellungsarten

Nutzen für Kleingruppen Die im Folgenden genannten Darstellungsarten bieten sich insbesondere für die Arbeit in Kleingruppen an, während die Diskussion und Präsentation eher dem Plenum vorbehalten sind.

Beispiel für Reihungen

Reihung

Unter einer Reihung versteht man eine Addition von Visualisierungselementen. Sie bildet die Grundstruktur von Listen und Tabellen.

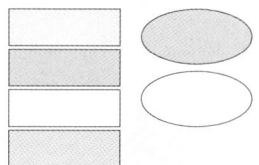

Listen

Listen sind das am häufigsten verwendete Visualisierungselement. Mit ihnen werden Erwartungen, Ideen, Probleme, Lösungsvorschläge und Tagesordnungspunkte aufgelistet. Die einzelnen Punkte einer Liste können später umgeordnet und bewertet werden.

Tabellen

Tabellen sind Listen, die Spalten und Zeilen gleichzeitig darstellen. Sie eignen sich, um einen schnellen Überblick über Beziehungen zwischen Elementen aus verschiedenen Kategorien
zu geben. Dabei sollten die wichtigsten Schnittfelder der Übersichtlichkeit wegen gekennzeichnet werden, um auf sie dann
näher eingehen zu können.

**Beziehungen
verdeutlichen**

Vier-Felder-Tafel

Die Vier-Felder-Tafel gibt vor allem in der Kleingruppenarbeit
der Diskussion eine klare Struktur. Auf der Pinnwand wird ein
Vier-Felder-Koordinatensystem gezeichnet. Anschließend wird
für jedes Feld eine Überschrift formuliert und eingetragen. Sie
eignet sich besonders, um verschiedene Aspekte eines Themas
aufzuzeigen, zum Beispiel Konflikte und eventuelle Lösungsmöglichkeiten etc.

Netz

Ein Netz stellt eine gegliederte Gesamtübersicht her. Auf der
Pinnwand wird das Thema in der Mitte schriftlich fixiert. Von
hier ausgehend werden die Teilthemen durch Verästelungen
platziert, dann weiter die Unterthemen etc., sodass von innen
nach außen gelesen wird. Durch diese netzförmige Übersicht
werden die verschiedenen Aspekte eines Themas und auch
deren Widersprüche deutlich. Die Übersichtlichkeit ermöglicht
die Kategorisierung und das Herstellen von Beziehungen zwischen Unterpunkten. Ergänzende und vertiefende Informationen hierzu finden Sie im vierten Band dieser Buchreihe unter
„Mind Map".

Übersicht schaffen

Betonung

Mit der Betonung wird et-
was hervorgehoben, also
ein Blickfang geschaffen.
Die Betonung gibt dem Au-
ge einen festen Halt. Das geschieht durch eine Farbe,
eine besondere Kartengrö-
ße oder eine Umrandung.

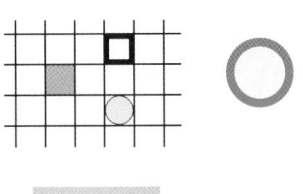

**Beispiel für
Betonungen**

181

4.3 Frage- und Antworttechniken

Kommunikation erleichtern

Frage- und Antworttechniken sollen in Verbindung mit der Visualisierung den kommunikativen Austausch der Gruppe erleichtern. Sie helfen, ein Problem klar und konkret zu formulieren. Die folgenden Methoden eignen sich für diese Phase.

Kartenabfrage

Pro Karte eine Antwort

An die Pinnwand wird eine Frage geschrieben wie zum Beispiel „Wie reduzieren wir Abfälle?" Die Teilnehmer schreiben nun auf Kärtchen ihre Antworten, und zwar pro Karte eine Antwort. Im Idealfall gibt jeder Teilnehmer eine Antwort. Diese werden dann geclustert, das heißt, sortiert und mit Überschriften versehen, die den Inhalt der entstandenen Rubriken grob kennzeichnen. Gruppendynamisch betrachtet werden so Ihre Teilnehmer aktiviert und Meinungstransparenz hergestellt.

Zuruffrage

Der Moderator notiert

Die Zuruffrage ähnelt der Kartenabfrage. Im Unterschied zu dieser werden die Antworten nicht auf Kärtchen notiert, sondern dem Moderator zugerufen, der sie für alle sichtbar aufschreibt.

Zuruffragen eignen sich, wenn

- es auf kreative Vielfalt ankommt (Brainstorming-Effekt),
- kein Bedarf an Anonymität besteht,
- gegenseitige Anregungen erwünscht sind.

Einpunktfragen

Bei dieser Technik schreiben Sie auf ein Plakat eine klar formulierte Frage wie zum Beispiel „Wie stark bin ich an unserem Thema interessiert?" Eine Skala oder ein Koordinatenfeld ist in „sehr interessiert", „interessiert" sowie „wenig interessiert" unterteilt. Hier kann der Teilnehmer nun mit einem Klebepunkt seine Antwort platzieren.

Beispiel für Einpunktfragen

Wie beurteilen Sie den Nutzen der Moderationstechnik?

++	+	?	–	– –
●				
groß				klein

Einpunktfragen eignen sich dazu, bei geringem Zeitaufwand Meinungen, Stimmungen oder Erwartungen sichtbar zu machen.

Mehrpunktfragen

Bei dieser Technik schreiben Sie als Moderator – wie bei Einpunktfragen – auf die Pinnwand eine klar formulierte Frage wie beispielsweise „Wie wichtig sind Ihnen die einzelnen Kriterien?" In einer Tabelle werden mehrere Kriterien zur Auswahl gestellt.

Jedes Gruppenmitglied erhält eine bestimmte Menge von Punkten, die es frei auf der Tabelle verkleben kann. Die Anzahl der Selbstklebepunkte ist dabei abhängig von der Gruppengröße und von der Zahl der Alternativen.

Mehrere Punkte pro Teilnehmer

Durch Addition der jeweils in eine Zeile oder ein Clusterfeld geklebten Punkte können Rangfolgen gebildet werden, die zur Festlegung von Prioritäten dienen. Diese Methode schafft ein Meinungsbild der Gruppe sowie gegebenenfalls eine Gegenüberstellung unterschiedlicher Interessen.

Rangfolgen finden

Was interessiert mich am meisten?

Thema/Problem	Punkte	Rang
1.		
2.		
3.		
4.		
5.		
6.		
7.		
8.		
9.		
10.		

Themenspeicher

Wie erleben Sie unseren Außendienst?

Eigenschaften	2	1	1	2	Eigenschaften
introvertiert					extrovertiert
spielerisch					ernsthaft
warm					kalt
…					…

Wie wichtig sind Ihnen diese Kriterien?

	0	1	2	3	Σ	Rang
1 Leistung						
2 Antriebsart						
3 Wirtschaftlichkeit						
4 Ausstattung						

Gewichtung

4.4 Die Moderation

Spontan und flexibel bleiben Eine Moderation ist selten vollständig planbar. Dazu sind sowohl die Teilnehmer als auch die Themen zu unterschiedlich. Als Moderator müssen Sie in der Lage sein, spontan und flexibel auf die Anforderungen der Situation zu reagieren. Ein starres Festhalten an einem Schema könnten Ihre Teilnehmer als Manipulation empfinden.

Was vorbereitet werden muss Dennoch ist die sorgfältige Vorbereitung einer Moderation wichtig und möglich. Sie umfasst:

1. *Klärung des Moderationsauftrages:* Vorgeschichte (die Entstehung der Situation, um die es geht), Problemlage, Teilnehmer der Veranstaltung;
2. *Zielsetzung:* vorläufige Bestimmung der Ziele und der angestrebten Ereignisse. Je klarer Ziele, Zwischenziele und mögliche Schritte definiert sind, desto leichter fällt es Ihnen, in der Situation flexibel zu reagieren und das Konzept zu ändern, ohne dabei den roten Faden zu verlieren.
3. *Programmplanung:* die zu durchlaufenden Phasen und das methodische Vorgehen;
4. *Vorbereitung:* entsprechend dem Programm planen Sie Zeit und Ort sowie Materialien, Geräte, Räume etc.

Phasen einer Moderation

Zur Orientierung der verschiedenen Phasen einer Moderation kann das nachfolgend beschriebene Ablaufschema nützlich sein. Für jeden der Schritte müssen Sie das geeignete methodische Vorgehen bestimmen. Welche Schritte jeweils die richtigen sind, hängt vom Inhalt, vom Ziel, von der Zusammensetzung und von den Erwartungen der Teilnehmer ab.

1. Einstieg

Orientierung geben und Teilnehmer einstimmen Die Einstiegsphase dient der Orientierung über Sinn und Zweck sowie dem Ablauf der Veranstaltung, dem Klären von organisatorischen Fragen und der Hinführung zum Thema. Außerdem geht es um das gegenseitige Kennenlernen und Herstellen von persönlichen Beziehungen. Mit diesem Warm-up (Anwärmen) stimmen Sie Ihre Teilnehmer ein.

2. Themen sammeln

Hier sammeln Sie zunächst alles, was eventuell besprochen werden könnte oder sollte. Sind die Themen von vornherein relativ klar, genügt eine Zuruffrage wie zum Beispiel „Was müsste heute besprochen werden?" Die Themen können Sie dann in einer Reihenfolge nummerieren, sodass eine Tagesordnung entsteht.

Zuruffrage

3. Themen auswählen

Die entstandenen Oberbegriffe werden zu Fragen oder vollständigen Aussagen umformuliert und in eine Liste übertragen. So entsteht ein Themenspeicher. Dieser verschafft einen Überblick über die behandelten und noch zu behandelnden Themen sowie über deren Stellenwert im Gesamtzusammenhang.

Themenspeicher

4. Thema bearbeiten

Die entstandenen Fragestellungen lassen Sie entweder parallel oder nacheinander in Kleingruppen bearbeiten, um sie dann in konkrete Maßnahmen umzusetzen. Eine Kleingruppe besteht meist aus drei bis fünf Personen. Sie ist nach Zufall, Themeninteresse, Sympathie oder den Funktionen der Teilnehmer zusammengesetzt.

Gruppenarbeit

In größeren Gruppen dominieren meist so genannte „Wortführer", sodass sich viele Teilnehmer zurücknehmen und die Gesamtbeteiligung der Gruppe leidet. In kleineren Gruppen hingegen trauen sich auch schüchterne und unerfahrene Teilnehmer, aus sich herauszugehen und aktiv mitzuarbeiten. Ergänzende und vertiefende Informationen zur Gruppenarbeit finden Sie im Kapitel C 3 dieses Buches.

5. Maßnahmen planen

Aufgrund der Ergebnisse bestimmen Sie anschließend die konkreten Maßnahmen und besprechen deren Umsetzung, das heißt, es wird beantwortet, wer was wann macht.

Umsetzung planen

6. Abschluss

Der Abschluss dient der Reflexion der Veranstaltung – sowohl auf inhaltlicher als auch auf personeller Ebene. Mit diesem

Stimmungsbarometer wird geklärt, ob die Arbeit effizient war, die persönlichen Erwartungen erfüllt wurden, wie sich die Teilnehmer in der Gruppe fühlten und ob das Ziel erreicht wurde.

Literatur

Klebert, Karin: *Moderations-Methode. Das Standardwerk.* Hamburg: Windmühle Verlag und Vertrieb von Medien 2002.

Malorny, Christian: *Moderationstechniken. Werkzeuge für die Teamarbeit.* 2. Aufl. München: Hanser 2002.

Schnelle-Cölln, Telse: *Visualisieren in der Moderation. Eine praktische Anleitung für Gruppenarbeit und Präsentation.* Hamburg: Windmühle Verlag und Vertrieb von Medien 1998.

Schwiers, Jürgen: *Seminar-Moderation. Aktivieren und Beteiligen im Seminar.* Hamburg: Windmühle Verlag und Vertrieb von Medien 2004.

Seifert, Josef W.: *30 Minuten für professionelles Moderieren.* Offenbach: GABAL 2000.

Seifert, Josef W.: *Besprechungen erfolgreich moderieren.* 8., völlig überarb. und erw. Neuausgabe. Offenbach: GABAL 2003.

Seifert, Josef W.: *Visualisieren – Präsentieren – Moderieren.* 20. Aufl. Offenbach: GABAL 2003.

5. Diskussions- und Konferenztechniken

Die Diskussion ist eine Kommunikationsform, bei der ein kontroverses Thema beraten und gegebenenfalls gelöst wird. Wenn dabei die Kenntnisse aller Teilnehmer genutzt werden, führt dies in der Regel zu einer größeren Akzeptanz der Beschlüsse. Dieses Vorgehen erfordert seitens der Teilnehmer Diskussionsfähigkeit, also den nötigen Sachverstand und diskussionsfördernde Verhaltensweisen.

Wissen der Teilnehmer nutzen

Doch der angestrebte „gruppensynergetische Effekt" wird oft durch teamfeindliche Verhaltensweisen, eine schlechte Konferenzleitung, fehlende Konferenztechnik oder einfach nur durch eine unpassende Sitzordnung zunichte gemacht. Die Folge ist, dass Besprechungsziele nicht erreicht oder Beschlüsse nicht umgesetzt werden.

Mögliche Hemmnisse

Das verursacht hohe Kosten. Angenommen, acht Mitarbeiter tagen eine Stunde lang, dann verursacht diese Teambesprechung bei einem angenommenen Bruttostundenlohn von 50 Euro pro Mitarbeiter 400 Euro Besprechungskosten – ohne die sonstigen Gemeinkosten. Darum sollte jedes Teammitglied dazu beitragen, mit Zeit und Geld verantwortlich umzugehen.

Hohe Kosten

Es gibt eine Reihe einfach anwendbarer Diskussions- bzw. Konferenztechniken, die den Erfolg von Teamsitzungen fördern. Auf die folgenden Punkte ist grundsätzlich zu achten:

Allgemeine Regeln

- Die optimale *Teilnehmerzahl* liegt zwischen acht und zwölf Personen. Bei einer zu geringen Zahl, beispielsweise unter vier Teilnehmern, fehlt der Nutzen aus der Vielseitigkeit der Erfahrungen und Meinungen. Bei einer zu hohen Zahl besteht die Gefahr, dass sich einzelne Teilnehmer aus der Diskussion ausklinken und nur noch zuhören.
- Als *Diskussionsleiter* eröffnen und beenden Sie die Diskussion, koordinieren die Beiträge und sorgen für eine klare

Linie. Sie bleiben möglichst neutral und halten sich mit Ihrer eigenen Meinung zurück.

◾ Bei der *Sitzordnung* achten Sie darauf, dass jeder Teilnehmer jeden anderen Teilnehmer sehen kann. Bei kleineren Diskussionsgruppen eignen sich runde Tische am ehesten; bei größeren Gruppen können die Tische kreisförmig oder in Hufeisenform angeordnet werden.

5.1 Vorbereitung der Diskussion bzw. Konferenz

Konferenzzweck

Als Einlader sollten Sie zunächst prüfen, warum sich das Team treffen soll. Meist konferieren Menschen, um sich zu informieren, um Abläufe zu koordinieren oder um Probleme zu lösen.

Arten von Besprechungen

Dementsprechend lassen sich Besprechungen bzw. Konferenzen grob unterteilen in

◾ Informationssitzungen,
◾ Koordinationssitzungen und
◾ Problemlösungsbesprechungen.

Auch eine Mischung dieser drei Besprechungsarten ist möglich. *Informationssitzungen* dienen dem Wissenszuwachs, nicht der Problemlösung. Bei *problemlösungsorientierten Diskussionen* sollen Entscheidungen über vorgegebene Alternativen getroffen oder Entscheidungsalternativen erarbeitet werden.

Problem eingrenzen

Bevor man auf die Suche nach Lösungen geht, ist eine sorgfältige Analyse sowie eine Eingrenzung des Problems und der angestrebten Ziele notwendig. Welche Form letztlich gewählt wird, hängt vom Besprechungsziel ab.

Um eine Konferenz bzw. Diskussion optimal zu gestalten, sollten Sie sie gut vorbereiten. Dazu gehört, dass Sie

◾ als Einlader klären, ob die Teamsitzung im Verhältnis zum Aufwand einen Nutzen stiftet.
◾ dafür sorgen, dass die richtigen Mitarbeiter teilnehmen.

Die Rolle des Diskussionsleiters

Wenn Sie als Einlader nicht zugleich Diskussionsleiter sind, muss dieser gesucht oder bestimmt werden. Der gute und unparteiische Diskussionsleiter kümmert sich um folgende Aspekte und zeichnet sich durch folgende Verhaltensweisen aus.

Aufgaben des Diskussionsleiters

Der Diskussionsleiter

- sorgt für den ordnungsgemäßen Ablauf der Diskussion.
- verfügt über Sachverstand und die Fähigkeit, sich auf die Teilnehmer mit Geduld, Takt und Zielstrebigkeit einzustellen.
- liefert keine Beiträge zur Sache, sondern verhält sich weitgehend neutral.
- beurteilt nicht die Qualität der Diskussionsbeiträge.
- fasst Zwischenergebnisse zusammen und gibt den Stand der Diskussion wieder.
- legt die Verhaltensregeln fest und achtet auf deren Einhaltung.
- führt eine Rednerliste mit Reihenfolge der Wortmeldungen.
- aktiviert zurückhaltende Teilnehmer und versucht, sie durch gezielte Fragen einzubeziehen.
- unterbricht Dauerredner und beugt Spannungen in der Gruppe vor.
- erstellt – falls vereinbart – ein Ergebnisprotokoll.

Bei der *Besprechungsdauer* ist zu beachten, dass keine Besprechung länger als 90 Minuten betragen darf. Das Ende ist zu Beginn zeitlich festzulegen.

Dauer festlegen

Sitzungsraum

Der Sitzungsraum muss konferenzgerecht gestaltet werden; das bedeutet konkret:

Raumgestaltung

- mit einer hierarchiearmen Sitzordnung, die Gespräche mit Blickkontakt ermöglicht,
- mit einer guten Beleuchtung und einer guten Belüftung,
- mit einer Fläche von vier Quadratmetern pro Teilnehmer und zehn Quadratmetern für den Moderator,
- mit moderner Konferenztechnik (Flipchart, Pinnwände und Tageslichtprojektor),
- mit Erfrischungsgetränken, Kaffee und Tee.

Tagesordnung

Zeitnot vermeiden

Die Tagesordnung darf nicht zu umfangreich sein, denn für die ersten Tagesordnungspunkte wird oft sehr viel Zeit beansprucht, die dann bei den letzten Punkten fehlt. Um Zeitnot zu vermeiden, sollte jeder Punkt von vornherein zeitlich begrenzt sein.

**„Verschiedenes"
streichen**

Der Punkt „Verschiedenes" kann gestrichen werden. Stattdessen wird zu Sitzungsbeginn nach den konkreten Themen gefragt und der ungefähre Zeitbedarf festgelegt, so wie bei den anderen Punkten der Tagesordnung.

5.2 Gestaltung der Diskussion bzw. Konferenz

Eröffnung

Als Diskussionsleiter übernehmen Sie die Begrüßung und stellen die Teilnehmer sowie den Diskussionsgegenstand vor. Weiterhin benennen Sie als Konferenzleiter die „Spielregeln". Die Dauer der Konferenz bzw. Diskussion und das Ausmaß der einzelnen Redebeiträge werden festgelegt.

Durchführung

**Standpunkte
der Teilnehmer**

In der Durchführungsphase stellen Sie als Leiter den Sachverhalt in kurzen Umrissen dar und bitten die Teilnehmer um ihre Beiträge. Jeder Teilnehmer erhält die Möglichkeit, seinen Standpunkt mit einer knappen Begründung darzulegen.

Das Wort vergeben Sie nach der Reihenfolge der Wortmeldungen. Mit gezielten Fragen animieren Sie zu Wortbeiträgen. Dauerredner müssen Sie stoppen. In der Gruppe wird das Problem eingegrenzt und analysiert. Eventuell – insbesondere bei einer problemorientierten Diskussion – werden veränderte oder neue Lösungsvorschläge entwickelt.

**Worauf Sie
achten müssen**

Die nachfolgenden Punkte helfen Ihnen, Ihre Diskussion bzw. Konferenz erfolgreich durchzuführen:

- Als Teammoderator sollten Sie zu Beginn das Besprechungsziel deutlich benennen und herausarbeiten, was mit der Sitzung erreicht werden soll.

- Es gibt immer einige Teilnehmer, die unpünktlich kommen. Darum sollten Sie jede Teamsitzung *pünktlich* beginnen, um die Bummelanten zu „erziehen".
- Die Art der Protokollführung ist zu klären. Wird nur ein Beschlussprotokoll geführt, dann kann dies am Flipchart geschehen.
- Die Redezeit ist auf maximal zwei Minuten zu begrenzen, um die Selbstdarstellung von Teilnehmern zu reduzieren. Variante: Abwechselnd werden ein Pro und ein Kontra gehört und am Flipchart visualisiert.
- Die Besprechungsleitung können Sie rotieren lassen, um auf diese Weise jeden Teilnehmer aktiv in das Sitzungsgeschehen zu integrieren. Der Teamleiter muss die Sitzung nicht unbedingt selbst leiten.
- Zwischenergebnisse sind ständig festzuhalten, um so Teilentscheidungen herbeizuführen, aber auch, um ständige Wiederholungen zu vermeiden.
- Als Teammoderator müssen Sie Killerphrasen bzw. Ideenkiller unterbinden („Das geht doch nicht", „Das haben wir schon immer so gemacht" etc.).
- Leiten Sie nach dem Motto „Mehr fragen als sagen".
- Da der Mensch ein „Augentier" ist, sollten Sie die Vorteile visueller Konferenztechnik (Tageslichtprojektor, Flipchart und Pinnwand) nutzen.
- Abschweifungen und Ausufern verhindern Sie, indem Sie positiv stoppen. Fragen Sie zum Beispiel: „Das ist eine gute Idee, aber hilft sie uns bei unserem Problem weiter?" Oder sagen Sie offen: „Ich sehe die Gefahr, dass wir uns von unserem Thema weg bewegen".

Nicht immer verläuft eine Diskussion in ruhiger und sachlicher Atmosphäre. Darum sollten Sie als Diskussionsleiter die Teilnehmer dazu verpflichten, folgende Aspekte zu beachten:

Worauf die Teilnehmer achten müssen

- Vermeiden emotionaler Äußerungen und persönlicher Angriffe gegenüber anderen
- ruhig und sachlich bleiben, auch wenn einem die Richtung nicht passt
- kurze, knappe und präzise Beiträge, Qualität statt Quantität
- konstruktives Mitarbeiten an der Lösung

- Verzicht auf Zwischenrufe und Privatgespräche
- Bereitschaft zum Zuhören

Schluss

Zusammenfassen Sind alle Diskussionsbeiträge abgegeben, dann fassen Sie die Ergebnisse zusammen und ziehen – falls sinnvoll – eine Schlussbilanz. Bei problemlösungsorientierten Diskussionen folgt eine Abstimmung. Nach Abschluss der Besprechung kann eine Manöverkritik stattfinden. Die Konsequenzen für die nächste Teamsitzung werden besprochen. Außerdem bedankt sich der Moderator bei den Teilnehmern für die Mitarbeit.

5.3 Diskussions- und Konferenzmethoden

Viele der in diesem Buch vorgestellten Kommunikationswerkzeuge eignen sich, um gekonnt zu diskutieren oder zu konferieren. Insbesondere werden die Frage-, Einwand- und Entscheidungstechniken sowie in manchen Fällen die unfaire Dialektik genutzt, wenn es darum geht, das persönliche Diskussionsziel zu erreichen.

Fragetechnik

Die richtigen Fragen stellen Fragen sind ein wichtiges Kommunikationsmittel und gehören zu den Steuerungsinstrumenten einer Diskussion, denn: *„Wer fragt, der führt"*. Die Kunst besteht darin, die *richtigen* Fragen zu stellen.

Zwei Arten von Fragen Bezüglich der Fragearten kann man Sachfragen und psychologisch intendierte Fragen unterscheiden. Sachfragen führen zur Klärung von Sachverhalten und treiben die Diskussion voran. Psychologisch intendierte Fragen können innere Barrieren bei Teilnehmern auf- oder abbauen.

Ihre Fragen sollen
- kurz und präzise gestellt werden,
- beantwortbar sein,
- den Befragten nicht verletzen oder eine negative Atmosphäre schaffen.

Ergänzende und vertiefende Informationen zu „Fragetechniken" finden Sie im Kapitel B 1 dieses Buches.

Einwandtechnik

Die Einwandtechnik besteht aus sprachlich-taktischen Argumentationsmustern. Diese werden einerseits durch Fragen ausgelöst, andererseits lassen sich Fragen durch Einwandtechniken entkräften. Das setzt jedoch Sachverstand und Schlagfertigkeit voraus. Im Folgenden finden Sie eine Übersicht der gebräuchlichsten Einwandtechniken.

Typische Argumentationsmuster

„Ja, aber"-Methode bzw. Kehrseiten-Technik

Die Kehrseiten-Technik ist die Standardmethode, um Einwände zu entkräften. Zuerst stimmen Sie Ihrem Gegner rhetorisch zu, schränken dann diese Zustimmung aber sofort wieder ein. Bei der Beweisführung werden vermeintliche Argumentationslücken aufgezeigt. („Das sehe ich auch so, dennoch …", „Das ist richtig, obwohl …")

Vorteile-Nachteile-Methode

Sie ist eine Variante der „Ja-aber"-Methode. Bei zutreffenden Einwänden geben Sie einen Nachteil zu, heben aber die Vorteile oder positiven Eigenschaften besonders hervor. Zweiseitiges Argumentieren kommt der Glaubwürdigkeit des Diskussionsteilnehmers zugute. („Ja, der Gewerkschaftsbeitrag ist hoch, aber das ermöglicht uns, hohe Streikgelder zu zahlen …")

Vorteile betonen

Vorwegnahme-Methode

Hier kommt man den Einwänden des Diskussionsgegners zuvor. Der mögliche Einwand wird in den Diskussionsbeitrag schon integriert. („Sie könnten nun meinen, dass …", „Sie scheinen an diesen Fakten zu zweifeln, jedoch …")

Einwände integrieren

Rückfrage-Methode

Sie ist eine gute Methode, mit der Sie Zeit gewinnen. Das Argument wird als Frage zurückgegeben. Vorteil: Der Einwand wird oft in anderer oder abgeschwächter Form wiedergegeben. („Aus welchen Gründen können Sie meine bisherigen Ausführungen nicht akzeptieren?", „Wie meinen Sie das?")

193

Umkehrungs-Methode

Einwand bezweifeln
Den Einwand geben Sie als Frage an den Diskussionspartner zurück, jedoch zweifeln Sie die Ausführungen an. („Sind Sie wirklich sicher, dass …?")

Ablenk-Methode

Können oder wollen Sie zu einem Einwand keine Stellung nehmen, dann bringen Sie ein neues Argument in die Diskussion ein. („Auf der anderen Seite könnten Sie von folgender Überlegung ausgehen …")

Rückstell-Methode

Der Einwand wird vorübergehend auf Eis gelegt. („Darf ich Ihre Frage [das Wort „Einwand" vermeiden!] noch kurz zurückstellen und Ihnen vorab folgende Informationen geben …?"

Bumerang-Methode

Der Einwand Ihres Gegners wird zur eigenen Begründung verwendet. So wird er mit dem eigenen Einwand geschlagen.

Beispiel

Beispiel: Den Einwand des Gegners zurückgeben
Aussage: „Ich habe keine Zeit, dieses Seminar zu besuchen."
Antwort: „Gerade weil Sie keine Zeit haben, sollten Sie dieses Seminar besuchen, denn dort erlernen Sie die Regeln der Zeitplanung."

Divisions-Methode

Nachteile werden so weit verkleinert, dass sie kaum mehr ins Gewicht fallen. („Die Monatsgebühr beträgt 30 Euro, also einen Euro pro Tag.")

Salami-Technik

Schritt für Schritt zum Ziel
Teilargumente, die der Diskussionsgegner leicht bejahen kann, führen zum Hauptargument. „Scheibe um Scheibe" wird die Zustimmung zum wesentlichen Argument erarbeitet.

Offenbarungs-Methode

Diese Einwandsbehandlung eignet sich bei einem besonders hartnäckigen Diskussionspartner, der sämtliche Vorschläge ablehnt. („Unter welchen Umständen wären Sie bereit …?")

Wiederholungs-Methode
Argumente werden wiederholt. („Es kann nicht genug hervorgehoben werden …")

Ergänzende und vertiefende Informationen zu Argumentationstechniken finden Sie im Kapitel C 8 dieses Buches.

Entscheidungstechniken

Diese Techniken helfen Ihnen, eine Entscheidung zu finden.
Eine direkte Aufforderung der Teilnehmer, sich für eine bestimmte Alternative zu entscheiden, ist nur dann sinnvoll, wenn
bereits eine gewisse Tendenz in diese Richtung zu erkennen ist.
Fehlen eindeutige Hinweise, kann durch eine Aufforderung zur
Entscheidung auch die Ablehnung der Alternative provoziert
werden.

**Den richtigen
Zeitpunkt anpassen**

Um eine Entscheidung herbeizuführen, bieten sich die einschlä-
gigen Methoden der Moderationstechnik an (Punkteabfrage,
Pro-Kontra-Schema etc.) oder aber komplexere Entscheidungstechniken, wie sie im dritten Buch dieser Reihe dargestellt
werden.

Methoden der Dialektik

Der Begriff „Dialektik" stammt aus dem Griechischen (dia-
légesthai) und bedeutet ursprünglich „sich unterreden". Allgemein wird darunter „die Kunst der Gesprächsführung" verstanden.

Bei der Diskussion ist die faire Dialektik (auch Positiv-Dialektik
genannt) hilfreich. Sie zielt darauf, den Gegner persönlich und
sachlich für die eigenen Argumente zu gewinnen, und wird besonders in der Frage- und Einwandtechnik verwendet.

Positiv-Dialektik

Leider greifen die Parteien oft zur unfairen bzw. Negativ-Dialektik. Manche verwenden sie unbewusst und naiv, andere setzen
sie bewusst ein, um sich einen Vorteil zu verschaffen oder die
eigene Meinung in einem guten Licht erscheinen zu lassen. Wer
sich darauf einlässt, muss wissen, dass er sich seine Gesprächspartner zum Gegner macht.

Negativ-Dialektik

Diese Form der Argumentation wird immer auch Abwehr provozieren und den Ton verschärfen, denn die Beziehungsebene des Gesprächs ist gestört. Ständig angewandt, baut sie unüberbrückbare Gegensätze auf und lässt das Gespräch zum Kampf werden.

Angriffe entkräften

Wenn Sie die dialektischen Grundstrukturen kennen, können Sie in der Diskussion darauf aufmerksam machen und die Angriffe entkräften. Die wichtigsten Taktiken der unfairen Dialektik sind im Folgenden aufgeführt.

Ad-personam-Taktik

Der Gegner bringt keine sachlichen Gegenargumente, sondern greift die Person an. („Ihr roter Pulli entspricht Ihrer geistigen Haltung.")

Laien-Taktik

Der Gegner spielt mit Absicht den Unschuldigen und will damit sein Gegenüber verwirren. („Das verstehe ich nicht. Können Sie mir das bitte noch einmal erklären?")

Vorwurfs-Taktik

Warum-Fragen

Bei der Vorwurfs-Taktik handelt es sich häufig um eine Aneinanderreihung von Warum-Fragen. („Warum wollen Sie das? Warum meinen Sie, dass …?")

Fremdwort-Taktik

Hier werden Fremdwörter verwendet, um Fachwissen zu beweisen und um das Gegenüber zu beeindrucken.

Theorie-Praxis-Taktik

Der Gesprächspartner stimmt zu, sagt dann aber: „In der Theorie ist dieser Vorschlag zwar gut, in der Praxis jedoch nicht durchführbar."

Verwirrungs-Taktik

Der Diskussionsgegner benutzt Wörter in einem anderen Sinn bzw. zieht andere Schlussfolgerungen als nahe liegen, um den Einwand als unbrauchbar hinzustellen.

Das Austauschen von Argumenten auf der Ebene der unfairen Dialektik ist kein tragbares Konzept für die Verständigung. Zwischenphasen unfairer Dialektik in Gespräch oder Rede können aber wieder geglättet werden, wenn das Publikum sich nicht darauf einlässt oder man sich einigt, auf diese Weise nicht miteinander umgehen zu wollen.

Unfaire Dialektik meiden

Literatur

Adler, Andrea: *Konferenzen organisieren und durchführen.* Heidelberg: Sauer 1999.

Barker, Alan: *30 Minuten bis zur effektiven Besprechung.* Offenbach: GABAL 2000.

Haynes, Marion E.: *Konferenzen erfolgreich gestalten. Wie man Besprechungen und Konferenzen plant und führt.* 2. Aufl. Frankfurt/M.: Ueberreuter 1999.

Kellner, Hedwig: *Konferenzen, Sitzungen, Workshops effizient gestalten. Nicht nur zusammensitzen.* München: Hanser 1995.

Lamnek, Siegfried: *Gruppendiskussion. Theorie und Praxis.* Weinheim: Beltz 1998.

Vormbusch, Uwe: *Diskussion und Disziplin. Gruppenarbeit als kommunikative und kalkulative Praxis.* Frankfurt/M.: Campus 2002.

6. Die Fünfsatztechnik

Der Fünfsatz wird vor allem dann eingesetzt, wenn Sie in Gesprächen oder Diskussionen Dritte von einer Idee überzeugen wollen. Einer der Grundgedanken der Fünfsatz-Technik besteht darin, dass sich viele Gesprächspartner ohnehin nicht mehr als fünf Gedanken merken können.

Hauptaussage zum Schluss

Mit wenigen Sätzen liefern Sie einen Diskussionsbeitrag, der von einem peripheren Standpunkt zum Kern der Sache kommt. Die Hauptaussage wird also bis zum Schluss aufgehoben. Damit bringen Sie Ihre Zuhörer dazu, den Gedankengang in einzelnen Schritten nachzuvollziehen. Sie nehmen also Ihr Publikum gedanklich „an die Hand" und führen es auf Ihrem fünfgliedrigen „Gedankenweg" zum Ziel.

> Der Fünfsatz ist ein gedanklicher Bauplan, der es ermöglicht, in fünf Denkschritten kurz, zielgerichtet, folgerichtig und einprägsam zu argumentieren.

6.1 Grundstruktur des Fünfsatzes

Beachten Sie bei der Darlegung Ihrer Meinung, dass Sie

- einen guten situativen bzw. aktuellen Einstieg haben,
- eine überzeugende Argumentation aufbauen und
- einen einprägsamen, zugespitzten Zwecksatz formulieren.

Von hinten nach vorn planen

Am besten überlegen Sie sich zuerst Ihren Zwecksatz (Was will ich erreichen?) und planen von hinten nach vorn die entsprechenden Argumente und dann den Einstieg. Das Sprechen beginnt natürlich von vorn.

Als Denkleitlinie vermindert der Fünfsatz zugleich die Gefahr, dass Ihnen der Faden reißt oder eine Blockade beim Sprechen eintritt. Die klare und einfache Struktur erleichtert es Ihnen, die Gedanken auch während des Sprechens sprachlich zu planen und logisch zu gliedern.

Die Grundstruktur des Fünfsatzes folgt diesem Ablauf und dient folgenden Zwecken:

Einleitung 1. Satz	Soll Aufmerksamkeit schaffen bzw. die Bedeutung der Wortmeldung hervorheben oder eine Verknüpfung zu anderen Meinungen herstellen, z. B. als Frage oder Behauptung (situativer Einstieg) Beispiele: ■ „Ein Punkt, der noch gar nicht angesprochen wurde …" ■ „Ich bin eindeutig gegen das Rauchen am Arbeitsplatz …" ■ „Die neu entstandene Situation zwingt uns, diese Dinge zu beachten …"	Grundstruktur des Fünfsatzes
Hauptteil 2. – 4. Satz	Logischer Gedankenweg in drei argumentativen Schritten, beispielsweise durch ■ Gegenüberstellung der Pro-Kontra-Argumente ■ Gegenüberstellung von Vor- und Nachteilen ■ Gegenüberstellung von Soll und Ist ■ Gegenüberstellung von gestern, heute und morgen Im Hauptteil werden Argumente dafür geliefert, dass der anschließende Zwecksatz richtig ist.	
Schluss 5. Satz	Zwecksatz, Hauptaussage, Schlussfolgerung oder Handlungsaufforderung, mit der die Kurzrede zugespitzt wird. Hier kommt zum Ausdruck, was der andere denken, einsehen oder tun soll.	

Manche Argumentation basiert auf der Schleifenbildung, so wie es in der nachfolgenden Abbildung dargestellt ist.

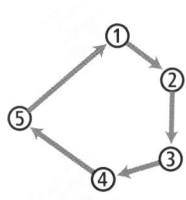

Gedanken sind strukturlos aneinander gereiht ohne chronologischen Aufbau. Spätestens am Punkt 4 weiß der Zuhörer nicht mehr, woran er ist, da er die Punkte 1 und 2 kaum noch in Erinnerung hat. Der gewünschte Effekt des Vortrages zündet nicht und verpufft vor dem gesteckten Ziel.

Argumentationsstruktur in Form einer Schleife

6.2 Fünfsatzformen

Kern ist der Dreisatz

Kern der Fünfsatz-Technik ist der Dreisatz. Letzterer ist eine methodische Faustformel, mit der man kurze Aussagen wie Statements oder Interviews in drei logisch aufeinander bezogenen Schritten gliedert.

Eine solche Gliederung könnte beispielsweise so aussehen:
1. gestern
2. heute
3. morgen

oder

1. Lage
2. Ziel
3. Maßnahmen

Dreisatz plus Rahmen

Alle Fünfsatzformen sind im Prinzip Dreisätze, die von Einleitung und Schluss umrahmt werden. Dieses Muster zur Anordnung von Argumenten ist seit der Antike bekannt: In überschaubaren (an den Fingern einer Hand abzählbaren) fünf Schritten versuchte ein Redner, seine Zuhörer zu überzeugen.

Daran müssen Sie denken

Wenn Sie einen Fünfsatz bilden, sollten Sie sich diese Fragen stellen:

- Welches Thema bzw. Argument muss ich auf jeden Fall anführen?
- Welche Argumente bilden das Grundgerüst meiner Aussage?
- Gibt es unter ihnen eine Beziehung?
- Welche Reihenfolge ergibt sich daraus?
- Gibt es Aussagen, die meine Inhalte argumentativ, illustrierend oder exemplarisch stützen?
- Welche dieser Aussagen eignen sich besonders gut für meinen Diskussionsbeitrag?

Kettenmodell

Schlichtes Aneinanderreihen

Das Modell der „Kette" bringt die Glieder in eine chronologische oder logische Abhängigkeit, indem die Kette die einzelnen Elemente schlicht aneinander reiht. Sie stellt die Elemente weder gegenüber, noch hebt sie besondere Elemente hervor.

Die Kette gewinnt ihre Überzeugungskraft durch den klaren, logischen Aufbau und durch die damit verbundene konsequente Entwicklung der Gedanken bis zum Schluss. Ihre Glieder werden Schritt für Schritt durchlaufen und abgearbeitet. Die Kette ist aber relativ spannungslos, weil sie eben nur aneinander reiht.

Kettenmodell

Beispiele für die Kette sind die *Problemlösungsformel* und die *Standpunktformel.*

Die *Problemlösungsformel* hat folgenden Aufbau:
1. Situation (Fakten, Probleme)
2. Ursachenanalyse
3. Zielbestimmung
4. Maßnahmen, Lösungen, Empfehlungen
5. Appell

Problemlösungs-formel

Der typische Aufbau der *Standpunktformel* sieht so aus:
1. Standpunkt
2. Argument
3. Beispiel zwecks Veranschaulichung
4. Fazit/Konsequenz
5. Appell

Standpunktformel

Dialektisches Modell
Beim dialektischen Modell werden von einem Ausgangspunkt unterschiedliche Wege beleuchtet. Danach wird eine Konklusion (Schlussfolgerung) vorgenommen.

Mit Hilfe dieses Modells kann man eine Meinung zu einer Gegenmeinung kontrastierend darstellen. Neue Ideen oder Sichtweisen, die das Bisherige berücksichtigen, werden auf diese Weise

Kontraste darstellen

Dialektisches Modell

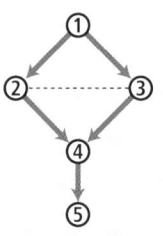

effektvoller und plausibler präsentiert. Allerdings muss sich der Redner kritisch fragen, ob er wirklich eine Synthese anbieten kann, die den Widerspruch von These und Antithese aufhebt.

Ein Fünfsatz, der dem dialektischen Modell folgt, könnte beispielsweise so aussehen:

Beispiel

Beispiel: Eine Synthese bilden
1. Ich danke Ihnen für die Menge neuer Anregungen.
2. Besonders möchte ich hervorheben, dass …
3. Andererseits ist aber auch zu erwähnen, dass …
4. Wenn wir nun beide Aspekte vergleichen, dann …
5. Im Endeffekt ergibt sich daraus, dass …

Vergleichsmodell

Zunächst werden zuerst zwei oder mehrere gegnerische Meinungen gegenübergestellt. Dann folgt der eigene Standpunkt als etwas Neues.

Vergleichsmodell

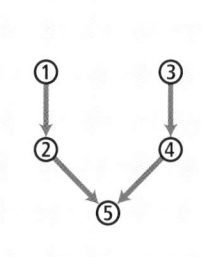

Diese Struktur dient zur Klärung, Straffung und eigenen Positionsbestimmung in einer unübersichtlich gewordenen Situation. Weil den Meinungen, die man nicht teilt, zunächst Raum gegeben wird, fühlen sich deren Vertreter ernst genommen und sind aufgeschlossener und bereit, dem Redner erstmal zuzuhören.

Beispiel

Beispiel: Zwei Meinungen vergleichen
1. Die Gruppe „A" hat folgende Vorstellung …
2. Sie beruhen auf der jahrelangen Erfahrung, dass …
3. Dagegen vertritt die Gruppe „B" einen anderen Standpunkt, nämlich …

4. Die Gruppe meint, dass man …
5. Anders als die Vertreter der beiden Gruppen meine ich, dass …

Kompromissmodell

Diese Struktur des Fünfsatzes bietet sich an, wenn Sie in einem Konflikt einen Kompromiss vorschlagen möchten.

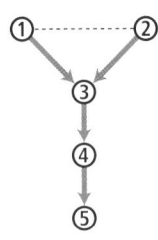

Die Kontrahenten sind häufig emotional bewegt. Wenn Sie das Kompromissmodell einsetzen, müssen Sie den Konflikt und die Begründung des Vermittlungsvorschlags übersichtlich und klar gegliedert darstellen. Ziel ist es, dass die Kontrahenten aufmerksamer werden und auch wirklich zuhören.

Kompromissmodell

Beispiel: Einen Kompromiss vorschlagen

1. Herr Meier behauptet, dass …
2. Jedoch widerspricht Herr Schulze mit den Argumenten …
3. Wie man sieht, berühren sich beide Standpunkte im Bereich …
4. Bei genauer Betrachtung könnte die Lösung hier liegen …
5. Hier sollten wir ansetzen und weiterdenken …

Beispiel

Deduktives Modell (vom Allgemeinen zum Besonderen)

Diese Struktur sollten Sie wählen, wenn die Meinungsbildung noch unklar ist. Mit dieser Struktur entsteht ein linearer Zusammenhang, das heißt, Teilaussagen gehen auseinander hervor.

Deduktives Modell

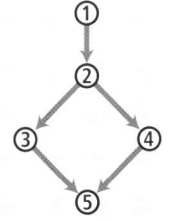

Beispiel: Deduzieren

1. Allgemein weiß man …
2. Auch wir mussten erfahren, dass …
3. Einerseits begründet sich …
4. Andererseits ergibt sich aber auch …
5. Daraus schließe ich, dass …

Beispiel

Ausklammerungsmodell

Dieses Modell hilft, wenn Sie der Meinung sind, dass sich die weitere Beschäftigung mit einem Thema nicht mehr lohnt. Das Problem wird durch Ausklammerung auf eine neue Ebene verschoben. Dem muss sich sofort ein Argument anschließen.

Ausklammerungs-
modell

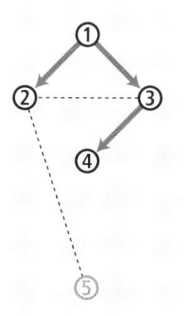

Beispiel:
1. Wir redeten schon vorher eine Weile über dieses …
2. Bisher dreht sich immer noch alles um …
3. Wir haben nun leider über-sehen, dass …
4. Gerade dies ist aber immer wieder der kritische Punkt.
5. Deshalb empfehle ich …

Garantie für einen guten Aufbau
Es lohnt sich, die Grundstruktur der gängigsten Fünfsätze zu lernen und zu üben. Wer sich die Mühe macht, verfügt über ein Argumentationsgerüst, das in Diskussionen oder bei der freien Rede einen guten Aufbau seiner Argumente garantiert oder ihn in komplizierten Kommunikationssituationen auch als Konflikt-schiedsrichter qualifiziert. Wer den Fünfsatz beherrscht, kann situationsbezogen, kurz, sachlogisch geordnet, prägnant und redewirksam sprechen.

Literatur

Thiele, Albert: *Die Kunst zu überzeugen. Faire und unfaire Dialektik.* 7., überarb. und erw. Aufl. Berlin: Springer 2002.

7. Verhandlungs-
techniken

Ob Sie wollen oder nicht – immer wieder müssen Sie verhandeln. Verhandeln ist ein Bestandteil Ihres Lebens. Die schwierige Kunst, auch aus verfahrenen Situationen noch ein erfolgreiches Verhandlungsergebnis hervorzubringen, zählt zu den anspruchsvollsten Herausforderungen des Geschäftslebens und zu den wichtigsten persönlichen Arbeitsmethoden.

Das Harvard-Konzept lehrt diese Verhandlungskunst. Es ist mehr als die Summe von Rhetorik und Dialektik im herkömmlichen Sinne. Dieses Konzept zeigt, wie Sie mit Verhandlungskunst ein für beide Seiten optimales Ergebnis erzielen.

Mit dem Harvard-Konzept zum Optimum

Dieses Konzept entstand aus einem Forschungsprojekt der Harvard Universität. Das Projekt hatte zum Ziel, Methoden und Strategien zu entwickeln, um unterschiedliche Positionen in Verhandlungen zu überwinden und selbst verfahrene Situationen zu bewältigen. Die Erkenntnisse beziehen sich ebenso auf Alltagsprobleme in innerbetrieblichen oder familiären Konflikten wie auf Verhandlungen in Wirtschaft und Politik.

Das sachbezogene Verhandeln ist zentrales Anliegen des Harvard-Konzepts. Hier geht es um hartes Verhandeln in der Sache bei gleichzeitiger Höflichkeit gegenüber dem Verhandlungspartner.

Dem Harvard-Konzept liegen vier Grundaspekte zugrunde:

Vier Grundaspekte

1. *Menschen:* Menschen und Probleme sind getrennt voneinander zu behandeln.
2. *Interessen:* Nicht Positionen, sondern Interessen sind in den Mittelpunkt zu stellen.
3. *Möglichkeiten:* Vor der Entscheidung sind verschiedene Wahlmöglichkeiten mit Vorteilen für beide Seiten zu entwickeln.
4. *Kriterien:* Die Ergebnisbewertung ist auf der Basis neutraler Beurteilungskriterien vorzunehmen.

Das Problem beim Verhandeln entsteht, wenn Menschen in ein Feilschen um Positionen verfallen.

> Je mehr sich ein Verhandlungspartner auf eine Position konzentriert, umso weniger erkennt er die Interessen bzw. Probleme der Gegenseite.

Das Ergebnis ist häufig eine Übereinkunft, die für beide Seiten weniger befriedigend ist, als es tatsächlich möglich wäre. Das Feilschen um Positionen verstärkt sich, je mehr Parteien an der Verhandlung beteiligt sind. Es kann auch zur Bildung von Koalitionen zwischen Parteien kommen.

Sachbezogenes Verhandeln Im Gegensatz dazu beinhaltet sachbezogenes Verhandeln die Analyse, Planung und Diskussion. Während der Analyse bestimmen Sie Ihre Interessen und die der Gegenseite. Sie entscheiden, auf welche Weise Sie die Probleme behandeln und welche Ziele Sie erreichen wollen. Im Verlauf der Diskussion sollen Ihnen die oben beschriebenen vier Grundelemente der Methode als Verhaltenskompass dienen.

7.1 Grundaspekt Nr. 1: Menschen und Probleme trennen

Bei Verhandlungen wird häufig übersehen, dass die Verhandlungspartner keine abstrakten Repräsentanten, sondern in erster Linie von Gefühlen geleitete Menschen sind. Darum sollten Sie ihnen mit Respekt begegnen.

Zwei Grundinteressen Jede Partei will in Verhandlungen ihre Interessen durchsetzen. Gleichzeitig will jede Seite im Regelfall die bestehenden Beziehungen erhalten sowie künftige Beziehungen und Verhandlungen fördern. Jeder Verhandlungspartner hat also zwei Grundinteressen: Das eine Interesse bezieht sich auf den Verhandlungsgegenstand, das andere auf die persönlichen Beziehungen.

Das kann dazu führen, dass sich die gute persönliche Beziehung zwischen Verhandlungspartnern mit den zu diskutierenden Sachproblemen vermischt. Wenn dann noch das Feilschen um Positionen hinzukommt, können die sachlichen Interessen des Verhandlungspartners und die guten Beziehungen zu ihm gegeneinander ausgespielt werden.

Darum: Trennen Sie persönliche Beziehungen von der Sachfrage. Kümmern Sie sich um den konkreten Menschen. Dabei sind drei Aspekte wichtig: Vorstellungen, Emotionen und die Kommunikation.

Vorstellungen

Das Problem eines Verhandlungspartners besteht darin, dass er nicht weiß, was die Gegenseite denkt. Jeder Mensch hat seine eigene Art, Dinge zu sehen und zu interpretieren. Während einer Verhandlung sollten Sie sich bemühen, die Situation aus Sicht Ihres Verhandlungspartners zu sehen, um die Sachlage korrekt einzuschätzen. Sehr wichtig ist auch, dass Sie während eines Gespräches die eigene Unzufriedenheit zwischen der Sache an sich und der Person, mit der Sie verhandeln, trennen.

Sicht des Partners einnehmen

Emotionen

Während einer Verhandlung sind Gefühle zumindest genauso wichtig wie das Gespräch. Oft führen solche Emotionen schnell in eine Sackgasse oder gar zum Abbruch der Verhandlung. Deshalb sollten Sie zuerst die Emotionen Ihrer Verhandlungspartner und auch die eigenen Gefühle erkennen und verstehen. Mögliche Nervosität, Angst und Verärgerungen auf beiden Seiten sind abzubauen. Wenn die Emotionen sehr stark sind, ist es unmöglich, miteinander zu reden und Lösungen zu finden.

Gefühle kontrollieren

Darum sollten Sie mit Ihren Verhandlungspartnern über diese Gefühle sprechen und versuchen, seelische Erleichterung zu erreichen. Die beste Strategie bei einer komplizierten Verhandlung ist es, wenn Sie Ihrem „Gegner" ganz ruhig zuhören, ohne auf dessen Angriffe einzugehen, bis er fertig ist. Ein Geschenk, eine Entschuldigung sind Gesten, die in diesem Zusammenhang sehr wirksam sein können.

Wirksames Verhalten

Kommunikation

Typische Probleme Bei Verhandlungen gibt es immer wieder Kommunikations-
probleme wie zum Beispiel diese:

- Die Verhandlungspartner sprechen nicht miteinander oder jedenfalls nicht so, dass sie einander verstehen.
- Die Gegenseite hört nicht zu.
- Missverständnisse (Diese Gefahr ist besonders dann gegeben, wenn die Parteien unterschiedliche Sprachen sprechen).

Durch aufmerksames Zuhören, das Mitteilen von Gefühlen, gezieltes Nachfragen und durch Feedback lassen sich diese Kom-
munikationsprobleme meist vermeiden oder minimieren.

7.2 Grundaspekt Nr. 2: Auf Interessen statt auf Positionen konzentrieren

Interessen in Einklang bringen In Verhandlungen kommt es zu keiner Einigung, solange ein
Problem als Konflikt zwischen zwei Positionen besteht. Um
Ergebnisse zu erreichen, müssen Sie die Interessen, nicht die Positionen in Einklang bringen. Aber wie erkennen Sie die Interessen der Gegenseite?

Zwei Möglichkeiten haben sich bewährt:
1. Sie versetzen sich an die Stelle der anderen und fragen „Warum?"
2. Oder fragen Sie sich: „Warum akzeptiert die Gegenseite diese Lösung nicht?"

Unterschiedliche Interessen Bei den Verhandlungen haben die beteiligten Personen unterschiedliche Interessen. Es ist ein Fehler anzunehmen, dass die
Gruppenmitglieder auf der Gegenseite dieselben Interessen
haben wie man selbst. Wenn man die unterschiedlichen Interessen der beteiligten Personen nicht richtig einschätzt, ist es schwer,
eine Lösung zu finden.

Oft weiß die Gegenseite nichts über Ihre Interessen. Darum sollten Sie Ihre Verhandlungspartner über Ihre Intentionen informieren. Wenn Sie wollen, dass die andere Seite Ihre Interessen

würdigt, dann müssen Sie auch deren Wünsche beachten. Betrachten Sie deren Bedürfnisse als Bestandteil des Gesamtproblems.

Wenn Sie Ihre Interessen klar sehen, dann stehen Ihnen in einer Verhandlung meist nicht nur eine, sondern mehrere konkrete Optionen zur Verfügung. Seien Sie darum aufgeschlossen für neue Ideen.

Halten Sie im Gespräch an Ihren Interessen fest. Wenn beide Seiten ihre Interessen hart verteidigen, stimulieren sie sich gegenseitig zur Kreativität in Richtung einer Lösung, die für beide Seiten vorteilhaft sein könnte. Aber achten Sie darauf, dass Sie Menschen nicht verletzen. Trennen Sie die menschliche Seite von der sachlichen.

Kreativität stimulieren

7.3 Grundaspekt Nr. 3: Entscheidungs- möglichkeiten mit Vorteilen für beide Seiten entwickeln

Meist glaubt jede der beteiligten Verhandlungsparteien, ihre Lösung des Problems sei die einzig richtige. Nur wenige Menschen akzeptieren, dass es meist verschiedene Wahlmöglichkeiten gibt. Diese Denkblockaden hindern oft daran, andere Möglichkeiten zu erkennen.

Denkblockaden vermeiden

Der kritische Sinn ist so sehr geschärft, dass viele beim Betrachten anderer Lösungsmöglichkeiten zuerst die für sie negativen Seiten erkennen. Das mündet in vorschnelle Urteile. Wenn jede Seite auf ihre eigenen Interessen fixiert ist, werden einseitige Positionen, Argumente und Lösungsvorschläge entwickelt.

Neue Ideen zu finden, erfordert Kreativität. Hierzu empfiehlt sich ein Brainstorming. Aber das muss die Gegenseite akzeptieren. Sie könnte sonst Ihre im Brainstorming entwickelten Vorschläge als Manipulation missverstehen – obwohl es Ihnen um die Entwicklung von Ideen geht, die beide Seiten begünstigen.

Neue Ideen finden

Reichweite verkürzen

Sie können auch Ihr Problem in mehrere Teilprobleme zerlegen. Dadurch verändern Sie die Reichweite der zu findenden Übereinkunft.

Obwohl die gemeinsamen Interessen nicht sofort einsichtig sind, gibt es sie bei fast jeder Verhandlung. Sie müssen sie gegebenenfalls aktiv suchen.

Wichtige Hinweise

Beachten Sie dabei folgende Hinweise:

- Benennen Sie die eventuell gemeinsamen Interessen. Wenn Sie gemeinsame Ziele konkretisieren, werden die Verhandlungen flüssiger und freundlicher verlaufen.
- Bestehen Unterschiede, nutzen Sie diese positiv, indem Sie versuchen, von den Unterschieden ausgehend Lösungen zu entwickeln.
- Geben Sie Ihrem Gesprächspartner Wahlmöglichkeiten, die nicht nur für Sie vorteilhaft sind, sondern auch für ihn.
- Beginnen Sie mit dem Punkt, der für beide Seiten am wenigsten strittig ist.
- Suchen Sie nach einer Entscheidung, welche der Verhandlungspartner in einer ähnlichen Situation getroffen hat. Bauen Sie darauf Ihre Vorschläge für die Lösung auf. Versetzen Sie sich dabei in die Lage der Gegenseite, um die Konsequenzen zu bedenken, die aus dieser Entscheidung folgen.

Alternativen entwickeln

Sie kommen schneller zu Kompromissen, wenn Sie Kreativität zeigen und möglichst mehrere Entscheidungsalternativen entwickeln.

7.4 Grundaspekt Nr. 4: Neutrale Kriterien zur Ergebnisbewertung entwickeln

Auch wenn Sie die Interessen der Gegenseite kennen und verstehen, werden Sie weiterhin mit widerstreitenden Interessen konfrontiert. Jede Seite versucht, die eigene Lösung als vernünftig darzustellen. Infolgedessen kann es sein, dass Sie am Ende zu keiner vernünftigen Lösung kommen.

Beachten Sie daher diese Punkte:

- Verhandeln Sie sachgerecht, indem Sie soweit wie möglich objektive Kriterien verwenden.
- Sprechen Sie über mögliche Lösungen, anstatt die Zeit mit Selbstverteidigung und mit dem Angriff auf die Gegenseite zu verbringen.
- Wenn Sie objektive Kriterien suchen, so achten Sie darauf, dass diese willensunabhängig, rechtskonform und praktisch durchführbar sind. Die Kriterien müssen für beide Parteien akzeptabel sein.

Objektive Kriterien finden

Wenn Sie die objektiven Kriterien entwickelt haben, werden Ihnen die folgenden drei Punkte helfen, sie in die Verhandlung einzubringen:

Objektive Kriterien einbringen

1. Präsentieren Sie die von Ihnen entwickelten Kriterien. Fordern Sie die Gegenseite auf, ihre Vorstellungen darzulegen. Nutzen Sie die Kriterien Ihrer Verhandlungspartner für Ihre Vorschläge. Wenn deren Kriterien auf das Problem angewendet werden, wird es für die Gegenseite schwer zu widersprechen.
2. Argumentieren Sie mit Logik und Vernunft und betrachten Sie das Überzeugen nicht als Kampf, sondern als ein Stück Arbeit. Seien Sie aufgeschlossen für die Argumente der Gegenseite. Leisten Sie Überzeugungsarbeit. Das bewegt die andere Seite zum Mitmachen.
3. Verhandeln Sie selbst aufgrund von objektiven Kriterien. Fordern Sie die Gegenseite auf, ebenfalls auf dieser Basis zu argumentieren. Geben Sie Druck nicht nach.

Wenn es trotz allem zu keiner Einigung kommt, überprüfen Sie vorsichtshalber, ob Sie vielleicht ein Kriterium übersehen haben. Sollten Sie noch eines finden und könnten Sie damit eventuell doch noch zu einer Übereinkunft kommen, so nutzen Sie die Chance.

Damit vermeiden Sie, sich einer willkürlichen Position zu unterwerfen. Wenn die Gegenseite jedoch auch dieses Kriterium nicht akzeptiert, müssen Sie überlegen, ob es besser wäre, die Verhandlung abzubrechen.

Abbruch erwägen

7.5 Mit Widerstand umgehen

Wenn die Gegenseite in der stärkeren Position ist

Geschickt verhandeln

Was nützt sachbezogenes Verhandeln, wenn die Gegenseite in einer stärkeren Position ist und diese ausnützt? Für diese Situation gibt es kein Patentrezept, aber Sie können versuchen, geschickt zu verhandeln.

Stellen Sie die Liste auf, auf der steht, was Sie machen werden, wenn es zu keiner Einigung kommt. Entwickeln Sie die besten Ideen weiter und versuchen Sie, diese in praktische Optionen umzuwandeln.

Wenn die Gegenseite nicht mitmacht

Zwei Strategien

Es gibt zwei Strategien, mit denen Sie die Gegenseite vom reinen Positionskampf zu einer Beschäftigung mit den Sachinhalten bringen:

1. Die erste Strategie – „Sachbezogenes Verhandeln" – wurde bereits dargestellt. Konzentrieren Sie sich selbst auf Inhalte statt auf Positionen.
2. Wenn das nicht hilft, greifen Sie zum Verhandlungs-Judo. Dabei wird die Gegenseite zur Kritik an den eigenen Vorschlägen eingeladen, etwa so:
   - „Korrigieren Sie mich, wenn etwas falsch ist."
   - „Was würde geschehen, wenn wir uns (nicht) einigen?"
   - „Darf ich Sie auf die Probleme hinweisen, die ich bekomme, wenn ich Ihre Vorschläge akzeptiere?"

Wenn die Gegenseite schmutzige Tricks anwendet

Typische Tricks

Im Allgemeinen werden folgende Verhandlungtricks angewendet:

- absichtlicher Betrug,
- psychologische Kriegsführung,
- Druck auf Positionen.

Mögliche Reaktionen

Diese Reaktionsmöglichkeiten bieten sich Ihnen an:

- Sie erdulden solche Tricks, da Sie nicht noch Öl ins Feuer gießen wollen. Dabei erhoffen Sie sich das Beste und bleiben still.

- Oder Sie ärgern sich und beschließen, mit diesen Leuten nicht mehr in geschäftlichen Kontakt zu treten.
- Sie wenden die gleichen Tricks wie die Gegenseite an und schlagen sie so mit eigenen Waffen.
- Sie versuchen, die Taktik der Gegenseite zu durchschauen, und sprechen dann offen darüber.
- Sie sorgen dafür, dass die andere Seite befürchten muss, Sie total zu verärgern.

Ziel ist ein vernünftiges Übereinkommen über Verfahrensweisen. Um dieses Ziel zu erreichen, wird wieder die Methode des „Sachbezogenen Verhandelns" genutzt.

Verfahren abstimmen

Literatur

Detroy, Erich-Norbert: *Sich durchsetzen in Preisgesprächen und -verhandlungen.* 12. Aufl. Landsberg: Verlag Moderne Industrie 2001.

Finch, Brian: *30 Minuten für professionelles Verhandeln.* Offenbach: GABAL 1999.

Fischer, Roger: *Das Harvard-Konzept. Das Standardwerk der Verhandlungstechnik.* 22., durchgesehene Aufl. Frankfurt/M.: Campus 2004.

Heeper, Astrid: *Verhandlungstechniken. Vorbereitung, Strategie und erfolgreicher Abschluss.* Berlin: Cornelsen 2003.

Saner, Raymond: *Verhandlungstechnik. Strategie, Taktik, Motivation, Verhalten, Delegationsführung.* Bern: Haupt 1997.

Scherer, Hermann: *Sie bekommen nicht, was Sie verdienen, sondern was Sie verhandeln.* Inkl. Internetworkshop. Offenbach: GABAL 2002.

Tipler, Julia: *Verhandlungen professionell führen.* Landsberg: mvg 2002.

8. Argumentations-
techniken

Das Wort „Argument" ist lateinischen Ursprungs und bedeutet so viel wie Beweis(mittel), Beweisgrund. Formal betrachtet ist ein Argument – unabhängig von dessen Inhalt – eine Anreihung von Aussagen, die in einem Begründungszusammenhang stehen.

Ein Argument besteht aus einer Prämisse (Grund, der die Konklusion stützt) und einer Konklusion (Schlussfolgerung).

Beispiel

Beispiel: Prämisse und Konklusion

Prämisse: Wissenschaftler haben festgestellt, dass Rotwein dem Herzinfarkt vorbeugt.

Konklusion: Um dem Herzinfarkt vorzubeugen, sollte man also Rotwein trinken.

Das Beispiel zeigt: Ohne Prämisse würde es sich hier nur um eine Behauptung, nicht aber um ein Argument handeln. Die Anzahl von Prämissen in einem Argument kann theoretisch unendlich groß sein. Sie alle zu verarbeiten, würde den Gesprächspartner aber überfordern. Darum umfassen Argumente in der Regel meist nur eine oder zwei Prämissen.

Grundstruktur
von Argumenten

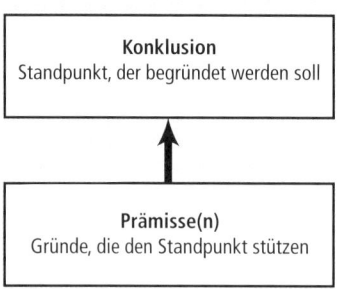

Ob eine Aussage als Prämisse oder als Konklusion dient, hängt davon ab, welche Rolle die Aussage in einem Argument spielt.

Sie argumentieren in vielen Situationen des täglichen Lebens – zum Beispiel, um Ihre Gesprächspartner zu überzeugen, um Sachverhalte zu erläutern oder um eine Entscheidung zu begründen.

Wovon hängt ab, ob das Argumentieren zum gewünschten Erfolg führt? Zwei Aspekte spielen eine Rolle:

Wovon der Erfolg abhängt

1. Die Argumente müssen korrekt und stichhaltig sein.
2. Die korrekten und stichhaltigen Argumente müssen wirkungsvoll eingesetzt werden. Dazu ist Wissen und Können erforderlich.

Die Argumentationstechnik ist also das Handwerkszeug, um andere zu überzeugen. Deshalb ist es für jeden Menschen – unabhängig von seiner gesellschaftlichen Position – wichtig, das Argumentieren zu beherrschen.

Erfolgreiches Argumentieren erfordert logisches Denken. Ist ein Mensch im Argumentieren geübt, kann er andere Meinungen und Behauptungen auf ihre logische Richtigkeit hin „abklopfen". Ein kritischer Denker merkt, ob eine Argumentation auf fundierten Prämissen beruht oder mit rhetorischen Tricks verpackt und transportiert wird.

Tricks durchschauen

8.1 Signalwörter für Prämissen und Konklusionen

Da selten in Reinform argumentiert wird, sind Argumente häufig nur schwer als solche zu erkennen. Normalerweise werden sie in Dialogkontexte integriert und mit Signalwörtern eingeleitet. An Signalwörtern erkennt man die Prämisse und die Konklusion eines Arguments.

Argumente erkennen

Nicht immer folgt auf ein Signalwort eine Prämisse oder eine Konklusion, doch die Wahrscheinlichkeit ist groß. Ist die Konklusion eindeutig erkannt, dann können Sie die Begründung des Standpunktes untersuchen.

Signalwörter für Prämissen und Konklusionen

Signalwörter für Prämissen	Signalwörter für Konklusionen
■ da	■ folglich
■ wenn	■ darum
■ nämlich	■ notwendigerweise
■ weil	■ daraus kann man schließen, dass
■ wegen	■ daraus folgt, dass
	■ das bedeutet also
	■ ergo

Unvollständige Argumente

Im kommunikativen Alltag sind Argumente oft unvollständig. Es fehlen Prämissen und in manchen Fällen sogar auch die Konklusion. Für Sie als Zuhörer ist es dann schwierig, den Standpunkt zu erkennen. Gegebenenfalls müssen Sie die fehlenden Bestandteile gedanklich ergänzen. Es gibt auch Fälle, in denen der Argumentierende bewusst Prämissen weglässt, weil sie zum Allgemeinwissen zählen.

8.2 Regeln für gekonntes Argumentieren

Argumente entscheiden nicht allein

Wenn der eigene Standpunkt präzise formuliert und begründet wird, fördert dies eine zielgerichtete und klare Kommunikation. Hierbei ist zu bedenken, dass oft nicht die Stärke des Arguments für eine Meinungsbeeinflussung ausschlaggebend ist, sondern die Motivation und Fähigkeit des Gesprächspartners, sich mit dem Argument auseinander zu setzen. Nicht das Argument allein entscheidet, sondern auch die Persönlichkeit, die Empfängerorientierung im Sprachstil und zum Teil auch die Stimme.

Nachfolgend sind die wichtigsten Empfehlungen zusammengefasst, die Ihnen dabei helfen werden, überzeugend zu argumentieren:

■ Werden Sie sich vor Gesprächsbeginn über Ihre eigenen Ziele und Argumente klar.

- Überdenken Sie vorab mögliche Gegenargumente des Gesprächspartners. Wenn Sie sich darauf vorbereiten, diese Gegenargumente entsprechend zu kontern, ergibt sich daraus ein strategischer Vorsprung.
- Überlegen Sie sich Alternativen und Kompromisse zu Ihren Gesprächszielen. Gibt es außer dem Hauptziel noch Teil- oder Alternativziele für den Fall, dass das Hauptziel nicht erreicht werden kann?
- „Schießen" Sie nicht zu viele Argumente auf einmal ab. Das würde den Gesprächspartner überfordern. Je zahlreicher Ihre Argumente sind, umso geringer ist die Wirkung des Einzelarguments auf den Empfänger.
- Bauen Sie Ihre Argumente logisch aufeinander auf.
- Fordern Sie Ihren Gesprächspartner auf, eigene Ideen und Gedanken einzubringen.
- Gehen Sie auf die Argumente der anderen Seite ein und seien Sie offen, wenn sich daraus neue Erkenntnisse ergeben.
- Steigern Sie Ihre Argumente vom Normalen zum Besonderen, vom Bekannten zum Neuen.
- Bringen Sie das stärkste Argument am Schluss und das zweitstärkste zu Beginn (siehe Abbildung).

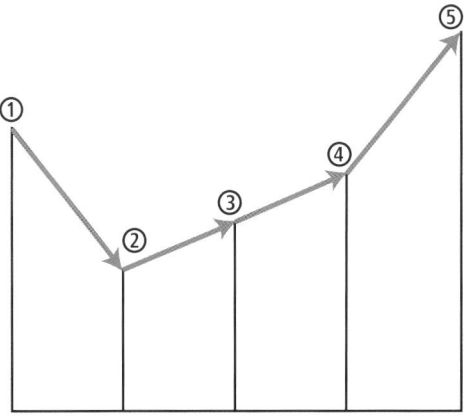

Stärkehierarchie der Argumente

Ergänzende und vertiefende Informationen zur Diskussionstechnik finden Sie im Kapitel C 5 dieses Buches.

8.3 Typische Argumentationsmuster

Mit typischen Argumentationsmustern beschäftigt sich die Rhetorik. Sie ist die Lehre von der wirkungsvollen Gestaltung der Rede.

Argumentations-typen Bereits in der antiken Rhetorik wurden verschiedene Typen von Argumenten unterschieden wie zum Beispiel:

- auf Erfahrung basierendes Argument *(Argumentum a posteriori)*,
- Argument, das sich aus rein logischen Überlegungen ergibt *(Argumentum a priori)*,
- Argument, das nicht auf die Sache, sondern auf den Menschen abzielt *(Argumentum ad personam)*,
- Argument, das sich auf glanzvolle Namen, auf so genannte Autoritäten, beruft,
- Argument, das auf die Gefühle (oft Vorurteile) der breiten Masse abzielt.

In der Alltagskommunikation trifft man heute noch auf diese Argumentationsmuster. Dabei handelt es sich nicht immer um „saubere" Argumentationsstrukturen mit logischer Verbindung zwischen Prämisse und Konklusion.

Scheinargumente Einige der Argumentationsmuster sind eher der Gruppe der „unfairen Dialektik" zuzuordnen, das heißt, es handelt sich um Scheinargumente oder gar um Unterstellungen. Für Sie ist es wichtig, diese Art von Argumentationsmustern zu kennen, um angemessen reagieren zu können.

Die folgende Übersicht enthält Beispiele für typische Muster, die häufig in Argumentationen anzutreffen sind.

Plausibilitäts-argumentation	Das Argument ist plausibel, also leicht zu verstehen, und gilt als „logisch".	„Wer sich ungesund ernährt, lebt riskant."
Lawinenargument	Es werden viele Folgen aufgezeigt, etwa so: Aus A folgt B, daraus C, daraus D, daraus E etc.	„Der erhöhte Stickstoffausstoß tötet die Bäume. Diese können keinen Sauerstoff mehr abgeben, sodass wir Menschen …"

Rationale Argumentation	Das Argument besticht durch die Logik der Prämissen, z. B. Statistiken.	„Wir ersticken im Abgas. Jeder zweite Bürger hat ein Auto mit mindestens X cm^3 und einem Jahresverbrauch von Y".
Analogieargument	Es werden „Äpfel mit Birnen verglichen".	„Die Regeln der Wirtschaft sind wie Naturgesetze. Da wir die Naturgesetze nicht ändern können, lassen sich also auch die Regeln der Wirtschaft nicht ändern."
Moralisch-ethische Argumentation	Die Argumentation stützt sich auf anerkannte Verhaltensmodelle oder ethische Grundsätze.	„Will nicht jede Mutter das Beste für ihre Kinder?"
Definitionstaktik	Entscheidende Wörter werden definiert und schaffen Klarheit bei beiden Gesprächspartnern über das Verständnis des Wortes.	„Was verstehen Sie unter dem Begriff Demokratie?" (Antwort) „Und was verstehen Sie unter Volksherrschaft?" (Antwort) etc.
Statistische Verallgemeinerung	Die Zusammenhänge eines Bereiches werden verallgemeinert.	„Die Firma X musste Insolvenz anmelden. Unternehmen dieser Art haben heute offensichtlich keine Existenzberechtigung mehr."
Scheinlogik	Ein logisches Denkschema wird falsch angewendet.	„Kahn und Ballack sind Weltklassespieler und spielen bei Bayern München. Folglich sind alle Spieler des FC Bayern weltklasse."
Brunnenvergiftungstaktik	Der Gesprächspartner wird in seiner Meinung erschüttert.	„Niemand mit normaler Intelligenz wird bezweifeln, dass …" „Herr Meier ist dreimal geschieden, wie Sie wissen. Soll er wirklich …"
Evidenztaktik	Hier entledigt man sich der Beweislast.	„Jeder weiß doch, dass …" „Es ist doch vollkommen klar …"
Bumerangtaktik bzw. Plus-Minus-Methode	Hier wird ein Einwand umgekehrt. Oder: Den Mängeln eines Argumentes werden Vorteile entgegengestellt.	„Der Gewerkschaftsbeitrag ist zu hoch." Antwort: „Das ist so gewollt, damit die Streikkassen voll sind, wenn es zum Streik kommt."
Autoritäts-Zitatentechnik	Als Prämissen werden anerkannte Persönlichkeiten zitiert.	„Schon Sigmund Freud meinte …"
Historischer Vergleich	Ein Sachverhalt der Gegenwart wird mit einer Erscheinung der Geschichte verglichen.	„Das Abendland wird untergehen wie das Römische Reich."
Vorwegnahme	Das Argument der Gegenpartei wird vorweg entkräftet.	„Ich höre schon Ihre Einwände … Es ist jedoch so, dass …"

Vertagungs-methode	Die Antwort auf eine Argumentation wird bewusst auf später verschoben.	„Auf Ihren berechtigten Einwand möchte ich gerne später näher eingehen."
Divisionstechnik	Die bekannten Nachteile eines Argumentes werden heruntergespielt, sodass sie kaum von Bedeutung erscheinen.	Ein Auto soll 30 000 Euro kosten. Der Verkäufer sagt: „Die Grundausstattung erhalten Sie schon für 20 000 Euro."
Beschuldigungs-technik	Das schlechte Gewissen des Kontrahenten wird geweckt.	„Wer die Steuern erhöht, stoppt das Wirtschaftswachstum."
„Ja, aber"-Methode	Bedingte Zustimmung mit anschließendem Hinüberführen zu den Einwänden.	„Sicherlich ist der neue Maybach sehr teuer, aber dafür bietet er einen einmaligen Komfort."
Isolierungstechnik	Wer eine andere Meinung hat, wird zum Außenseiter gemacht.	„Nur Ewiggestrige meinen, dass …"
Wiederholungs-technik	Prämisse oder Konklusion werden wiederholt.	„Ich wiederhole mich bewusst, weil es nicht oft genug erwähnt werden kann, dass …"
Entlastungsmethode	Trotz der gegensätzlichen Meinung ermöglicht man dem Gesprächspartner, sein Gesicht zu wahren. Der Partner wird entlastet.	„Ich verstehe Ihren Einwand. Sie haben es vorwiegend mit unqualifizierten Mitarbeitern zu tun. In dieser Situation heißt es …"
Entweder-oder-Methode	Es werden mit den Wörtern „entweder" und „oder" nur zwei Möglichkeiten zugelassen.	„Entweder bekennen wir in diesem Bereich Farbe, oder wir …"

Literatur

Alt, Jürgen August: *Richtig argumentieren oder wie man in Diskussionen Recht behält.* München: Beck 2000.

Anton, Karl-Heinz: *Mit List und Tücke argumentieren. Technik der boshaften Rhetorik.* 2. Aufl. Wiesbaden: Gabler 2001.

Edmüller, Andreas und Thomas Wilhelm: *Argumentieren: Sicher, treffend, überzeugend. Trainingsbuch für Beruf und Alltag.* 2. Aufl. Planegg: WRS-Verl. 2000.

Kellner, Hedwig: *Rhetorik. Hart verhandeln, erfolgreich argumentieren.* München: Hanser 2000.

Thomson, Anne: *Argumentieren – und wie man es gleich richtig macht.* Stuttgart: Klett-Cotta 2001.

9. Open Space

1983 organisierte Harrison Owen das erste internationale Groß-symposium zur Organisationsentwicklung. 250 Teilnehmer von allen Kontinenten kamen zusammen. Diese Veranstaltung hatte – wie damals üblich – einen definierten Ablauf, vorgefertigte Skripte und offizielle Redner.

Im Verlauf des Treffens wurden die Teilnehmer zunehmend passiver. Sie hatten ja keine Gelegenheit, sich aktiv einzubringen. Als Folge hiervon verlagerten sich Diskussionen und Gespräche in die Pausen.

Gespräche in den Pausen

Das war der Grund, warum Harrison Owen den nächsten Kongress ohne feststehende Programmpunkte und Ablaufplan organisierte. Lediglich das zentrale Thema sowie Anfang und Ende wurden vorgegeben. Dank dieser neuen Vorgehensweise verlief die Veranstaltung äußerst effizient und zufrieden stellend. So war das Open Space entstanden – und zwar als ein offener, inspirierender Raum für neue Ideen und eigene Initiativen.

Verzicht auf festes Programm

Open Space bedeutet eine neue Vorgehensweise von Diskussionsrunden und Kongressen unter Verzicht auf einen vorab definierten Rahmen.

9.1 Die Prinzipien des Open Space

Open Space funktioniert, wenn die folgenden Regeln eingehalten werden:

Vier Regeln

- *Wer auch immer kommt, ist der Richtige.* Jeder, der Interesse zeigt und etwas bewirken will, ist in der Arbeitsgruppe ein willkommener Teilnehmer.
- *Was auch immer passiert, es ist das Einzige, was hätte passieren können.* Owens zweites Prinzip soll die Teilnehmer auf das

Hier und Jetzt fokussieren. Das Wesentliche ist das erzielte Ergebnis unter Nichtberücksichtigung sonstiger Möglichkeiten.

■ *Wann auch immer etwas passiert, es ist der richtige Zeitpunkt.* Mit diesem Prinzip soll verhindert werden, dass zeitliche Barrieren entstehen. Teilnehmer setzen sich lockerer und entspannter mit einem Thema auseinander, wenn sie Anfang und Ende ihrer Diskussion frei wählen können.

■ *Wenn es vorbei ist, ist es vorbei.* Das vierte Prinzip sagt aus, dass eine Veranstaltung beendet werden soll, wenn keine weiteren Ergebnisse mehr zu erzielen sind. Die im Open Space nicht voll ausgeschöpfte Zeit ist anderweitig produktiver einzusetzen.

Das Gesetz der Füße

Das Beste daraus machen Neben diesen vier Prinzipien existiert noch das „Gesetz der Füße". Dieses gestattet es dem Teilnehmer, seine Füße in Bewegung zu setzen, um in eine andere Gruppe (Raum) zu wechseln, der ihm vielleicht mehr Nutzen bringt. Der Grundsatz dieses Gesetzes lautet: „Egal was passiert, sitze nicht herum und fühle dich schlecht! Du bist für deine Situation selbst verantwortlich. Mache das Beste daraus."

Dieses Gesetz der Füße ist ein entscheidendes Kriterium für den Erfolg des Open Space. Normalerweise ist der Teilnehmer durch die Tages- und Sitzordnung fest gebunden bzw. verplant. Er muss sich wohl oder übel mit seiner Situation abfinden. Im „offenen Raum" hat er aber die Wahl zwischen mehreren Möglichkeiten.

9.2 Empfehlungen für Open Space

Selbstorganisation Open Space lehnt sich an die Idee der biologischen Selbstorganisation an. Ähnlich wie biologische Systeme benötigt der Offene Raum eine „nahrhafte Umwelt", also ein Umfeld, das Stoff zur Diskussion und zum Austausch bietet.

Auch aktiv mitdiskutierende Teilnehmer sind notwendig. Sie müssen Probleme lösen und Situationen verändern wollen. Dies ist im Team eher möglich als allein. Gerade deshalb ist die Kooperationsbereitschaft der Teilnehmer eine Grundvoraussetzung der Open-Space-Praxis.

Werden die folgenden Empfehlungen beachtet, wird der Erfolg wahrscheinlich:

Wichtige Hinweise

- Jegliche Streitpunkte, die von hoher Bedeutung und Wichtigkeit sind, werden zur Sprache gebracht.
- Alle Streitpunkte sollen von den Teilnehmern, die am besten qualifiziert sind und sich in der Lage befinden, etwas zu verändern, angesprochen werden.
- In einer sehr kurzen Zeit (ein oder zwei Tage) sollten die wichtigsten Ideen, Diskussionsergebnisse, Daten, Pläne und Lösungen zwecks Umsetzung in einem umfassenden Bericht dokumentiert werden.
- Der Inhalt dieses Berichts sollte nach Prioritäten oder nach zusammenhängenden Handlungsschritten erstellt werden.

Einzelne Ergebnisse und Lösungsvorschläge, die vorwiegend in Kleingruppen erarbeitet wurden, lassen sich schneller planen und realisieren als Lösungsvorschläge und Ergebnisse aus größeren Diskussionsrunden.

Das Open Space unterliegt keinerlei Tagesordnung. Nur bei Beginn und zum Ende der Veranstaltung müssen alle Teilnehmer anwesend sein. Ein Open Space beginnt mit einer Eröffnungsrunde. Die Teilnehmer erhalten darin kurze Informationen zu Zeit und Ort sowie eine grobe Umschreibung des Themas. Der Moderator der Veranstaltung führt kurz in die Open-Space-Technik ein und erklärt die Grundprinzipien.

Eröffnungsrunde

Anschließend ist jeder aufgefordert, sich mit dem Thema auseinander zu setzen und sein Anliegen oder ein Thema, an dem gearbeitet werden soll, vorzutragen. Grundbedingung dafür ist, Verantwortung für (s)ein Thema zu übernehmen, sich mit ihm inhaltlich auseinander zu setzen und Lösungsansätze zu finden. Alle Themenvorschläge werden schriftlich fixiert und vom Moderator gesammelt. Hierzu sind geeignete Präsentationsmittel notwendig, vor allem Flipcharts und Pinnwände.

Themenvorschläge sammeln

Ergänzende und vertiefende Informationen zum Thema „Moderation" finden Sie im Kapitel C 4 dieses Buches.

Arbeit in Workshops

Nachdem alle Teilnehmer ihre Ideen und Themenwünsche vorgebracht haben, werden diese nach Themenbereichen geordnet. Die „Spacler" sind anschließend aufgefordert, sich für einen oder mehrere Themenbereiche zu entscheiden und entsprechende Workshops zu bilden. Die Idee des „offenen Raumes" ist somit ein gruppendynamischer Auslöser für die Bildung von Arbeitsgruppen.

Ergebnisse dokumentieren

Anschließend werden den jeweiligen Gruppen Arbeitsräume zugewiesen und ein grober Zeitrahmen genannt. Damit ist die Aufgabe des Moderators bereits beendet. Von diesem Zeitpunkt an sind die Teilnehmer auf sich selbst gestellt und müssen sich selbst organisieren. In den jeweiligen Gruppen werden die Schwerpunkte dann herausgearbeitet. Die Ergebnisse, Verbesserungsvorschläge, Strategien oder Lösungsansätze sind schriftlich festzuhalten und werden später wieder im Forum präsentiert.

Wechsel sind möglich

Es ist den Teilnehmern freigestellt, die Gruppe innerhalb der Veranstaltung zu wechseln, notfalls auch mehrfach. Dies geschieht im Sinne der Open-Space-Technik, und zwar auf Grundlage des bereits benannten Gesetzes der Füße. Zum Schluss jeder Veranstaltung werden die Ergebnisse in einem umfassenden Bericht zusammengefasst.

Checkliste Open Space

Um ein Open Space erfolgreich durchzuführen, sind die folgenden Fragen mit Ja zu beantworten:

☐ Ist das Thema kritisch genug, um zur Diskussion und regen Teilnahme zu inspirieren?

☐ Bietet das Thema genug Diskussionsstoff, sodass es als Ergebnis nicht nur zu einer Ansammlung von Zielen und Alternativen kommt?

☐ Ist die Einführung in das Thema interessant genug, um die Teilnehmer zu motivieren?

☐ Ist die Auswahl der Teilnehmer bezüglich Anzahl und Betroffenheit hinsichtlich des Themas richtig?

☐ Verfügen die Teilnehmer über die Bereitschaft zu eigenverantwortlichem Handeln?

☐ Sind die Teilnehmer nicht zu sehr eingeschränkt von organisatorischen Rahmenbedingungen?

☐ Sind die örtlichen Gegebenheiten groß genug, den Entfaltungswünschen der Teilnehmer gerecht zu werden?

☐ Bieten die Räumlichkeiten genügend Platz für ein voneinander unabhängiges und ungestörtes Arbeiten?

☐ Sind bewegliche Möbel vorhanden, sodass die Teilnehmer ihre Diskussionsrunden variieren können und nicht an feste Plätze gebunden sind?

☐ Sind Präsentationsmedien vorhanden wie z. B. Flipchart, Clipboard und Overheadprojektor?

☐ Kann man notfalls eine größere Wand als Präsentationsmedium zur Sammlung der Diskussionspunkte benutzen?

☐ Ist genug Zeit vorhanden, um eine realistische Bearbeitung der Diskussionspunkte mit einem zufrieden stellenden Ergebnis zu gewährleisten?

☐ Ist sichergestellt, dass alle Teilnehmer zu Beginn der Veranstaltung anwesend sind, damit ein kontinuierliches Arbeiten ohne spätere Unterbrechungen von Nachzüglern stattfinden kann?

Literatur

Maleh, Carole: *Open Space. Effektiv arbeiten mit großen Gruppen. Ein Handbuch für Anwender, Entscheider und Berater.* Weinheim: Beltz 2000.

Owen, Harrison: *Erweiterung des Möglichen. Die Entdeckung von Open Space.* Stuttgart: Klett-Cotta 2001.

Owen, Harrison. *Open Space Technology. Ein Leitfaden für die Praxis.* Stuttgart: Klett-Cotta 2001.

Petersen, Hans-Christian: *Open Space in Aktion. Kommunikation ohne Grenzen. Die neue Konferenzmethode für Klein- und Großgruppen. Ein ungewöhnlicher Weg zu besseren Ergebnissen.* Paderborn: Junfermann 2000.

10. Mediation

Im Zusammenleben und bei der Zusammenarbeit von Menschen entstehen Konflikte. Auslöser sind unterschiedliche Vorstellungen, Ideen, Interessen, Ziele, Werte, Meinungen und Erwartungen. Diese stoßen aufeinander und werden von wenigstens einer beteiligten Person als unvereinbar mit ihrem Denken oder Wollen erlebt. Emotionen wie Ärger Angst, Antipathie und Aggression entstehen. Bei großdimensionierten Konflikten hilft hier die Mediation.

10.1 Grundlagen

Der Begriff
Der Begriff „Mediation" hat seinen Ursprung in der lateinischen Vokabel „mediatio" und bedeutet so viel wie „Vermittlung in Konflikten". Es handelt sich um ein Verfahren zur Konfliktlösung, in dem ein neutraler Dritter ohne formale Entscheidungsgewalt versucht, die Streitparteien zu einigen und diesen zu einer einvernehmlichen Lösung zu verhelfen. Dabei vermeidet er die Rolle des Richters, Schiedsrichters, Ermittlers oder Therapeuten.

Vorläufer der Mediation
Dieses Vorgehen ist nicht neu. Bereits im alten China wurde Wert auf eine friedliche Beilegung von Streitereien gelegt. Eine vermittelnde Partei sollte dabei helfen. In einigen Gebieten Deutschlands gibt es schon lange die Person des „Schiedsmannes", der sich um eine außergerichtliche Einigung der Konfliktpartner bemüht.

Das Konzept der Mediation in der heutigen Form entwickelte sich in den 1960er Jahren in den USA, und zwar als Folge der Kritik an langwierigen, schwerfälligen und teuren Gerichtsverfahren. Das ebenfalls in diesem Buch vorgestellte Harvard-Konzept (siehe Kapitel C 7) gab der Mediation weitere Impulse. Auch in Deutschland etablierte sich die Mediation als eine neuartige Form der außergerichtlichen Einigung.

Gründe für eine Mediation

Konfliktparteien gehen in die Mediation, um Rechtsstreitigkeiten auszuschließen, sodass Kosten, vor allem aber Zeit gespart werden. Da die Mediation diskret verläuft, wird keine der Konfliktparteien öffentlich diskreditiert. Außerdem ermöglicht ein Mediationsverfahren, die Interessen und Beweggründe der Gegenseite kennen zu lernen. Als Folge hiervon entstehen im Mediationsprozess oft kreative Lösungen, welche die Konfliktparteien akzeptieren, weil sie gemeinschaftlich erarbeitet wurden.

Viele Vorteile

Der Mediator

Der Mediator ist eine Person, welche die Konfliktparteien nach ihren Meinungen, Befindlichkeiten und Lösungsvorschlägen befragt, Gemeinsamkeiten sucht und Zusammenfassungen versucht. Er leitet also den Einigungsprozess.

Die Suche nach dem „Schuldigen" bzw. dem im Recht oder Unrecht Stehenden gehört nicht zum Aufgabenbereich des Mediators. Er fällt auch keine Entscheidung über die „richtige" Lösung. Obwohl er unparteiisch ist, kann es aber angebracht sein, die Konfliktparteien zu unterstützen bzw. zu ermutigen, Verständnis gegenüber dem anderen aufzubringen und dessen Vorschläge abzuwägen. Neutralität bedeutet auch nicht, dass er unfairen Verhandlungspraktiken vorbehaltlos zustimmt. Die Grenze der Neutralität ist spätestens dann erreicht, wenn die Parteien eine rechtswidrige Übereinkunft treffen wollen.

Neutraler Moderator

Ein guter Mediator ist stets darauf bedacht, ein Gerichtsverfahren zu vermeiden, da dieses den Misserfolg der Mediation manifestiert. Somit tritt die Mediation in Konkurrenz zum Rechtssystem und steht unter einem gewissen Druck, wirksam zu arbeiten. Da aber etwa die Hälfte der Mediationsfälle misslingt, folgt hieraus zumeist eine sich anschließende Gerichtsverhandlung mit den üblichen Begleiterscheinungen wie Zeitverbrauch, Kosten und Ärger.

Etwa die Hälfte der Fälle misslingt

Um erfolgreich zu arbeiten, benötigt der Mediator Erfahrungen in der systemischen Gesprächsführung und Verhandlungsführung in und mit Gruppen. Das beinhaltet fundierte Kenntnisse der Moderationsmethode und des Konfliktmanagements.

Anwendungsgebiete von Mediation

Die Mediation wird breit angewendet, zum Beispiel im Sozialbereich, im Schul- und Bildungswesen, bei gerichtlichen Streitigkeiten, bei Nachbarschafts- und Umweltkonflikten, bei Erbstreitigkeiten und im Täter-Opfer-Ausgleich, bei dem der staatliche Strafanspruch zugunsten eines Ausgleichs zwischen Täter und Opfer zurücktritt.

Mediation bei Scheidung Im Rahmen von Trennungen und Ehescheidungen hat sich die Mediation fest etabliert. Es gibt zahlreiche Institutionen – zum Beispiel pro familia –, die ihre Dienste als Scheidungsmediatoren anbieten.

Mediation in der Wirtschaft Die Wirtschaftsmediation ist ein Oberbegriff für zahlreiche Spielarten, die sich auf die jeweiligen Gebiete des Wirtschaftsgeschehens spezialisiert haben. Das bedeutendste deutsche Mediationsverfahren findet gegenwärtig im Rhein-Main-Gebiet im Zusammenhang mit dem Flughafenausbau statt.

In der Wirtschaft wird die Mediation idealtypisch im Schlichtungsverfahren bei Tarifstreitigkeiten eingesetzt. Auch das vom Betriebsverfassungsgesetz vorgesehene Verfahren vor der Einigungsstelle hat Mediationscharakter. Bei Unternehmensfusionen, bei Entlassungen oder beim Outplacement kann die Mediation ebenfalls gute Dienste leisten.

Ziele der Mediation

Win-Win-Strategie An oberster Stelle steht die interessensorientierte Lösung des Konflikts. Anstatt eine Entscheidung für und damit gegen eine der Positionen zu treffen, geht es um das Erarbeiten einer Win-Win-Strategie. So bleibt die Basis für eine weitere Zusammenarbeit erhalten. Gegebenenfalls kommt es sogar zu einer Versöhnung der Parteien. Psychisch belastende Situationen werden vermieden. Die Konfliktpartner lernen den konstruktiven Umgang mit Konflikten und erweitern so ihr Repertoire kommunikativer Fähigkeiten. Schließlich wird auch die Justiz entlastet.

	Mediation	Rechtsweg	Verhandlung
Grad der Formalisierung	kaum formalisiert	juristisch formalisiert, z. B. Zivilprozessordnung	ggf. Geschäftsordnung der Organisation
Ergebnis	Suche nach Lösung bzw. Kompromiss	Klärung von Schuld (Urteil) oder Vergleich	Abstimmung, Entscheidung
Vermittler/ Entscheider	Mediator	Richter	in manchen Fällen ein Moderator
Steuerung	Selbstregulation	Fremdsteuerung	Gruppensteuerung
Freiwilligkeit	freiwillig	der Beschuldigte unfreiwillig	freiwillig und infolge von Organisationspflichten
Orientierung	an der Sache	an Gesetzen	an der Sache, an Regeln, an Problemen etc.
Herangehensweise	Problemausweitung	Problembegrenzung	Problemlösung

10.2 Die acht Phasen des Mediationsprozesses

Der Mediationsprozess kann nur dann gelingen, wenn folgende fünf Grundprinzipien der Mediation eingehalten werden:

Fünf Grundprinzipien

1. Die Teilnahme an dem Verfahren ist freiwillig.
2. Der Mediator verhält sich neutral.
3. Er ist für die Prozessführung zuständig.
4. Die Lösung des Konfliktes bestimmen allein die Parteien.
5. Das Verfahren ist vertraulich.

Das Mediationsverfahren lässt sich in verschiedene Phasen mit jeweils unterschiedlichen Schwerpunkten und Zielen gliedern. Spezielle Techniken und Instrumente der Mediation werden in jeder der acht Phasen individuell auf die sich darbietende Konfliktsituation angewandt.

Manche Stadien können sich mehrfach wiederholen oder auch überschneiden. In der Praxis wird wohl keine Phase in reiner Form auftreten.

Keine Reinform

229

1. Phase: Klärungen

Zu klären ist

- die Auswahl des Mediators,
- die Zusammensetzung der Mediationsrunde,
- die Honorarhöhe und
- der zeitliche Ablauf.

Basis schaffen Aus der Perspektive des Mediators geht es darum, alle Informationen von den Klienten zu erhalten, die er für eine professionelle Mediation benötigt.

2. Phase: Einführung durch den Mediator

Vereinbarungen treffen Nach einer Vorstellungsrunde erklärt der Mediator Zweck, Inhalt, Regeln, Ablauf und den „Geist" der Mediation. Er vereinbart mit den Partnern die Grundlagen fairen Verhandelns, zum Beispiel die Bereitschaft, gegenseitig zu zuhören und für Lösungsvorschläge offen zu sein. Der Mediator spricht über seine Rolle und stellt den Grundsatz seiner Unparteilichkeit und der Vertraulichkeit heraus.

3. Phase: Darstellung der Parteien

Keine Unterbrechung In diesem Schritt werden die Parteien aufgefordert, ihre Sicht der Dinge darzustellen. Jede Partei erhält Gelegenheit, sich ohne Unterbrechung durch die Gegenseite oder des Mediators auszusprechen. Damit bekommt jede Seite – vielleicht zum ersten Mal – die Möglichkeit, der anderen Seite ihren Standpunkt mit eigenen Worten zu erläutern.

4. Phase: Informationssammlung

Die Parteien müssen bereit sein, alle notwendigen Daten vollständig offen zu legen. Um die Informationen auch komplett erfassen zu können, haben Mediatoren in der Regel Fragebögen entworfen, die sie den Parteien vorlegen.

5. Phase: Streitfragen identifizieren

Interessen erkennen Nach einem intensiven Informationsaustausch kann der Mediator damit beginnen, die Streitpunkte zu identifizieren. Manche Streitfragen mögen während der Informationsphase noch nicht direkt benannt worden sein. Daher ist der Mediator gleichzeitig bestrebt, die zugrunde liegenden Interessen der Parteien zu erkennen.

6. Phase: Optionen entwickeln

Nachdem Informationen ausgetauscht, gemeinsame und kontroverse Interessen offen gelegt und Streitfragen identifiziert sind, beginnt das Nachdenken über Lösungsmöglichkeiten. Die Parteien werden ermutigt, sich von ihren Positionen zu lösen und sich Alternativen zu öffnen.

Lösungen finden

Verschiedene Techniken wie zum Beispiel Brainstorming können diesen Prozess unterstützen. Wenn Emotionen, Positionsdenken oder Machtungleichgewicht ein Fortkommen behindern, sind separate Sitzungen mit den Klienten zu vereinbaren.

7. Phase: Verhandeln und Aushandeln

Liegen Lösungsvorschläge auf dem Tisch, dann beginnt das eigentliche Verhandeln mit dem Ziel einer Vereinbarung. Der Mediator wird nach Gemeinsamkeiten suchen und auf Lösungsmöglichkeiten aufmerksam machen, bei denen beide Parteien profitieren. Gleichzeitig werden die Optionen auf ihre Umsetzbarkeit hin geprüft und geklärt, ob sie mit den Interessen jeder Partei in Einklang stehen.

Optionen schaffen und prüfen

8. Phase: Vereinbarung treffen

Wenn sich die Parteien in mehreren oder allen Punkten einig sind, entwirft der Mediator eine schriftliche Vereinbarung. Dieses Schlussdokument wird dann vom Mediator und den Parteien unterzeichnet. Bei Bedarf werden Termine für das Mediationscontrolling und Folgeverhandlungen vereinbart.

Schriftliche Einigung

In den meisten Fällen geht es den Klienten nicht um die Mediation selbst, sondern nur um die außergerichtliche Konfliktlösung. Es kommt ihnen allein auf das Ergebnis und nicht auf genaue Regeln und Techniken dieses Verfahrens an. Man kann eine Parallele zur gerichtlichen Konfliktlösung ziehen, denn dort interessieren den Mandanten lediglich das Ergebnis und die Kosten und nicht die einzelnen Vorschriften der Prozessordnung.

10.3 Das Harvard-Konzept als Mediationsvariante

Vier Grundgedanken

Das Harvard-Konzept eignet sich gut für Mediationszwecke. Ihm liegen diese Grundgedanken zugrunde:

1. *Menschen und Probleme sind getrennt voneinander zu betrachten und zu behandeln.* Wenn zuvor die Gefühls- und Beziehungsaspekte bedacht und berücksichtigt werden, lässt sich besser miteinander verhandeln. Die Verhandlungspartner bringen so mehr Verständnis füreinander auf.

2. *Nicht Positionen, sondern Interessen sind in den Mittelpunkt der Verhandlung zu stellen.* Hieraus folgt, dass die Partner auf ein apodiktisches „Ich will" verzichten und erklären, *warum* sie was wollen. Persönliche Wertschätzungen, Wünsche und Ziele sollen den Verhandlungspartnern mitgeteilt werden. Damit ist ein wichtiger Schritt in Richtung einer Win-Win-Lösung getan.

3. *Vor einer Entscheidung sollen mehrere Wahlmöglichkeiten entwickelt werden.* Zunächst sind alle Interessen offen zu legen, auch solche, die absonderlich erscheinen. Das ermöglicht den Parteien, jene Lösungsansätze auszuwählen, die ihnen am ehesten zusagen bzw. den eigenen Interessen entgegenkommen.

4. *Das Ergebnis soll auf objektiven Entscheidungsprinzipien beruhen.* Nicht die Lösung der Partei mit der größten Verhandlungsmacht ist zu wählen, sondern jene, welche mehrere Interessen befriedigt.

Ergänzende und vertiefende Informationen zum Harvard-Konzept finden Sie im Kapitel C 7 dieses Buches.

Literatur

Budde, Andrea: *Mediation im Betrieb.* Frankfurt/M.: Bund-Verlag 2003.

Dulabaum, Nina L.: *Mediation – Das ABC. Die Kunst, in Konflikten erfolgreich zu vermitteln.* 4., neu ausgestattete Aufl. Weinheim: Beltz 2003.

Eidenmüller, Horst, Christian Duve und Andreas Hacke: *Mediation in der Wirtschaft. Wege zum professionellen Konfliktmanagement.* Köln: O. Schmidt; Frankfurt/M.: Frankfurter Allgemeine Buch 2003.

Wittschier, Bernd M.: *30 Minuten für die erfolgreiche Mediation im Unternehmen.* Offenbach: GABAL 2002.

11. Wirkungsvoll schreiben

Der Stil ist die Visitenkarte Ihrer Persönlichkeit. Als Arbeitnehmer oder Student werden Sie sich nicht ungepflegt in das Büro oder in den Hörsaal setzen. Das fiele unangenehm auf. Genauso wenig dürfen Sie das Äußere Ihrer Gedanken – also die Sprache – vernachlässigen. Das fiele auch auf, und zwar unangenehmer als mancher glaubt.

Sprache offenbart unser Wesen
Was wir schreiben, lässt ein Stück unseres Wesens erkennen. Ein treffendes Beispiel ist der Stil, der immer wieder bei Menschen anzutreffen ist, die technische Berufe ausüben.

Beispiel

Beispiel: Technischer Schreibstil

„Die Betätigung des im Vorstehenden erwähnten Mechanismus wird dadurch bewerkstelligt, dass derselbe durch eine Feder, welche vermittels eines Gewichts in Spannung gehalten wird, in Bewegung gesetzt und mit Hilfe eines Hebels, welcher eine Länge von zehn Zentimetern, die sehr eingehalten werden muss, besitzt, seine Regulierung erhält …"

Dieses Satz-Ungeheuer stammt aus der Feder eines Ingenieurs und ist in einer Fachzeitschrift erschienen. Sie brachte den Satz nicht etwa als Beispiel einer groben Misshandlung der deutschen Sprache, sondern innerhalb eines technischen Fachberichtes.

Keine „Substantivitis"
Es ist kein Zufall, dass ein Ingenieur für das genannte Zitat verantwortlich ist. In Untersuchungen wurde herausgefunden, dass stilistische Misshandlungen der Schriftsprache oft von Technikern, Ingenieuren und Konstrukteuren begangen werden. Deren wissenschaftliche und technisch-begriffliche Denkweise lässt das Substantiv in den Vordergrund treten. Der vermehrte Gebrauch von Substantiven schließt den Effekt sprachlicher Schönheit zwar nicht von vornherein aus – nur darf der Gebrauch kein Missbrauch sein, sonst droht die Gefahr der „Substantivitis".

11.1 Die Vorbereitungen

Wie jede andere Arbeit, so beginnt auch das Schreiben mit der Vorbereitung. Dazu gehört vor allem das Nachdenken.

Denken und Sprache bilden eine Einheit. Somit kann man sagen, dass ein schlechter Stil vor allem auch die Trägheit des Schreibers beim Denken verrät. „Erst denken sie nicht, und dann drücken sie's schlecht aus", glossierte es Kurt Tucholsky.

Schlechter Stil durch träges Denken

Ein gutes Schreibwerk muss ebenso sorgfältig geplant und konstruiert sein wie ein Hausbau.

Der Philosoph Arthur Schopenhauer, der sich auch mit der Kunst des Schreibens beschäftigte, hat einen der häufigsten Schreibfehler einmal so beschrieben: „Wenige schreiben wie ein Architekt baut, der zuvor seinen Plan entworfen und bis ins Einzelne durchdacht hat, vielmehr die meisten nur so, wie man Domino spielt. Kaum, dass sie ungefähr wissen, welche Gestalt im Ganzen herauskommen wird und worauf das alles hinaus will. Viele wissen selbst dies nicht, sondern schreiben, wie die Korallenpolypen bauen. Periode fügt sich an Periode, und es geht, wohin Gott will."

Schreiben wie ein Architekt baut

Beginnen Sie keinesfalls sofort mit dem Niederschreiben. Diese Tätigkeit sollten Sie so lange wie möglich hinauszögern. Die geistige Vorbereitung und Materialsammlung sind ebenso wichtig wie das eigentliche Niederschreiben. Dieses ist oft nur die Schlusshandlung.

Zur Vorbereitung gehört auch, dass Sie Ihrem Unterbewusstsein Gelegenheit geben, sich mit dem zu beschreibenden Stoff zu befassen. Es bemächtigt sich fast unausgesetzt des Stoffes, den Sie Ihrem Verstand zuführen, ohne dass Sie es wissen und wollen, und es schickt Ihnen Ergebnisse in den bewusst arbeitenden Verstand, wenn Sie diese gar nicht erwartet haben. Sie registrieren diese Ergebnisse dann als Einfälle, Ideen und Geistesblitze.

Unterbewusstsein einbinden

Notizen machen Um bereits durchdachten oder spontan entstandenen Stoff zu speichern, sollten Sie sich Notizen machen. Zweckmäßigerweise benutzen Sie dazu ein in der Mitte gefaltetes Blatt Papier. Auf die linke Seite kommen die Grundgedanken, die Gliederung. Nach rechts gehören spätere Einfälle, Berichtigungen und Literaturhinweise.

11.2 Methoden zum Strukturieren eines Textes

Wenn Sie genug Material gesammelt und durchdacht haben und auch Ihr unterbewusstes Ich Gelegenheit hatte, daran zu arbeiten, spüren Sie, dass Ihr Stoff schreibreif geworden ist. Wie nun weiter? Gibt es bestimmte Punkte, die jedes gute Schriftstück enthalten muss?

Die Hey-You-See-So-Methode
US-amerikanische Forscher und Praktiker haben die Befähigung zum wirkungsvollen Schreiben psychologisch untersucht. Ihr Ergebnis lässt sich in vier einprägsamen englischen Wörtern ausdrücken: *Hey-You-See-So.*

Aufmerksamkeit schaffen *„Hey"* bedeutet auf Deutsch etwa „Hallo" und wird als Aufmerksamkeitswecker eingesetzt. Ihr Schriftstück muss etwas enthalten, das den Leser anruft, seine Aufmerksamkeit erregt, ihm gleichsam zuruft: „Achtung, aufgepasst!"

Die Überschrift eignet sich als ein solcher „Paukenschlag". Beginnen Sie das Niederschreiben eines Schriftstücks aber nie mit der Überschrift oder dem Titel. Diese ergeben sich oft viel prägnanter aus dem geschriebenen Text. Fürs Erste reicht ein Arbeitstitel, der dann später durch den endgültigen Titel ersetzt wird. Dieser allerdings sollte so gewählt sein, dass Ihr Leser mit einem Blick erkennen kann, was ihn erwartet. Andererseits sollte eine gewisse Spannung, die Erwartung von etwas Geheimnisvollem in der Überschrift bestehen bleiben.

Einen geübten Schreiber erkennt man oft am ersten Satz – egal, ob es sich um einen Brief, ein Buch oder um einen Artikel handelt. Mit den ersten Sätzen steht und fällt das ganze Schriftstück. Darum sollte er mit Rhythmus und Inhalt das Leseinteresse wecken. Zudem ist es sinnvoll, mit konkreten und farbigen Begriffen zu formulieren und abstrakte Ausdrücke zu vermeiden.

„*You*" soll dem Leser sagen, warum gerade für ihn die betreffende Sache von großer Wichtigkeit ist, etwa nach dem Motto: „Du bist gemeint! Dich geht es an!"

Den Leser ansprechen

Das Wörtchen „*See*" bedeutet „sieh". Jetzt kommt das, was Sie dem Angesprochenen eigentlich sagen, erklären oder berichten wollen. Hierbei handelt es sich um den Hauptteil. Er muss sinnvoll gegliedert sein. Fassen Sie Gedanken zusammen, indem Sie Absätze bilden.

Das Anliegen äußern

Zum Abschluss rufen Sie dem Leser das Wort „*So*" zu: „Also, nachdem ich dir dieses mitgeteilt habe, wirst du wohl einsehen, dass aus dem Niedergeschriebenen jenes folgt." Hierbei handelt es sich um die Zusammenfassung, eine Mahnung oder Bekräftigung.

Schlussfolgerung aufzeigen

Die AIDA-Methode

Die *AIDA-Methode* ähnelt der Hey-You-See-So-Methode. Die Buchstaben stehen für:

A – Achtung, Aufmerksamkeit gewinnen
I – Interesse wecken
D – Desire (Wünsche) wecken, Drang erzeugen
A – Appell bzw. Action (eine Handlung auslösen)

Die AIDA-Formel ist besonders im Marketing weit verbreitet.

11.3 Auf die Feinheiten achten

Soll man schreiben, wie man spricht? Den Unterschied zwischen dem Geschriebenen und dem Gesagten hat Goethe einmal so auf den Punkt gebracht: „Was man mündlich ausspricht, muss der Gegenwart, dem Augenblick gewidmet sein. Was man schreibt, widmet man der Ferne, der Folge."

Gegenwart versus Ferne

Adressatenbezogen schreiben

Leser vor Augen haben

Fragen Sie sich: „Für wen schreibe ich das?" Versuchen Sie, sich eine Vorstellung, ein Bild von Ihren Lesern zu machen. Sie sollten sich die Menschen, die Sie ansprechen wollen, genau ansehen, sie beobachten, sich mit ihnen gedanklich auseinander setzen.

Anschaulich vergleichen

So bildhaft, wie Sie sich Ihren Leser vorstellen, sollten Sie auch schreiben. Es beleidigt Ihre Leser, wenn Sie ihnen fantasielose Hausmannskost servieren, obwohl sie eigentlich ein delikates, kunstvolles Gericht erwarten. Legen Sie Nuancen, Feinheiten in Ihre Ausdrücke hinein, die das, was Sie sagen wollen, noch deutlicher ausdrücken. Verwenden Sie anschauliche Vergleiche. Das gilt insbesondere, wenn Sie über wissenschaftliche und technische Sachverhalte schreiben.

Aktiver Wortschatz

Der zentrale Wortschatz der deutschen Sprache umfasst etwa 70 000 Wörter. Einen großen Teil davon machen Verben aus. Es herrscht also kein Mangel. Trotzdem kommt der aktive Wortschatz mancher Mitbürger über ein paar hundert Begriffe nicht hinaus.

Fragen Sie sich: „Wie klein ist mein aktiver Wortschatz?" Versuchen Sie, ihn gezielt anzureichern. Ein großer Wortschatz ist die Grundlage für guten Stil. Ein guter Stil bezeugt Gedankenreichtum, lässt erkennen, dass Sie in der Lage sind, ein Thema zu ergründen. Vermeiden Sie vor allem blutleere und blasse Ausdrücke.

Wenn Sie einen Sachverhalt einfach, treffend und logisch mit eigenen Worten formulieren, beweisen Sie damit zugleich, dass Sie den Inhalt beherrschen, denn gut geschrieben ist gut gedacht.

Präzise formulieren

Wortarmut führt zu einer vagen Ausdrucksweise. Statt des treffenden Wortes werden dann vieldeutige „Schwammworte" verwendet, die alles und nichts sagen. Nehmen wir ein Beispiel aus dem Alltag. Jemand sagt, ein Buch sei „gut". Dieses Klischee lässt vieles offen. War das Buch spannend, erregend, unterhaltend, humorvoll oder satirisch? Ähnliches gilt für das Modewort „Problem", das heute in den ungewöhnlichsten Zusammenhängen auftaucht und geradezu ein Exempel für Wortarmut und Gedankenlosigkeit geworden ist.

Wenn sich Ihr Schreibwerk an andere richtet, sollten Sie sich um Eindeutigkeit, Unverwechselbarkeit und begriffliche Schärfe bemühen. Das, was Sie schreiben, muss mit dem Gemeinten übereinstimmen. Guter Stil braucht keine Erläuterungen. Er ist Verständigung ohne Umweg und ohne Zeitverlust.

Guter Stil

Der einfache Satz braucht nicht mit Satzgliedern „gestreckt" werden. Die Texte Hemingways sind ein gutes Beispiel dafür, wie man mit kurzen und unkomplizierten Sätzen sogar Weltliteratur schaffen kann.

Aktiv statt passiv formulieren

Vermeiden Sie beim Satzbau zeitintensive Umweg-Formulierungen. Wenn Sie schreiben: „Es ist eine allgemein bekannte und von niemandem bestrittene Tatsache, dass …", dann haben Sie schon mehr als eine Zeile geschrieben, bevor überhaupt etwas zum Thema gesagt wird. Ähnliches gilt für das beliebte Passiv. Schreiben Sie: „Es wurde vom Verfasser vorliegenden Berichts die Beobachtung gemacht …", so ist das fünfmal so lang wie der schlichte Sachverhalt: „Ich beobachtete …" Dasselbe gilt für die so genannten „Streckformulierungen": „Zur Erledigung bringen" heißt nichts anderes als „erledigen".

Umwege vermeiden

Was sich mit einem Wort sagen lässt, dafür sollte man nicht zwei verschwenden. Wird ein Gedanke kurz, einfach und – wenn möglich – anschaulich ausgedrückt, wirkt er nicht schwächer, sondern im Gegenteil stärker. Sprachliche Umwege kosten das, was Sie am wenigsten haben: Zeit! Verwenden Sie keine Füllwörter. Meiden Sie abgenutzte Verben wie „betätigen" und „bewerkstelligen". Auch Begriffe mit „-ung" machen einen Text oft holpriger, als es sein muss.

Kurz, einfach und anschaulich

Wenn Sie Ihre Texte mit Microsoft Word schreiben, dann sollten Sie die Möglichkeit zur Stilanalyse nutzen. Sie können sich dort anzeigen lassen, wie lang Ihre Sätze im Durchschnitt sind und wie gut es infolgedessen mit der Lesbarkeit bestellt ist. Sie finden diese Funktion auf der Menüleiste unter *Extras* und dann weiter unter *Rechtschreibung.*

Literatur

Brande, Dorothea: *Schriftsteller werden. Der Klassiker über das Schreiben und die Entwicklung zum Schriftsteller.* Berlin: Autorenhaus-Verl. 2002.

Förster, Hans-Peter: *Texten wie ein Profi. Ein Buch für Einsteiger, Könner und solche, die den Kopf hinhalten müssen.* Frankfurt/M.: F.A.Z.-Institut für Management-, Markt- und Medieninformationen 2003.

Gesing, Fritz: *Kreativ schreiben. Handwerk und Techniken des Erzählens.* Köln: DuMont 2002.

Schopenhauer, Arthur (hg. von Ludger Lütkehaus): *Über Schriftstellerei und Stil.* Berlin: Alexander-Verl. 2003.

12. Empfänger-orientiert korrespondieren

Die Informationslawine rollt. Wir werden mit Briefen, Rund-schreiben und Berichten zugeschüttet. „Lest schneller", fordern die einen und wollen das Problem auf den Empfänger abwälzen. „Schreibt kürzer", sagen die anderen und fordern einen neuen Korrespondenzstil. Dieser muss Form und Inhalt in das rechte Verhältnis bringen, das Entbehrliche weglassen und das Notwendige richtig verpacken.

Kürzer schreiben

> Der empfängerwirksame Korrespondenzstil ist knapp und präzise.

Es ist einfacher, sich lang und umständlich auszudrücken, als kurz und knapp. Die Mühe liegt im geistigen Arbeiten, denn der Schreiber muss vorher denken, und zwar

Das muss bedacht werden

- an den Empfänger,
- an das Ziel,
- an das Notwendige und
- an die Reihenfolge.

Nur wenn der Schreiber sich diese Mühe macht, haben Mitteilungen noch eine Chance, gelesen und verstanden zu werden. Die Frage lautet nicht: „Was soll ich schreiben?", sondern „Was soll der Empfänger lesen?" Jeder Ihrer Briefe ist ein Werbebrief. Es liegt an Ihnen, ob er für oder gegen Sie wirbt. Er wirbt für Sie, wenn Sie die folgenden zehn Regeln anwenden.

Jeder Brief wirbt

12.1 Regel Nr. 1: Schreiben Sie in kurzen Sätzen

Die Faustregel lautet: Alle zwei Zeilen ein Punkt, kein Satz mit mehr als 20 Wörtern. Gedächtnisforscher haben herausgefunden, dass das Ultra-Kurzzeitgedächtnis nur sieben bis zehn Einheiten speichert. Lange Sätze behindern die Informationsaufnahme. Der Leser könnte den Anfang des Satzes schon vergessen haben, wenn er beim Punkt angelangt ist. Punkte bilden Ruhepausen. Sie helfen den Inhalt besser zu verarbeiten und im Gedächtnis zu speichern.

Beispiel

Beispiel: Satzlänge und Verständlichkeit

Schlecht: „Von Bedeutung für diesen Trend waren unter anderem die anhaltende Diskussion im Jahr 2004 über die Einführung der Puddingsteuer, eine restriktivere Geldpolitik der Europäischen Zentralbank und die teilweise gewaltigen Kapitalbewegungen im ersten Halbjahr 2004 im benachbarten Ausland." (37 Wörter in einem Satz über vier Zeilen)

Besser: „Drei Faktoren bestimmten den Trend: Die Diskussion über die Puddingsteuer hielt 2004 an. Die Europäische Zentralbank verhielt sich restriktiv. Die Kapitalbewegungen im benachbarten Ausland waren im ersten Halbjahr 2004 teilweise gewaltig." (31 Wörter in vier Sätzen)

12.2 Regel Nr. 2: Setzen Sie Tätigkeitswörter (Verben) ein

Hauptwörter meiden

Vermeiden Sie den gehäuften Gebrauch von Hauptwörtern (Substantiven bzw. Nomen). Hauptwörter wirken statisch. Deshalb heißen sie auch Dingwörter, obwohl sie oftmals gar keine Dinge bezeichnen, sondern Vorgänge.

Der Gegensatz zur Statik ist die Dynamik. Dynamik hält die Vorstellung lebendig und den Lesefluss in Gang. Verben sind anschaulicher als Substantive. Werbetexter wissen das. Achten Sie auf Werbesprüche. Dort werden Hauptwörter meistens vermieden.

Beispiel

Beispiel: Wortarten und Lesefluss

Schlecht: „In der Hoffnung, dass dieses Schreiben Ihnen eine Hilfe für die Kundenberatung gegeben hat …"

Besser: „Wir hoffen, dass Ihnen diese Informationen dabei helfen, Ihre Kunden erfolgreich zu beraten …"

12.3 Regel Nr. 3: Meiden Sie „Hauptwortzusammensetzungen"

Kaum eine andere Sprache der Welt verfügt über die Möglichkeit, nahezu beliebig viele Hauptwörter aneinander zu reihen. Zwar entstehen so neue Begriffe, aber diese werden schnell unüberschaubar. Sie kennen das Beispiel: Donaudampfschifffahrtkapitänswitwenrentenausweispapiere.

Sie merken, wie schwer es ist, genau festzustellen, worum es eigentlich geht. Das Grundwort folgt nämlich erst ganz am Ende. Vermeiden Sie daher zusammengesetzte Hauptwörter mit mehr als drei Gliedern.

Nie mehr als drei Glieder

Besonders die Kreditwirtschaft formt aus den vielen Fachbegriffen dieser Branche neue zusammengesetzte Wörter.

Zusammengesetztes Wort	Auflösung
Auszahlplanangebot	Angebot für einen Auszahlplan
Laufzeitsteuerungseffekte	Effekte zur Steuerung der Laufzeit
Vermögensaufbaukunden	Kunden, die Vermögen aufbauen
Devisenkurssicherungsgeschäfte	Geschäfte zur Sicherung des Devisenkurses
Mittelverwendungskontrolle	Kontrolle zur Mittelverwendung

Zusammensetzungen auflösen

Häufig treten gleich mehrere solcher Wortungetüme in einem Satz auf: „Die von offenen Immobilienfonds durchgeführten üblichen Umbauerweiterungs- und Modernisierungsmaßnahmen aufgrund sich verändernder Marktbedingungen, Verbrauchergewohnheiten oder Arbeitsbedingungen (letztere vor allem im Bereich der Bürokommunikation) sind bei geschlossenen Immobilienfonds nicht nur aufgrund der festgelegten Mieterstruktur, sondern auch wegen fehlender Liquiditätsausstattung und Nachschusspflicht nicht üblich."

Dieser eine Satz besteht aus 42 Wörtern, wobei elf davon zusammengesetzt sind. Vermeiden Sie das Formulieren solcher Sätze.

12.4 Regel Nr. 4: Gehen Sie im ersten Satz positiv auf den Adressaten ein

Gute Nachrichten motivieren

Was motiviert Menschen für ihre Arbeit? Motivationspsychologische Untersuchungen zeigen, dass es den Menschen immer auch um sie selber geht. Alle freuen sich über gute Nachrichten, die sie selbst betreffen. Solche Mitteilungen können ungemein motivieren.

Der erste Satz im Brief entscheidet. Sagen Sie etwas Positives. Das ist oft nur eine Frage der Formulierung.

Beispiel

Beispiel: Positiv formulieren

Schlecht: „Vielen Dank für Ihr Schreiben, welches hier am 15. April eingegangen ist. Ihr Depot weist per 30. April 2004 ein Anteilsvermögen von 75 000 Euro aus. Ihre Einzahlungen von insgesamt 50 000 Euro haben somit unter Berücksichtigung unserer internen Ausschüttung eine Wertsteigerung von 25 000 Euro beziehungsweise 50 Prozent ergeben."

Besser: „Wir freuen uns, auf Ihr Schreiben mit einem guten Ergebnis antworten zu können. Ihr Depot weist per … "

12.5 Regel Nr. 5: Setzen Sie den Sie-Stil ein

Wir-Stil vermeiden

Kommunikations- und Motivationspsychologie sind sich einig: Jeder Mensch hört lieber etwas über sich selbst als über irgendwelche Sachverhalte. Jeder will persönlich angesprochen sein. Es ist zugleich ein Akt der Höflichkeit, nicht dauernd von sich selbst zu sprechen. Vermeiden Sie deshalb den Wir-Stil.

Eine Möglichkeit, sich dem anderen zuzuwenden, ist das Nennen seines Namens. Sie kennen das zum Beispiel von geschickten Politikern bei Interviews. Wir erhalten besondere Aufmerksamkeit von denen, die wir mit Namen anreden. Die Formulierung im Sie-Stil macht sich diese Erkenntnis zunutze.

Beispiel

Beispiel: Den Empfänger ansprechen

Schlecht: „Wir legen diesem Schreiben unseren Auszahlplan bei."

Besser: „Mit diesem Brief erhalten Sie Ihren Auszahlplan."

12.6 Regel Nr. 6: Gliedern und ordnen Sie Zahlen und Daten übersichtlich

Die Informationsdichte ist bei komplexen Sachverhalten oft sehr hoch. Da es ein Zahlengedächtnis und ein Wörtergedächtnis gibt, sollten beide Bereiche in Briefen und Berichten nicht übermäßig vermischt werden. Ihr Text wird anschaulicher, wenn Sie beide Bereiche trennen.

Besonders die Mischung unterschiedlicher Zahlentypen wie Daten, Prozentzahlen, Zeitraumangaben und Wechselkurse kann das ordnende Gehirn überfordern. Häufungen von Zahlen sollten Sie deshalb möglichst vermeiden.

Keine Häufungen

Beispiel: Zahlen und Begriffe trennen

Beispiel

Schlecht: „Am 5. Oktober lag die Umlaufrendite öffentlicher Anleihen in der BRD noch bei 7,18 Prozent. Inzwischen beträgt die Umlaufrendite 9,15 Prozent. In den USA entwickelte sich eine zehnjährige Treasury von 7,76 Prozent am 20. Dezember auf 8,63 Prozent am 20. Februar. Seit Herbst bildete sich der US-Dollar von 1,02 Euro auf 0,96 Euro zurück."

Besser: „Die Kennzahlen entwickelten sich wie folgt:
- Steigerung der Umlaufrendite öffentlicher Anleihen von 7,18 auf 9,15 Prozent von Oktober bis heute.
- Steigerung einer zehnjährigen Treasury in den USA von 7,76 auf 8,63 Prozent von Dezember bis heute.
- Rückbildung des US-Dollars von 1,02 Euro auf 0,96 Euro von Herbst bis heute."

12.7 Regel Nr. 7: Steigern Sie die Anschaulichkeit Ihrer Aussagen

Behalten und Lernen sind anstrengende geistige Operationen. Je übersichtlicher, einleuchtender und anschaulicher die Argumente dargestellt sind, desto besser kann sie sich der Leser einprägen.

Argumente übersichtlich darstellen

Das Heraussuchen und Ordnen von Gründen und Argumenten ist eine Arbeit, die Sie Ihrem Adressaten abnehmen sollten. Der Adressat wird Ihnen für Ihre strukturierende und veranschaulichende Hilfe dankbar sein.

Mit einem Blick erfassbar Werden unterschiedliche Aussagen einfach unstrukturiert aneinander gereiht, wird der Absatz unübersichtlich. Deutlich lesefreundlicher ist es, die Aussagen so zu gliedern, dass sie mit einem Blick zu erfassen sind.

Beispiel: Aussagen übersichtlich darstellen

Schlecht: „Bitte sagen Sie Ihrem Kunden auch, dass er sich mit einem Depot in keiner Weise vertraglich verpflichtet. Ein Depot ist sehr variabel. Die Auszahlungen können jederzeit kostenfrei eingestellt oder die Zahlungshöhe geändert werden. Selbstverständlich kann ein Auszahlplan auch kurz- oder längerfristig ruhen. Weitere Einzahlungen oder Teilverkaufsaufträge können jederzeit vorgenommen werden. Eine Kündigungsfrist ist nicht zu beachten."

Besser: „Folgende Vorteile bietet das Depot dem Kunden:
– keinerlei vertragliche Verpflichtung,
– tägliche Kündigungsfrist,
– große Variabilität,
– Einzahlungen und Teilverkaufsaufträge jederzeit kostenfrei,
– Änderung der Auszahlungshöhe jederzeit kostenfrei,
– Möglichkeit, den Auszahlplan ruhen zu lassen."

12.8 Regel Nr. 8: Formulieren Sie mit Aktiv-Konstruktionen

Passiv wirkt umständlich Vermeiden Sie häufige Passiv-Konstruktionen. Sie wirken umständlich und schwerfällig.

Passiv-Konstruktionen bieten zwar sprachlich die Möglichkeit nicht zu sagen, wer etwas tut oder veranlasst. Wer nicht weiß, wer der Täter ist, sagt: „Die Scheibe wurde eingeschlagen". Bei Briefen gilt es aber, sich dem Adressaten zuzuwenden und den Verursacher zu nennen.

Beispiel: Den Adressaten aktiv einbinden

Schlecht: „Unsere Gesellschaft wurde von Ihnen beauftragt, … "
Subjekt bzw. Gegenstand des Satzes ist hier „Unsere Gesellschaft", bedingt durch das Passiv. Damit er sich besser angesprochen fühlt, sollte aber der Adressat Subjekt des Satzes sein.

Besser: „Sie beauftragten uns, … "

12.9 Regel Nr. 9: Drücken Sie sich knapp und präzise aus

Die Menschen in den Industrienationen sind durch Informationsüberfluss bedroht. Sie werden ununterbrochen mit vielerlei Informationen gefüttert. Wir können längst nicht alles wahrnehmen und speichern.

Bevor jemand entscheiden kann, ob eine Mitteilung für ihn wichtig oder nutzlos ist, muss er sie zunächst zur Kenntnis nehmen. Das kostet Zeit und Kraft. Produzieren Sie beim Schreiben daher keinen Wortmüll.

Kein Wortmüll

Durch Unterbrechung beim Diktieren, durch Unaufmerksamkeit oder durch den unkonzentrierten Einsatz von Textbausteinen können störende Wiederholungen und Aufblähungen entstehen. Vermeiden Sie dies ebenso wie nichts sagende Zusätze.

Beispiel

Beispiel: Formulierungen straffen
Schlecht: „Wir beziehen uns auf Ihr Schreiben vom … und danken für Ihre Informationen."

Besser: „Herzlichen Dank für Ihr Schreiben vom …"

12.10 Regel Nr. 10: Aktivieren Sie im Schlusssatz den Empfänger

Kommunikationsforscher betonen die Wichtigkeit des Schlusses. Der Schluss soll eine Handlung auslösen, den Leser aktivieren.

Vermeiden Sie daher Floskeln. Damit der Schlusssatz im Gedächtnis bleibt, setzen Sie in Ihren Schlusssatz einen Akzent mit einer Frage oder Aufforderung.

Akzent setzen

Beispiel

Beispiel: Den Schluss zur Aktivierung nutzen
Schlecht: „Weitere Auskünfte geben wir Ihnen gerne."
Der Satz wirkt als Schlusssatz floskelhaft und unvermittelt. Warum geben Sie die weiteren Informationen nicht gleich?

Besser: „Bitte wenden Sie sich gern wieder an uns, wenn Sie weitere Fragen haben."

Literatur

Dudenredaktion: *Briefe gut und richtig schreiben! Ratgeber für richtiges und modernes Schreiben von deutschen und englischen Geschäfts- und Privatbriefen sowie E-Mails, Gratulationen und Beileidsschreiben, Bewerbungen, Lebensläufen und Protokollen.* 3., überarb. und erw. Aufl. Mannheim: Dudenverlag 2002.

Dudenredaktion: *Briefe schreiben leicht gemacht. Der Ratgeber zum Verfassen von Geschäfts- und Privatbriefen sowie E-Mails. Mit vielen Anleitungen und Musterbriefen.* Mannheim: Dudenverlag 2003.

Gillies, Midge: *Professionell korrespondieren.* Landsberg: mvg 2000.

Mielow-Weidmann, Ute und Paul Weidmann: *Formulieren und korrespondieren im Beruf. Mehr Erfolg durch Sprach- und Schreibkompetenz.* Wiesbaden: Gabler 1998.

Schätzlein, Erhard und Ines Rothe: *Kundenorientiert korrespondieren.* Berlin: Cornelsen 1999.

Schulz, Harald: *30 Minuten für überzeugende Business-Korrespondenz.* Offenbach: GABAL 1999.

13. Das Verkaufs-gespräch

Das Verkaufsgespräch ist – ähnlich wie das Bewerbungs- und das Beurteilungsgespräch – eine kommunikative Sonderform. Es steht in enger Beziehung zur Argumentationstechnik und bezieht alle kommunikationspsychologischen Aspekte ein, die sich dazu eignen, auf andere Menschen einzuwirken.

Auf Menschen einwirken

Verkaufen bedeutet:
- Kontakt knüpfen,
- klug fragen,
- gekonnt präsentieren,
- richtig argumentieren und
- gekonnt abschließen.

Das Verkaufsgespräch gliedert man entsprechend in fünf Phasen. Im engeren Sinne besteht die Verkaufsphase aus der Präsentation, der Argumentation und dem Abschluss. Natürlich laufen die Phasen nicht immer der Reihe nach ab. Sie können verschmelzen oder werden übersprungen – zum Beispiel wenn ein Kunde bereits genau weiß, was er will, wenn er das Geschäft betritt.

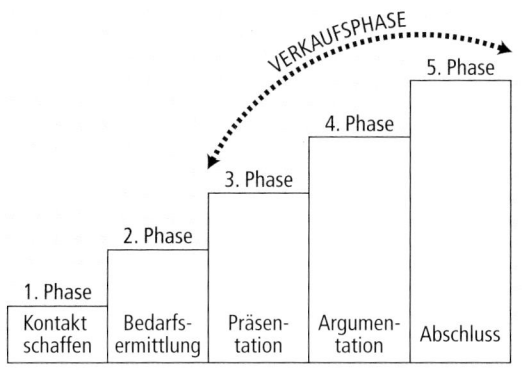

Die fünf Phasen eines Verkaufsgesprächs

13.1 Phase Nr. 1: Kontakt schaffen

Der erste Eindruck ist der wichtigste. In diesem kurzen Moment entscheidet sich der weitere Verlauf des Verkaufsgesprächs. Er bietet Ihnen als Verkäufer die Chance, sich gegenüber dem Mitbewerber zu profilieren.

Beziehungsebene aktivieren

Sie sollten die Einheitsabfertigung à la „Was darf es sein?" vermeiden. Laden Sie besser aktiv zum Gespräch ein, etwa so: „Gern helfe ich Ihnen …" Wenn Sie Ihrem Kunden dabei auch noch in die Augen blicken und lächeln, ist der Kontakt hergestellt und die Beziehungsebene aktiviert. Als Verkäufer haben Sie eine Aussage darüber getätigt, *wie* Sie das weitere Gespräch gestalten wollen. Jetzt folgt der Austausch über das *was*. Er vollzieht sich auf der Sachebene.

Sympathiefeld aufbauen

Ein gutes Produkt und Verkaufstechniken allein nützen nichts, wenn Sie nicht gleichzeitig ein Sympathiefeld zwischen Ihnen und Ihrem Kunden aufbauen. Mit einem Sympathiefeld werden unangenehme Empfindungen beim Kunden und eventuelle Vorbehalte gegenüber Ihrem Unternehmen abgebaut und angenehme aufgebaut.

Als guter Verkäufer intensivieren Sie das Verkaufsgespräch, indem Sie adressatenbezogen in der Sie-Form sprechen. Hierzu drei Beispiele:

Wir-Form und Sie-Form im Verkaufsgespräch

Wir-Form (Das Unternehmen steht im Mittelpunkt)	Sie-Form (Der Kunde steht im Mittelpunkt)
Wir verkaufen diesen Rasenmäher für …	Sie erhalten diesen Rasenmäher für …
Ich zeige Ihnen mal die neuen Fliesen.	Schauen Sie sich doch mal die neuen Fliesen an, wenn Sie etwas Besonderes haben wollen.
Wir stellen unsere neuen Fliesen aus.	Sie können sich Ihre möglichen Fliesen ansehen.

13.2 Phase Nr. 2: Bedarf ermitteln

Den Bedarf Ihres Kunden ermitteln Sie durch gekonntes Fragen. Hierbei bedienen Sie sich der offenen und der geschlossenen Frage. Denken Sie immer daran: Wer fragt, der führt.

Fragen dienen der Informationsgewinnung („Wie groß ist Ihr Badezimmer?", „Welche Farbe bevorzugen Sie?"). Sie dienen zudem der gekonnten Hinführung („Sie wollen doch sicherlich etwas Solides?", „Soll es eine ausgefallene Fliese sein, die andere nicht haben?")

Informationen gewinnen

Bei der geschlossenen Frage lautet die Antwort ja oder nein bzw. hat sie einen alternativen Charakter (links/rechts, oben/unten, gestern/heute). Die geschlossene Frage wird in der Regel durch Verben oder Hilfsverben eingeleitet („Hat man Sie darüber informiert?", „Sind Sie mit dem Autor gekommen?").

Geschlossene Fragen

Eine offene Frage hat größeren Informationswert. Sie wird durch Fragepronomen (was, wodurch, wie, womit, weshalb etc.) eingeleitet.

Offene Fragen

Geschlossene Frage	Offene Frage
Wollen Sie Fliesen mit oder ohne Motiv?	Was stellen Sie sich genau vor?
Haben Sie Erfahrungen mit dem Verlegen von Fliesen?	Wie wollen Sie das verarbeiten?
Haben Sie schon einmal Leim der Firma X benutzt?	Warum haben Sie diesen Leim benutzt?

Geschlossene und offene Fragen im Verkaufsgespräch

Ergänzende und vertiefende Informationen zu „Fragetechniken" finden Sie im Kapitel B 1 dieses Buches.

Ein Kunde glaubt nicht immer den Worten des Verkäufers, aber er glaubt seinen eigenen Antworten auf die Fragen des Verkäufers. Darum sind Fragen ein ausgezeichnetes Mittel, heikle Themen anzugehen, den Unmut über Konkurrenzprodukte zu wecken oder ein Lob herauszukitzeln, das aus dem Munde des Verkäufers überheblich klänge.

Zwei Kaufmotive Der Kunde hat zwei grundlegende Kaufmotive:
1. *bewusste bzw. verstandesmäßige* (zum Beispiel Material, Preis, Herkunft)
2. *emotional-unbewusste* (beispielsweise Schönheit, Prestigeeffekt)

Bei vielen Artikeln wie zum Beispiel Werkzeugen sind es wahrscheinlich *sachliche* Gründe, die den Ausschlag geben (Markenprodukt, Garantiedauer). Bei Gestaltungsfragen wie der Farbe von Bodenbelägen und Heimdekor sind eher *emotionale* Gründe ausschlaggebend. Der Kunde will Gemütlichkeit, Schönheit oder die Anerkennung durch Nachbarn und Freunde.

Nicht die Ware, sondern die Bedürfnisbefriedigung, die Problemlösung oder Wunscherfüllung wird verkauft. Der Kunde will Qualität in Verbindung mit einem hohen Gebrauchs- und Erlebniswert. Dies müssen Sie erkennen und nutzen.

Den Kunden bestätigen Als Verkäufer sollten Sie nicken und bei den Antworten Ihrer Kunden lächeln. Ergänzend wiederholen Sie wichtige Äußerungen Ihres Kunden mit eigenen Worten. Damit zeigen Sie Ihrem Kunden, dass Sie ihm zugehört haben und ihn verstehen.

13.3 Phase Nr. 3: Produkt präsentieren

Lebhafte Vorstellungen schaffen Verkäufer reden zu viel und zeigen zu wenig. Das ist nicht besonders wirksam, denn der Mensch ist ein „Augentier". Ein Bild sagt mehr als tausend Worte. Darum lassen Sie Ihre Kunden das Produkt anfassen und wenn möglich testen. Sie demonstrieren auf diese Weise Leistung und Wirkung. Ihr Kunde muss den Nutzen messbar, greifbar, sichtbar und fühlbar erleben. Er braucht lebhafte Vorstellungen in seinem Kopf.

Die richtige Verbindung des Fragens mit dem Zeigen und Berühren ergibt die größte verkäuferische Wirkung. Wenn beispiels-

weise ein Verkäufer den Härtegrad einer Fliese mit einer Euro-
münze demonstriert, erspart er sich damit viele Worte.

13.4 Phase Nr. 4: Argumentieren

Gute Verkäufer argumentieren nicht mit dem Material, sondern
mit dem Nutzen. Zu diesem Zweck sollten auch Sie die Nutzenbrücke benutzen.

Beispiel: Eine Nutzenbrücke bauen	
Diese Bohrmaschine ist elektronisch gesteuert.	(Produktmerkmal)
Das hat für Sie den Vorteil,	(Nutzenbrücke)
dass Sie damit auch alle Arten von Schrauben	
sehr leicht befestigen können.	(Nutzen)

Beispiel

Ist der Nutzen benannt, wird er mit diesen oder ähnlichen
Beweisen begründet:

- Demonstration
- Referenz/Zeugen
- Bilder
- Berechnung

Den Nutzen begründen

Um die Nutzenbrücke zu bauen, können Sie Formulierungen
wie diese einsetzen:

- Das hat für Sie den Vorteil …
- Das garantiert Ihnen …
- Damit ersparen Sie sich …
- Das ermöglicht Ihnen …
- Das verschafft Ihnen …

Mögliche Formulierungen

Fragt Ihr Kunde nach dem Preis, dann nennen Sie ihn ganz
ruhig und mit fester Stimme als die selbstverständlichste Sache
der Welt. Antworten Sie keinesfalls: „Das kostet 250 Euro", sondern sagen Sie: „Sie erhalten diese Lampe für 250 Euro." Sprechen Sie ohne Pause flüssig weiter.

Die Preisfrage

Dabei können Sie die Sandwich-Methode anwenden, bei welcher der Preis zwischen zwei Vorteilen eingebettet wird, etwa so:

„Sie erhalten dieses deutsche Markenfabrikat für 250 Euro – und das mit einer zweijährigen Garantie". Anschließend fragen Sie indirekt nach dem Auftrag („Darf ich Ihnen den Karton zur Kasse tragen?"). Sie signalisieren damit, dass der genannte Preis völlig korrekt ist.

Nicht rechtfertigen Sagt Ihr Kunde „Das ist zu teuer", dann fragen Sie: „Im Verhältnis wozu?" Gute Verkäufer rechtfertigen sich nicht. Sie erklären den Preis.

Einwände nutzen Bringt Ihr Kunde weitere Einwände, dann ist das der Beweis für sein Interesse. Spitzenverkäufer nutzen Einwände als Kaufsignal und als Wegweiser für die weitere Argumentation oder weitere Fragen. Sie bringen aber nicht zu viele Argumente. Der Kunde kann sie nicht behalten und sucht sich unter Umständen die schwächsten heraus.

Besser ist es, die Kernargumente zu wiederholen. Dabei sollten Sie als Verkäufer immer leicht mit dem Kopf nicken. Außerdem sollten Sie sich Argumentationshilfen wie Prospekte bereitlegen. Sagt der Kunde: „Ich will es mir noch mal überlegen", dann fragen Sie: „Was genau wollen Sie nochmals überlegen?"

13.5 Phase Nr. 5: Gelungen abschließen

Keine Angst haben Viele Verkäufer ängstigen sich vor dem Nein. Gute Verkäufer fragen nicht gesondert nach dem Auftrag. Dass der kommt, ist nach einem guten Verkaufsgespräch eigentlich selbstverständlich. Sie legen dem Kunden das Produkt vor die Füße und fragen nur noch nach alternativen Details: „Wünschen Sie das 10er- oder das 14er-Parkett?", „Wollen Sie die Ware gleich mitnehmen oder sollen wir sie liefern?"

Zum Schluss ein Kompliment Um Zweifel an der Kaufentscheidung vorzubeugen, schließen Sie als Verkäufer das Gespräch mit einem Kompliment ab: „Sie haben eine gute Entscheidung getroffen" oder „Sie werden viel Freude an diesem Gerät haben".

Literatur

Chapman, Elwood N.: *Verkaufstraining. Einführungskurs. Psychologie des Verkaufens, Fragetechniken, Verkaufsabschluss, Telefonverkauf.* 2. Aufl. Frankfurt/M.: Ueberreuter 1999.

Davis, Kevin: *Kommunikationstraining für Verkäufer. Kundenvorteile erkennen, Kundenwünsche erfüllen.* Regensburg: Metropolitan-Verl. 2003.

Detroy, Erich-Norbert: *Sich durchsetzen in Preisgesprächen und -verhandlungen.* 12. Aufl. Landsberg: Verlag Moderne Industrie 2001.

Köhler, Hans-Uwe und Geert Müller-Gerbes: *Verkaufen. Aber wie? Bitte!* Offenbach: GABAL 2003.

Mohr, Peter: *30 Minuten für erfolgreiches Verkaufen.* Offenbach: GABAL 2002.

Ruhleder, Rolf H.: *Verkaufen Klassik. Kunden begeistern und überzeugen.* Offenbach: GABAL 2001.

Scheerer, Harald: *Erfolgreiche Verkaufsgespräche. Kundenlust statt Kundenfrust.* 3. überarb. und erw. Aufl. Offenbach: 2001.

Scherer, Hermann: *Ganz einfach verkaufen. Die 12 Phasen des professionellen Verkaufsgesprächs.* Offenbach: GABAL 2003.

Wißmann, Volker H.: *Das erfolgreiche Verkaufsgespräch. Strategien für Beratung und Verkauf.* München: Humboldt-Taschenbuchverl. Jacobi 1999.

14. Das Mitarbeiter-gespräch

Worte abwägen Mitarbeitergespräche – insbesondere Kritik- oder Beurteilungs-gespräche – sind konfliktträchtig. Jede Äußerung wird auf die Waagschale gelegt. Ein falsches Wort – und schon entzündet sich der Funke. Der Kommunikation sollte daher Ihre besondere Sorgfalt gehören.

Als Vorgesetzter sind Sie gefordert, sich in die momentane Gefühlswelt der involvierten Mitarbeiter einzufühlen. Statt Vorverurteilung und Strafe werden vielleicht eher Zuspruch, Verständnis, Wertschätzung und Hilfe benötigt. Das Selbst-wertgefühl Ihrer Mitarbeiter darf nicht beschädigt werden.

Respekt und Um Missverständnissen gleich vorzubeugen: Mit Verständnis,
Partnerschaft Zuspruch und Wertschätzung sind nicht „Watte" und „warme Milch" gemeint, sondern Respekt und Partnerschaft, die Mei-nungsverschiedenheiten nicht ausschließen.

Wir lernen, wie man Auto fährt. Wir nehmen Fahrstunden, stu-dieren die Regeln und Gesetze. Aber wie machen wir es im zwi-schenmenschlichen Bereich? Wir reden drauflos, reagieren ne-gativ, streiten uns und schieben anderen die Schuld zu. Obwohl doch der Mensch viel komplizierter ist als ein Auto, meinen wir, ihn ohne jedes Training verstehen zu können! Die Kommuni-kationsmedien werden immer moderner, aber die Fähigkeit zur Kommunikation scheint immer mehr zu verkümmern.

Führung ist Führen heißt im Kernbestandteil: informieren und kommuni-
Kommunikation zieren. Das gilt in besonderem Maße für das Mitarbeiter-gespräch, denn wo Informationen fehlen, beginnen und blühen die Gerüchte.

Führung, Kommunikation und Information gehören untrenn-bar zusammen. Der Mitarbeiter ist nicht Befehlsempfänger, sondern Kommunikationspartner. Auf der anderen Seite sind Sie als Führungskraft „Informationsbutler" bzw. ein Knotenpunkt im Kommunikationsnetzwerk der innerbetrieblichen Kommunikation. Nicht das Rauf und Runter entlang der Dienstwege, sondern ein Hin und Her zwischen vielen Knotenpunkten ist vonnöten, um Mitarbeiter zu informieren – so der Kommunikationsforscher Paul Watzlawick.

Ein Mitarbeitergespräch ist die Chance, die leicht brüchig werdende Beziehung zwischen Führenden und Geführten immer wieder zu kitten. Im Mitarbeitergespräch hat der Vorgesetzte den Nachweis zu erbringen, dass er nicht nur Stelleninhaber, sondern Führungskraft ist. Mitarbeitergespräche zeigen, ob er neben der formalen auch über die menschliche und soziale Kompetenz verfügt, die notwendig ist, um Mitarbeiter zu führen. **Herausforderung für Vorgesetzte**

14.1 Das richtige Kommunikationsverhalten im Mitarbeitergespräch

Das Mitarbeitergespräch ist
- keine unverbindliche Konversation,
- keine Debatte,
- kein journalistisches Interview,
- kein Verhör,
- keine Predigt des Vorgesetzten,
- keine Mitarbeiterbeichte,
- kein Schuldnachweis mit Urteilsspruch.

Folgende Verhaltensweisen fördern die Kommunikation im Mitarbeitergespräch: **Förderndes Verhalten**
- Sie haben ein Interesse am Sachverhalt ohne vorgefasste Meinungen oder Vorurteile.
- Sie bemühen sich um Objektivität ohne suggestive Beeinflussung.
- Sie verzichten auf Vorverurteilungen und unterdrücken wertende oder moralische Urteile.
- Sie verzichten auf Interpretationen, solange keine Daten und Fakten vorliegen.

- Sie suchen keine Bestätigung für vorher Angenommenes, sondern lassen alle Meinungen (Hypothesen) und Fakten auf sich einwirken.

Selektive Wahrnehmung

Wenn Beteiligte eines Gespräches etwas wahrnehmen, dann ist diese Wahrnehmung von deren grundlegenden Lebensinteressen geprägt, ebenso wie das, was die Beteiligten sagen. Die Kommunikationswissenschaftler sprechen in diesem Zusammenhang von selektiver (auswählender) Wahrnehmung.

So zeigt sich selektives Hören daran, dass Sie oder der andere nur das hören, was Sie hören wollen. Das wird oft durch projektives Hören ergänzt, das heißt, Sie oder der andere interpretieren eigene Wünsche und Vorstellungen in das Gehörte.

Wahr ist, was verstanden wird

Dieser Sachverhalt betrifft insbesondere Konfliktgespräche. Hier nimmt jeder das wahr, was der Empfänger (für) wahr nimmt. Wahr ist nicht, was Sie sagen. Wahr ist, was der andere hört. Gehen Sie daher nicht davon aus, dass der andere das hört, was Sie sagen wollten.

Gelingt es Ihnen als Sender nicht, sich verständlich zu machen, dann gibt es zwei Wahrheiten – aber keine Verständigung und erst recht keine Problemlösung. Dessen müssen sich alle Beteiligten bewusst sein.

Wahrnehmungsprobleme reduzieren

Die unterschiedlichen Sichtweisen zur eigenen Rolle oder zum eigenen Anteil am Konflikt behindern den Gesprächsverlauf. Darum sollten sich alle Beteiligten immer wieder diese beiden Fragen stellen, um Wahrnehmungsprobleme zu reduzieren:
1. Habe ich mich verständlich genug ausgedrückt, um richtig verstanden zu werden?
2. Hat der andere es wirklich so gemeint, wie es bei mir angekommen ist?

Sach- und Beziehungsebene erkennen
Ein Mitarbeitergespräch vollzieht sich auf zwei Ebenen:
1. der Sach- und
2. der Beziehungsebene.

Geht es beispielsweise um die Klärung eines problematischen Sachverhaltes, dann sind die Ursachen zu ermitteln und Maßnahmen einzuleiten. Diese Art der Kommunikation vollzieht sich auf der *Sachebene*. Sie hat das *Was* zum Inhalt.

Sachebene

Bei Kritik- und Beurteilungsgesprächen spielen natürlich auch Gefühle eine Rolle. Diese werden auf der *Beziehungsebene* empfunden. Solche Gefühle schwingen in der Wortwahl, dem Tonfall und der Körpersprache mit.

Beziehungsebene

Der Beziehungsaspekt drückt sich in der Art und Weise des Verhaltens der Kommunikationspartner aus. Wird etwas vorwurfsvoll gesagt, dann drückt sich darin eine Beziehung zum anderen aus. Hier geht es um das *Wie* der Kommunikation.

Ist die Beziehung zwischen den Gesprächspartner neutral oder positiv, dann bleibt die Inhaltsebene frei von Störungen, das heißt, die Botschaften können ungehindert zum anderen durchdringen. Fühlt sich aber mindestens einer der Gesprächspartner unwohl (Angst, Nervosität, Ärger, Neid, Eifersucht etc.), dann wird plötzlich die Beziehung wichtiger als der Inhalt.

Wohlbefinden ist wichtig

Meist werden die Beziehungen nicht kommuniziert, sondern scheinsachlich auf der Sachebene ausgetragen – auch deshalb, weil man sich nicht dem Vorwurf der Unsachlichkeit aussetzen möchte. Zwar würde man dem anderen gern die Meinung sagen, aber man „webt" es in den Sachinhalt, zum Beispiel indem man die Meinung oder Vorschläge des „Rivalen" mit vorgeschobenen Argumenten ablehnt. Häufiger wird aber der umgekehrte Fehler gemacht, indem man einer sachlichen Meinungsverschiedenheit ausweicht und sich auf die Beziehungsebene begibt.

Fehler im Umgang mit den Ebenen

Ihr Gesprächspartner hat die freie Entscheidung, wie er das Gesagte auffasst. „Da haben Sie mich aber falsch verstanden", hört man oft als Erklärung für einen Gesprächskonflikt. Vielleicht hat sich die andere Seite aber auch falsch ausgedrückt. Der sich angegriffen fühlende Gesprächspartner hat das, was der andere sagte, anders entschlüsselt, als dieser es meinte. Hier liegt eine Quelle für Missverständnisse.

Quelle für Missverständnisse

Beispiel

Vorgesetzter: „Waren Sie in der Halle, als der Unfall passierte?"

Mitarbeiter: „Aha, jetzt wollen Sie mir die Schuld in die Schuhe schieben."

Der Mitarbeiter hat die auf der Sachebene an ihn gerichtete Frage auf der Beziehungsebene empfangen und in einen Angriff umgedeutet. Dieses Beispiel zeigt, wie wichtig es ist, die Beziehungsebene zu beachten.

Gute Beziehung, gutes Gespräch

Je besser die Beziehung zwischen den Gesprächspartnern ist, umso konstruktiver lässt sich ein Gespräch führen. Darum sind alle Verdächtigungen, Schuldzuweisungen und Bevormundungen zu unterlassen. Um die Beziehung nicht zu gefährden, müssen Sie als Vorgesetzter dem Betroffenen mit einem Mindestmaß an menschlicher Wertschätzung gegenübertreten. In diesem Zusammenhang spricht man auch von Reversibilität, also von einer Art „Umkehrbarkeit". Reversibilität meint, dass Sie in einer Art und Weise mit Ihren Mitarbeitern sprechen, wie Sie es umgekehrt auch gern hätten.

Sach- und Beziehungsebene beim Kommunizieren

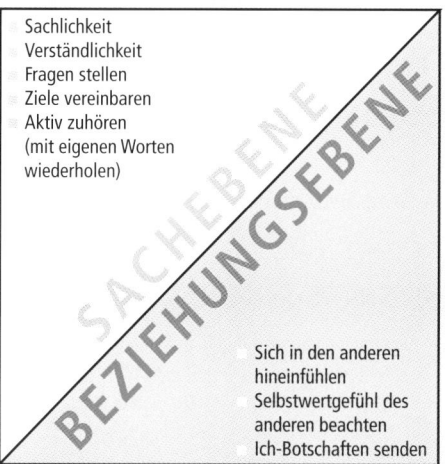

Sachlichkeit
Verständlichkeit
Fragen stellen
Ziele vereinbaren
Aktiv zuhören
(mit eigenen Worten wiederholen)

SACHEBENE
BEZIEHUNGSEBENE

Sich in den anderen hineinfühlen
Selbstwertgefühl des anderen beachten
Ich-Botschaften senden

Fassen wir diesen wichtigen Aspekt der Kommunikation zusammen: Die Art und Weise, *wie* Sie etwas sagen (oder verschweigen), ist ein wesentlicher Bestandteil der Kommunikation. Auf der Sachebene werden Sachinhalte ausgetauscht, auf der Beziehungsebene Informationen *über* die Information, also solche, die darauf hinweisen, *wie* die mitgeteilten Sachverhalte aufzufassen sind. Inhalts- und Beziehungsaspekt einer Mitteilung lassen sich also nicht trennen. Der Inhaltsaspekt wird vorwiegend sprachlich direkt und der Beziehungsaspekt indirekt (Tonlage, Körperhaltung, Wortwahl etc.) übermittelt.

Ergänzende und vertiefende Informationen zur Sach- und Beziehungsebene finden Sie im Kapitel A 1 dieses Buches.

Die nachfolgenden Ausführungen sollen den Gesprächsteilnehmern dabei helfen, im Mitarbeitergespräch optimal zu kommunizieren – sowohl auf der Sach- wie auch auf der Beziehungsebene.

Sachlichkeit anstreben

Insbesondere bei der Lösung von Sachproblemen sollte nicht das eigene Interesse, sondern die Sache im Mittelpunkt stehen. Folgende Verhaltensweisen tragen zur Versachlichung eines Mitarbeitergespräches bei:

Sachliches Verhalten

- Die Betroffenen und Beteiligten haben Gelegenheit, die eigene Sicht eines Sachverhaltes zu schildern.
- Gegenseitig werden Fragen gestellt und Informationen erbeten.
- Die eigenen Meinungen und Wertungen werden ausdrücklich als solche gekennzeichnet.
- Die Teilnehmer orientieren das Gespräch hin auf die notwendigen Maßnahmen und die sich daraus ergebenden Ziele.
- Die Teilnehmer verzichten auf Selbstdarstellung.

Sachorientierung im Mitarbeitergespräch

Anteilige Selbstdarstellung in einer normalen Gesprächssituation

Notwendiges Verhalten bei einem Mitarbeitergespräch

Mit folgender Tabelle können Sie bewerten, wie sachorientiert Sie sich in Gesprächen verhalten. Um eine Fremdeinschätzung zu bekommen, können Sie auch Gesprächsteilnehmer darum bitten, Sie zu bewerten.

Einschätzen der
Sachorientierung

	$--$	Sachorientierung							$++$
	1	2	3	4	5	6	7	8	9
eröffnet Gespräch									
organisiert, bringt in Gang									
plant Vorgehensweise									
argumentiert sachbezogen									
bringt neue Ideen ein									
engagiert sich für das Thema									
argumentiert zielorientiert									
findet Struktur									
steuert den Prozess									
Anzahl der Sachbeiträge									

Richtig fragen

Mit einer
Frage starten
Es heißt: „Wer fragt, der führt – wer fragt, der aktiviert – wer fragt, der motiviert". Führen, aktivieren und motivieren sind die originären Aufgaben eines Vorgesetzten, insbesondere im Mitarbeitergespräch. Im Zweifelsfalle ist es immer besser, nichts zu sagen, sondern erst einmal zu fragen!

Zwei Fragearten lassen sich ganz grob unterscheiden, nämlich
1. die offene und
2. die geschlossene Frage.

Geschlossene
Frage
Bei der *geschlossenen* Frage lautet die Antwort ja oder nein oder hat einen sonstigen alternativen Charakter (links/rechts, oben/unten, gestern/heute). So fragen die gelben „ADAC-Engel" in der Regel als Erstes: „Sind Sie Mitglied?"

Die geschlossene Frage wird in der Regel durch Verben oder Hilfsverben eingeleitet („Gehört Ihnen dieses Buch?", „Hat man Sie darüber informiert?"). Bei der geschlossenen Frage entscheidet der Frager über die Richtung des Gespräches, das je nach Wortwahl und Fragestellung den Charakter eines Verhörs annehmen kann. Je geschlossener eine Frage ist, umso mehr legt sie den Antwortenden fest.

Die geschlossene Frage erweist sich als besonders geeignet, wenn man

- präzise Information einholen will,
- es mit einem sehr wortkargen Gesprächspartner zu tun hat,
- ein Problem zu lösen hat, das viel Fachkenntnis voraussetzt. Ließe der Spezialist den Laien offene Fragen beantworten, benötigte er ein Vielfaches der Zeit für die Ursachenforschung.

Eine *offene* Frage hat größeren Informationswert. Sie wird durch die Fragepronomen (was, wodurch, wie, womit, weshalb etc.) eingeleitet. Je offener die Frage ist, desto offener sind auch die Antwortmöglichkeiten.

Offene Frage

Die non-direktive Gesprächsführung bedient sich überwiegend der offenen Frage. Selbst Vorschläge können non-direktiv gemacht werden, indem man sie in eine Frage „einwebt", etwa so: „Wäre das ein Weg, um eine Wiederholung zu vermeiden? Was meinen Sie?" Die Entscheidung überlassen Sie Ihrem Gesprächspartnern.

Non-direktive Gesprächsführung

Im Verlauf des Mitarbeitergespräches benötigen Sie beide Frageformen. Je nach Sachlage und Interesse müssen Sie sowohl geschlossen als auch offen fragen.

Ergänzende und vertiefende Informationen zu Fragetechniken finden Sie im Kapitel B 1 dieses Buches.

Aktives Zuhören

Wer viel spricht, erfährt wenig. Es ist daher empfehlenswert, seinem Gesprächspartner gut zuzuhören. Er wertet die Aufmerksamkeit als Ausdruck Ihres Interesses an seiner Person und an dem, was er sagt. Ein irisches Sprichwort sagt: „Wenn Gott gewollt hätte, dass du mehr redest als zuhörst, dann hättest du zwei Münder und nur ein Ohr."

Aufmerksamkeit geben

Zehn Gebote für gutes Zuhören

Überprüfen Sie an den folgenden zehn Geboten für gutes Zuhören Ihre Zuhörgewohnheiten:

1. Finden Sie das Wichtige und Interessante heraus!
2. Schreiben Sie Wichtiges mit!
3. Bewerten Sie den Inhalt stärker als die Vortragsweise!
4. Versuchen Sie, die Absicht des Sprechers zu erkennen!
5. Lassen Sie den anderen ausreden!
6. Ziehen Sie keine voreiligen Schlüsse!
7. Zeigen Sie durch Kopfnicken oder Kommunikationsquittungen („Ach so", „Gut, dass Sie das sagen" etc.), dass Sie zuhören!
8. Wiederholen Sie das, was der Sprecher sagt, mit eigenen Worten („Sie meinen also …"), und geben Sie ein Feedback!
9. Erfassen Sie den roten Faden!
10. Trennen Sie Meinungen von Tatsachen!

Empathisches Klima schaffen

Zum aktiven Zuhören gehört auch der Versuch, sich an die Stelle des Gesprächspartners zu versetzen. Die Fähigkeit, den Fall mit seinen Augen zu sehen, nennt man Empathie. Gelingt es Ihnen, ein solches empathisches Gesprächsklima zu schaffen, wird das den Gesprächsverlauf und die Lösung vieler Probleme verbessern. Denken Sie daran: Für die erfolgreiche Gesprächsführung ist nicht nur der Sprecher, sondern ebenso der Zuhörer verantwortlich.

Ergänzende und vertiefende Informationen zu Zuhörtechniken finden Sie im Kapitel B 2 dieses Buches.

Das Selbstwertgefühl der Gesprächspartner beachten

Selbstwertgefühl nicht beschädigen

Wenn Sie optimal kommunizieren wollen, dann dürfen Sie das Selbstwertgefühl Ihres Gesprächspartners nicht beschädigen. Besonders Kritik- und Beurteilungsgespräche beinhalten die Bewertung eines Sachverhaltes. Schnell kommt dabei eine versteckte Kritik zum Ausdruck.

Bei Mitarbeitergesprächen fragen sich die beteiligten Gesprächspartner innerlich:

- Sieht der andere mich positiv? (Das erhöht das Selbstwertgefühl.)

- Sieht der andere mich negativ? (Das beschädigt das Selbstwertgefühl.)

Solange der Gesprächspartner das Gefühl hat, dass in der Mitteilung des Vorgesetzten keine oder aber eine positive Beurteilung steckt, kann er sich voll auf die Nachricht konzentrieren. Hört er aber eine negative Beurteilung heraus, dann konzentriert er sich mehr auf diese Beurteilung als auf die eigentliche Nachricht. Ärgert er sich gar, dann ist er unter Umständen nicht mehr in der Lage, vernünftig zu denken. Er missversteht sogar Dinge, die er unter normalen Umständen niemals missverstanden hätte. Wann immer das Selbstwertgefühl des anderen verletzt wird, leidet die sachliche Auseinandersetzung.

Negative Beurteilung lenkt ab

Ich-Botschaften senden
Das Selbstwertgefühl von Menschen wird häufig durch Man-Aussagen angegriffen wie zum Beispiel: „Man kann doch mit einer solchen Kleinigkeit nicht gleich zum Betriebsleiter rennen." Der Sprecher sagt damit nichts über sich selbst, aber viel über den anderen.

Man-Aussagen vermeiden

Mit einer Ich-Botschaft hätte es sich so angehört: „Ich meine, Sie hätten wegen dieser Sache nicht gleich zum Betriebsleiter gehen müssen." Bei der Ich-Botschaft macht der Sender eine Aussage über sich selbst – ohne den anderen herabzusetzen oder anzugreifen. Hier spricht der Sender von dem, was er persönlich meint.

14.2 Kooperation statt Konfrontation: Das richtige Verhalten im Kritikgespräch

Ein Kritikgespräch – oder nennen wir es besser Korrekturgespräch – ist unumgänglich, wenn ein eindeutiges Fehlverhalten des Mitarbeiters vorliegt. Auch hier werden viele Fehler gemacht, zum Beispiel wenn der Vorgesetzte versucht, dem „angeklagten" Mitarbeiter seine Schuld nachzuweisen. Manche Kritikgespräche werden gar nicht erst geführt, weil der Vorgesetzte Angst vor seinem Mitarbeiter und vor der Auseinandersetzung mit ihm hat. Auch dieses Fluchtverhalten ist ein Fehler.

Häufige Fehler

Solche Ängste und Fehler sind vermeidbar, wenn der Vorgesetzte den Grundmechanismus zwischenmenschlicher Kommunikation kennt, die in diesem Buch benannten Verhaltensweisen beherzigt und die dazugehörenden Werkzeuge nutzt.

Fehlverhalten korrigieren

Der Sinn des Kritikgespräches besteht darin, ein Schaden auslösendes Fehlverhalten des Mitarbeiters zu korrigieren, nicht aber seine Person zu ändern. Die Korrektur gilt dem Fehlverhalten, nicht der Person. Im Gespräch sollen Ursachen gefunden und Lösungsbereitschaft erzeugt werden, die in ein für beide Seiten akzeptables Ergebnis münden.

Sinnvoller Gesprächsablauf

Das ist nicht schwer, wenn sich der Vorgesetzte an diesem Gesprächsablauf orientiert:

1. Bereiten Sie sich gründlich vor. Sorgen Sie dafür, dass Störungen wie Telefonate vermieden werden. Definieren Sie Ihr Gesprächsziel.
2. Eröffnen Sie das Gespräch sachlich und freundlich. Schaffen Sie ein positives Klima (Beziehungsebene aktivieren).
3. Informieren Sie Ihren Mitarbeiter über den Gesprächsanlass und das Gesprächsziel.
4. Geben Sie Ihrem Mitarbeiter Gelegenheit, Stellung zu nehmen und den Sachverhalt aus seiner Sicht zu schildern.
5. Analysieren Sie gemeinsam die Ursache des Fehlverhaltens oder der auslösenden Ursachen.
6. Erfragen Sie Lösungsvorschläge und erörtern Sie diese mit Ihrem Mitarbeiter.
7. Vereinbaren Sie das zukünftige Verhalten in ähnlichen Situationen. Sie sollten es zu Ihrer eigenen Sicherheit dokumentieren.
8. Vereinbaren Sie die Art und Weise der Kontrolle, ob das vereinbarte Verhalten eingehalten wird, zum Beispiel so: „Ich werde täglich einen Blick auf die Werte werfen …"
9. Beenden Sie das Gespräch genauso sachlich und freundlich, wie Sie es begonnen haben.

Keine Verlierer schaffen

Der Sinn eines Kritikgespräches besteht nicht darin, einen richterlichen Schuldspruch zu fällen. Im Sinne des Gesprächsmodells von Thomas Gordon (siehe Kapitel A 4) geht es darum, eine Situation zu schaffen, bei der kein Gesprächspartner als Verlierer aus dem Gespräch geht. Auch die Transaktionsanalyse bietet Anhaltspunkte, wie eine solche Situation herbeigeführt werden kann (siehe Kapitel A 2). Zu diesem Zweck geht der Vorgesetzte mit der Einstellung „Ich bin o.k. – Du bist o.k." in das Gespräch und versucht, die Grundlage für eine weitere gute Zusammenarbeit zu schaffen.

Literatur

Breisig, Thomas: *Personalbeurteilung, Mitarbeitergespräch, Zielvereinbarungen. Grundlagen, Gestaltungsmöglichkeiten und Umsetzung in Betriebs- und Dienstvereinbarungen.* 2., überarb. und erw. Aufl. Frankfurt/M.: Bund-Verl. 2001.

Kratz, Hans-Jürgen: *30 Minuten für zielorientierte Mitarbeitergespräche.* Offenbach: GABAL 2002.

Mentzel, Wolfgang, Svenja Grotzfeld und Christine Dürr: *Mitarbeitergespräche. Mitarbeiter motivieren, richtig beurteilen, effektiv einsetzen.* 4. Aufl. Freiburg: Haufe 2003.

Neuberger, Oswald: *Das Mitarbeitergespräch. Praktische Grundlagen für erfolgreiche Führungsarbeit.* 5., durchges. Aufl. Leonberg: Rosenberger Fachverl. 2001.

15. Das Bewerber-gespräch

Mit einem Vorstellungsgespräch soll festgestellt werden, ob sich ein Bewerber für eine ausgeschriebene Stelle eignet. Dazu werden diverse Fragen gestellt sowie spezielle Fragetechniken und verschiedene Interviewformen genutzt.

15.1 Phasen eines Bewerbergespräches

Drei Phasen Ein Vorstellungsgespräch durchläuft meist drei Phasen:
1. Anlaufphase,
2. Interviewphase,
3. Abschlussphase.

Anlaufphase

Auflockern Die ersten fünf bis zehn Minuten während eines Vorstellungsgesprächs sind der Auflockerung gedacht. Hier soll dem Bewerber durch Smalltalk die Nervosität genommen werden. Es kann sein, dass man ihm zunächst das Unternehmen vorstellt und vertiefende Informationen über die vakante Position gibt.

Nach der Anlaufphase wird der Bewerber über die geplante Struktur des Gesprächs informiert, damit er weiß, was auf ihn zukommt. Dem schließt sich meist die Frage an: „Ist das ein akzeptabler Gesprächsablauf oder hätten Sie einen besseren Vorschlag?"

Interviewphase

Den Bewerber kennen lernen In der Interviewphase geht es unter anderem darum, den Bewerber zu testen und kennen zu lernen. Grundsätzlich gilt auch hier der Satz: Wer fragt, der führt!

Der Bewerber muss sich auf heikle Fragen wie zum Beispiel „Wie viel Alkohol (Kaffee etc.) trinken Sie durchschnittlich am

Tag" genauso einstellen wie auf Standardfragen nach der Berufs-
erfahrung. Gerade heikle Fragen ohne große Vorankündigung
offenbaren verborgene Seiten des Bewerbers. Offene Fragen
lassen ihm dabei Spielraum zur Beantwortung. Demgegenüber
dienen geschlossene Fragen dazu, Fakten abzufragen (beispielsweise die Kenntnis einer bestimmten Software).

Um mehr über die Motivation zu erfahren, wird man den Be- **Gründe für**
werber nach seinen Wechselgründen fragen. Antworten wie **den Wechsel**
„Meine Freiräume sind begrenzt" oder „Versprechungen wurden nicht eingehalten" deuten darauf hin, dass er entweder
mangelnde Durchsetzungskraft besitzt oder aber etwas nicht
wirklich sagen will.

Ein Top-Bewerber antwortet nicht vergangenheitsbezogen, **Nach vorne denken**
sondern perspektivisch: „Vor fünf Jahren übernahm ich in
meiner Firma zehn Millionen Euro Umsatz. Heute verantworte
ich über 17 Millionen Euro. Sie bieten mir die Chance, 30 Millionen Euro zu übernehmen. Wenn Sie mir etwas Unterstützung
geben, so würde ich mit aller Motivationskraft versuchen, mit
Ihrem Verkäuferteam in drei Jahren daraus 40 Millionen Euro
zu machen."

Fragen, die in diesem Zusammenhang häufig gestellt werden, **Typische Fragen**
lauten:
- Können Sie uns bitte die drei dominierenden Gründe nennen, warum Sie Ihre Firma verlassen wollen? (Kann der Bewerber mehr als nur einen Grund nennen? Beginnt er,
  schmutzige Wäsche zu waschen?)
- Wie lange bewerben Sie sich schon? (Antwortet der Bewerber
  zögernd, stotternd, negativ oder aber progressiv?)
- Weiß, ahnt, glaubt Ihr Chef, dass Sie sich extern bewerben?
- Wenn ja: Wann haben Sie mit Ihrem Chef zum letzten Mal
  über Ihren Kündigungsgrund gesprochen? (Die meisten ha-
  ben es nicht. Wenn aber ja, dann weiter nachfragen!)
- Wie oft und seit wann besprechen Sie mit Ihrem Chef dieses
  Thema?
- Was war bei der letzten Aussprache konkret die Meinung
  Ihres Chefs zu den einzelnen Punkten?

- Welche künftigen Entwicklungsperspektiven hat Ihnen Ihr Chef aufgezeigt? Nur in seinem Bereich – oder auch die, die sich für Sie durch eine innerbetriebliche Versetzung ergeben könnten?

Abschlussphase

Nächste Schritte vereinbaren Falls die Gehaltsvorstellungen noch nicht diskutiert wurden, soll das spätestens an dieser Stelle geschehen. In der Abschlussphase kann gefragt werden, ob der Bewerber an einer Fortsetzung des Gespräches interessiert ist. Auch kann beiderseitig gefragt werden, wie viel Bedenkzeit gewünscht wird. Der Bewerber bekommt Informationen darüber, bis wann er einen Bescheid erhält. Vielleicht wird ihm an dieser Stelle auch bereits ein erstes Feedback gegeben.

15.2 Interviewformen

Normalerweise sind die Bewerberinterviews standardisiert und strukturiert. Es werden vorgegebene, arbeitsplatzbezogene Fragen gestellt. Die Bewertung der Antworten erfolgt nach Abschluss des Interviews.

Strukturiertes Interview

Zwei Formen strukturierter Interviews Bei strukturierten Interviews unterscheidet man nochmals zwischen solchen, die Verhalten beschreiben (Patterned Behavior Description Interview) und situativen Interviews (Situational Interview). Bei ersteren berichten die Bewerber über vergangene Situationen und ihr jeweiliges Verhalten. Bei der zweiten Gruppe müssen die Bewerber in vorgestellten Situationen ihr wahrscheinliches Verhalten beschreiben. Hier können sie zeigen, wie sie ihre fachlichen Kompetenzen in der Praxis umsetzen.

Stressinterview

Stressresistenz auf dem Prüfstand Das Stressinterview wird angewendet, um die Stressresistenz des Kandidaten zu testen. Stressresistenz bedeutet, dass der Bewerber auch bei Widerstand sachlich bleibt, seinen Standpunkt gegen Kritik verteidigt und den Blick für das Ganze behält.

Diese Gesprächsform wird im Vorstellungsgespräch selten für sich allein gewählt. Sie kann aber Bestandteil einer bestimmten Phase des Gesprächs sein, um die Belastbarkeit und Widerstandskraft des Bewerbers auf die Probe zu stellen. Die Techniken reichen von Beleidigungen und Provokationen, wiederholtem Unterbrechen und langen Pausen bis hin zu subtilen Formen wie Ironie, Sarkasmus und Spott. Als Bewerber sollten Sie dann Ruhe bewahren und Angriffe nicht persönlich nehmen.

Ruhe bewahren

Einzelinterview

Beim Einzelinterview trifft der einzelne Bewerber auf einen oder mehrere Personalverantwortliche bzw. fachliche Mitarbeiter des Unternehmens. Im intensiven Dialog soll individuell seine Persönlichkeit und Kompetenz geprüft werden. Das Einzelinterview ist die klassische und noch am weitesten verbreitete Methode des Bewerbungsgesprächs.

Im Dialog überzeugen

Gruppeninterview

Hier sind mehrere Bewerber gleichzeitig eingeladen. Es werden besonders Kommunikationsfähigkeit, Durchsetzungsvermögen, Verhandlungsgeschick, Kompromissfähigkeit sowie das allgemeine Verhalten in der Gruppe beobachtet. Der Schwerpunkt liegt also auf der sozialen Kompetenz des Bewerbers. Ein Gruppengespräch ersetzt jedoch im seltensten Fall das Einzelgespräch. Es wird meist ergänzend genutzt.

Soziale Kompetenz zeigen

15.3 Fragen im Bewerbergespräch

Mögliche Fragen an den Bewerber

Die folgenden Fragebögen reichen vom klassischen Personalfragebogen bis zu Fragen, die Aspekte von der Familie über das Studium bis hin zur Selbsteinschätzung abdecken. Darüber hinaus könnte mit unangenehmen Fragen die Selbst- und Argumentationssicherheit des Kandidaten getestet werden.

Mit verschiedensten Fragen rechnen

Elternhaus

- Wie war das bei Ihnen früher zu Hause, können Sie mir ein bisschen erzählen über Ihr Elternhaus, mögliche Geschwister und was sonst noch bedeutsam war? (Sozialer Hintergrund, Beruf des Vaters, Stellung in der Geschwisterreihe, Rolle als Geschwister gegenüber den anderen, sonstigen Bezugspersonen etc.)

■ Welche Gegebenheiten in Ihrem Elternhaus haben am meisten beigetragen zu dem, wie Sie heute sind? (Beruf, Interessen, Motive, Stärken, Schwächen, Wünsche, Wertvorstellungen etc.)

Erziehung
■ Was war die Erziehungsphilosophie bzw. die bedeutsamste Erziehungsmaxime Ihrer Eltern?

■ Wie würden Sie Ihren Vater beschreiben in der Zeit Ihrer Kindheit? Wo und wie waren Sie ihm ähnlich? Wo unähnlich?

■ Wie würden Sie Ihre Mutter beschreiben in der Zeit Ihrer Kindheit? Wo und wie waren Sie ihr ähnlich? Wo unähnlich?

Andere Menschen
■ Gab es andere Menschen, an denen Sie sich damals orientiert haben?

■ Was hat Ihnen an denen imponiert, was haben Sie bewundert?

■ Und welche Menschen haben Sie verabscheut? Warum?

Schule

■ Würden Sie mir bitte einen Überblick über Ihre Schulbildung geben? In welchen Schularten waren Sie?

■ Wie waren Sie dort jeweils? (Höhen und Tiefen etc.)

Aktivitäten
■ An welchen Schulaktivitäten haben Sie sich beteiligt?

■ Welche Abschlüsse haben Sie erreicht und wie standen Sie in der Klasse?

■ Wie würden Sie Ihr Lernverhalten beschreiben?

■ Hatten Sie bestimmte Interessensschwerpunkte?

■ Erzählen Sie mir von den Leuten, mit denen Sie gut zurechtkamen, und von denen, mit denen Sie Schwierigkeiten hatten. Worauf führen Sie das zurück?

■ Was hatten Sie während und am Ende der Schulzeit für Ideen darüber, was Sie mal studienmäßig oder beruflich machen wollten?

Sozialer Umgang
■ Wie würden Sie Ihren sozialen Umgang während der Schulzeit beschreiben? (Akzeptiert oder zurückgewiesen von Schulkameraden, jeweils von welchen etc.)

■ Hatten Sie irgendwelche Ämter und Posten inne?

- Was waren Höhepunkte in Ihrer Schulzeit? (Wenn nötig, klären Sie, welches die glücklichsten, bereicherndsten, erfolgreichsten Ereignisse während dieser Zeit waren – sowohl im engeren Bereich der Schule als auch außerhalb.) **Höhepunkte**
- Und nun die Gegenfrage: Was waren eher Tiefen bzw. am wenigsten erfreuliche Vorkommnisse in Ihrer Schulzeit?
- Wie haben Sie die Ferien im Sommer verbracht? **Ferien**
- Welche Jobs haben Sie gemacht während der Schulzeit? Welche Erfahrungen haben Sie dabei gesammelt?

Militär

- Waren Sie bei der Bundeswehr?
- Nein: Wie kam es, dass Sie nicht dort waren?
- Ja bzw. Ersatzdienst: Geben Sie mir einen kurzen Abriss Ihrer Zeit beim Bund bzw. im Ersatzdienst.
- Wo sind Sie ausgebildet und später stationiert gewesen?
- Was waren Ihre Aufgaben?
- Wie weit sind Sie gekommen? (Gegebenenfalls nachfragen, warum schneller oder langsamer als üblich?)
- Was waren Ihre Erfolge? (Belobigungen, Auszeichnungen etc.)
- Haben Sie auch Fehler gemacht? Wenn ja: Welche? **Fehler**
- Gab es irgendwelche disziplinarischen Vorkommnisse?
- Haben Sie mal daran gedacht, beim Militär zu bleiben oder weiterzukommen?
- Was haben Sie gegen Ende der Wehrdienst- bzw. Ersatzdienstzeit gedacht, wie es beruflich oder in der Ausbildung weitergehen sollte? Und was haben Sie davon umgesetzt?

Berufslaufbahn

- Bei welchen Arbeitgebern waren Sie beschäftigt?
- Wie lange waren Sie bei den einzelnen Ihrer Arbeitgeber?
- Welche Funktionsbezeichung hatten Sie dort?
- Welche Aufgaben fielen in Ihren Verantwortungsbereich?
- Wie viel haben Sie verdient?
- Welches waren Ihre Erwartungen an Ihren jeweiligen Job? Wurden diese erfüllt? Was haben Sie unternommen, wenn diese nicht erfüllt wurden? **Erwartungen**
- Wie gern haben Sie mit Ihrem Vorgesetzten zusammengearbeitet? Wo lagen aus Ihrer Sicht seine Stärken und Schwächen?

- Was waren die erfreulichsten bzw. unerfreulichsten Aspekte in Ihren Jobs?
- Weshalb haben Sie die jeweiligen Stellen aufgegeben?

Fehlschläge
- Wir alle machen ja Fehler. Was würden Sie sagen, waren Ihre größten Fehler oder Fehlschläge in diesem Job?
- Was glauben Sie, was sah Ihr Vorgesetzter als Ihre Stärken an, was eher als Schwächen, und wie beurteilte er Ihr Gesamtverhalten?

Studium

- Warum haben Sie an diesen Fachhochschulen bzw. Universitäten studiert?
- Warum haben Sie gerade dieses Fachgebiet studiert? (Bei Wechseln und Kombinationen entsprechend nachfragen.)
- Erzählen Sie mir über Ihre starken und schwachen Fächer.
- Wie würden Sie Ihr Studierverhalten beschreiben?

Jobs und Praktika
- Geben Sie mir bitte einen kurzen Einblick in Ihre praktischen Arbeitserfahrungen während des Studiums sowie in die Arten der Jobs und Praktika! (Ob während des Semesters oder in den Ferien, Anzahl der Stunden pro Woche und Ihre positiven und negativen Erfahrungen etc.)
- Welche Hochschulaktivitäten haben Sie betrieben? Wie waren Sie dabei involviert: passiv, in einer Führerfunktion oder wie sonst?
- Gab es irgendwelche Höhepunkte während Ihres Studiums?
- Gab es auch Tiefpunkte oder wenig erfreuliche Ereignisse?

Weiterbildung
- Haben Sie nach dem Examen noch irgendwelche weiterführende formale Bildung betrieben?
- Was hatten Sie gegen Ende des Studiums für Ideen über Ihre berufliche Zukunft? Wie haben Sie sich informiert und was haben Sie unternommen?

Ziele und Pläne in der Zukunft

- Was erwarten Sie von Ihren nächsten beruflichen Positionen?
- Was ist Ihnen wichtig, was möchten Sie vermeiden, was sind Ihre Wahlmöglichkeiten und wie bewerten Sie diese?

Ausblick
- Wo möchten Sie in fünf Jahren stehen?
- Was für Lebensziele haben Sie, abgesehen von Ihren beruflichen Zielen?

- Wie unterscheidet sich Ihrer Meinung das, was bei uns verlangt wird und wir zu bieten haben, von Positionen bei anderen Firmen, an denen Sie auch interessiert waren?
- Was sind die Vorteile bei uns? Was die Nachteile?

Selbsteinschätzung

- Was sind Ihre Stärken, was mögen Sie an sich, was können Sie gut? (Normalerweise ist es ergiebig, nachfassende Fragen zu stellen und den Kandidaten zum Fortfahren zu ermuntern. Beispielsweise könnte der Interviewer sagen: Gut. Weiter. Was noch? Oder ergänzende Fragen stellen wie: Welche anderen Stärken kommen Ihnen in den Sinn? Welche anderen Dinge können Sie noch gut? Welche Art von Problemen lösen Sie am leichtesten? Der Interviewer sollte die Stärken erst auflisten und dann nachfragen, was der Kandidat unter jeder genannten Stärke – zum Beispiel „harter Arbeiter", „guter Manager" – genau versteht.) **Stärken**
- Lassen Sie uns jetzt auf die andere Seite schauen. Was sind Ihre Schwachpunkte, Bereiche, in denen Sie sich noch verbessern könnten? (Dem Kandidaten sollte Zeit gegeben werden, Pausen sind erlaubt. Dennoch sollte man den Bewerber drängen, weitere Schwachpunkte zu nennen, indem man ihn beispielsweise fragt: Was kommt Ihnen noch in den Sinn? Ja. Weiter. Das ist okay. Manchmal genügt auch nur ein einfaches Lächeln oder Kopfnicken und Warten.) **Schwachpunkte**
- Welche Änderungen in Ihrer Persönlichkeit, glauben Sie, werden in den nächsten Jahren eintreten?
- Mit welcher Art von Menschen arbeiten Sie am liebsten zusammen?
- Welche persönlichen Eigenarten haben Sie, die sich manchmal mit Ihrem üblichen oder gewünschten Arbeitsstil reiben? **Eigenarten**
- Welche drei Dinge können Sie tun, die Ihre zukünftige Leistungsfähigkeit am stärksten erhöhen würden? (Der Interviewer sollte auch hier zunächst versuchen, eine möglichst lange Liste der Negativpunkte zu erhalten und anschließend die genaue Bedeutung der Begriffe zu klären.)
- Wie unterscheidet sich der erste Eindruck, den Sie vermitteln, davon, wie Sie wirklich sind? Wie würden drei oder vier Leute, die Sie gut kennen, Sie zutreffend beschreiben?

- Ist Ihr Verhalten, sind Ihre Einstellungen und Ihre Persönlichkeit bei der Arbeit genauso wie außerhalb des Arbeitsbereiches? Oder gibt es da gewisse Unterschiede?

Stimmungen
- Wie würden Sie Ihre Stimmungsschwankungen beschreiben: Wie hoch oder niedrig sind sie, in welchen Intervallen treten sie auf, was trägt zu den Höhen und Tiefen bei, welche Auswirkungen hat das auf Ihr Arbeitsverhalten?
- Wie oft werden Sie ärgerlich und warum? Sind Ihnen schon mal die Pferde durchgegangen während des letzten Jahres? (Wenn ja, sollte der Interviewer Details erfragen.)

Management

Ohne Managementerfahrung
Für Kandidaten, die keine vorgängige Managementerfahrungen haben:
- Wie würden Sie Ihre Managementphilosophie beschreiben und wie, glauben Sie, wird Ihr Managementstil sein?
- Wie wird sich Ihr Managerverhalten von dem anderer Manager unterscheiden?
- Was glauben Sie, wie werden Ihre zukünftigen unterstellten Mitarbeiter in Ihrer ersten Führungsfunktion Ihre Stärken und Schwächen beschreiben?

Mit Managementerfahrung
Für Kandidaten, die schon Managementerfahrungen haben:
- Wie würden Sie Ihre Managementphilosophie beschreiben?
- Was, glauben Sie, haben Ihre unterstellten Mitarbeiter als Ihre Stärken und Schwächen angesehen?
- In welcher Hinsicht würden Sie Ihr Führungsverhalten gegenüber Unterstellten ändern wollen?
- Erzählen Sie mir von einigen Ihrer unterstellten Mitarbeiter. Vielleicht nehmen Sie einen, den Sie besonders schätzen, einen, von dem Sie wenig halten, und einen durchschnittlichen.
- Wie haben Sie Ihre unterstellten Mitarbeiter trainiert und gefördert?

Arbeitsverhalten

- Wie würden Sie Ihr Arbeitsverhalten beschreiben?

Arbeitstempo
- Wie ist Ihr Arbeitstempo: eher langsam, mehr moderat oder gar schnell? Unter welchen Bedingungen variiert es?

- Wie verhalten Sie sich unter Stress? Beschreiben Sie bitte Ihre **Stress** emotionale Kontrolle. Welche Dinge irritieren Sie am meisten? Wie gehen Sie damit um?
- Wie schätzen Sie Ihre intellektuelle Kapazität ein: unterdurchschnittlich, durchschnittlich, überragend oder wie?
- Welche Probleme oder Arbeitssituationen machen Ihnen am meisten Schwierigkeiten?
- Wie würden Sie Ihr Planungsverhalten beschreiben?
- Was treibt Sie an, was motiviert Sie? **Motivation**
- Wie gut organisieren Sie sich selbst? In welchen Aspekten der Arbeit sind Sie eher ineffizient oder etwas nachlässig?
- Wie würden Sie den Stil Ihres Entscheidungsverhaltens einschätzen: systematisch, gründlich, impulsiv, rational, intuitiv oder wie sonst?
- Geben Sie mir bitte einige Beispiele der für Sie wichtigsten Entscheidungen in den letzten drei Jahren und was daraus geworden ist.
- Was sind für Sie die schwierigsten Entscheidungen? Warum?
- Für wie fleißig halten Sie sich? Können Sie das mal illustrieren?

Privates

Gibt es Dinge in Ihrem privaten Umfeld – Ehepartner, Kinder, **Mögliche Einflüsse** finanzielle Verhältnisse –, die einen gewissen Einfluss auf Ihren Arbeitseinsatz und Ihre Arbeitsleistung bei uns haben könnten? (Wenn dies der Fall oder zu vermuten ist, sollte der Interviewer detailliert nachfragen.)

Erholung und Freizeit

- Welche Musik schätzen Sie am meisten?
- Gehen Sie ins Theater, in die Oper, in Konzerte, in Kunstaus- **Kulturelle** stellungen etc? **Interessen**
- Was im Einzelnen und warum?
- Wie viele Stunden pro Woche sehen Sie durchschnittlich fern? Was vor allem?
- Wie kommen Sie mit anderen Menschen in der Freizeit zusammen? (Freunde, Bekannte, Vereine, kirchliche oder politische Betätigungen etc.)
- Welche Hobbys und Interessen haben Sie?

- Treiben Sie Sport? (Einzeln oder Mannschaft, welche Rolle)
- Erzählen Sie mir etwas von Ihren Lesegewohnheiten.

Gesundheit

Krankheiten
- Haben Sie irgendwelche schwerwiegenden Krankheiten, Unfälle, Operationen oder Ähnliches gehabt, die eine direkte Auswirkung auf Ihr Verhalten bei uns haben könnten? (Wenn ja, fragt der Interviewer Einzelheiten ab und veranlasst bei Bedarf eine ärztliche Untersuchung.)

Handicaps
- Haben Sie irgendwelche Handicaps oder körperlichen Einschränkungen, die Sie bei Ihrer Arbeit bei uns beeinträchtigen könnten? (Wenn ja, ärztliche Untersuchung.)
- Wie viele Tage waren Sie im letzten Jahr krank? (Wenn mehr als zwei oder drei, nach Einzelheiten fragen.)

Abschließende Fragen zur Person

Weitere Punkte
Gibt es noch irgendwelche Dinge in Bezug auf Ihre Fähigkeiten und Fertigkeiten, Ziele, Stärken und Schwächen etc., die ich noch nicht erfahren habe, die ich aber wissen sollte, um Ihr Potenzial und Ihre Eignung für eine erfolgreiche Tätigkeit bei uns zutreffend beurteilen zu können?

Unangenehme Fragen

Pessimist oder Visionär?
Durch die Art und Weise, wie Bewerber auf unangenehme Fragen antworten, erfährt der Interviewer, ob er eher einen pessimistischen, retrospektiv denkenden Menschen vor sich hat oder aber einen positiv denkenden, visionär agierenden Bewerber.

Schwächen mit Stärken verknüpfen
Zur Gruppe der unangenehmen Fragen gehören die berühmten Fragen nach den Stärken und Schwächen des Bewerbers. Ideal ist es, wenn es dem Bewerber überzeugend gelingt, Schwächen mit Stärken zu verknüpfen – etwas so: „Mein ausgesprochener Ehrgeiz führt manchmal dazu, dass ich Dinge zu schnell in die Tat umsetzen und ans Ziel gelangen will. Bislang habe ich auf diese Art und Weise aber alle meine im Leben gesteckten Ziele erreicht."

Die Nachfrage nach dem Grund seiner Kündigung in der letzten Stelle sollte der Bewerber nicht dazu nutzen, um seinen Ärger und Frust loszuwerden. Vielmehr sollte er durchblicken lassen, dass er sich unterfordert fühlte und seine Potenziale noch nicht ausgeschöpft sieht.

Typische unangenehme Fragen lauten: **Typische Fragen**
- Warum haben Sie Ihre letzte Stelle gekündigt?
- Nennen Sie uns drei Schwächen, die Sie charakterisieren!
- Warum sind Sie schon so lange ohne feste Anstellung?
- Denken Sie nicht auch, dass Sie zu jung bzw. zu alt sind für diese Stelle?
- Was haben Sie während der langen Phase Ihrer Arbeitslosigkeit gemacht?
- Was halten Sie von Tests? Sind Sie bereit, einen zu machen?
- Warum haben Sie Ihre letzte Stelle verlassen?
- Warum sollen wir die offene Stelle gerade mit Ihnen besetzen?
- Welche Gehaltsvorstellungen haben Sie?
- Sind Sie ein Entrepreneur, ein Gestalter?
- Sind Sie jemand, der zupackt, ein Arbeitstier?

Brisante Fragen

Fragen nach bestimmten heiklen Themengebieten sind zulässig, insofern sie die Eignung für die zu besetzende Stelle überprüfen. Dazu gehört zum Beispiel die Frage nach einer Schwerbehinderung.

Die bewusst unrichtige oder unvollständige Beantwortung einzelner Fragen berechtigt den Arbeitgeber in der Regel zur Anfechtung des Arbeitsvertrages wegen arglistiger Täuschung oder mit Bezug auf Paragraph 119 II BGB (Eigenschaftsirrtum), soweit die Fragen zulässig waren. Unzulässige Fragen müssen demgegenüber nicht wahrheitsgemäß beantwortet werden. **Möglichkeiten der Anfechtung**

Bei einer Anfechtung greifen sämtliche Kündigungsschutzvorschriften, auch das Mutterschutzgesetz, nicht. Auch der Betriebsrat braucht nicht angehört zu werden.

Persönliche Verhältnisse
Fragen zu persönlichen Verhältnissen sind unzulässig, es sei denn der Arbeitgeber hat an ihrer Beantwortung wegen des zu

begründenden Arbeitsverhältnisses ein berechtigtes Interesse. Hierzu gehören Fragen nach Wohnort, Geburtsdatum, Familienstand und Zahl der Kinder. Fragen nach einer Religions- oder Parteizugehörigkeit oder der Mitgliedschaft in einer Gewerkschaft sind grundsätzlich unzulässig. Ausnahmen gelten für Tendenzbetriebe wie Religionsgemeinschaften, Parteien oder Gewerkschaften. Unzulässig ist die Frage nach einer zukünftigen Eheschließung.

Behinderungen

Offenbarungs-pflicht Auch wenn die Schwerbehinderung nicht in einem konkreten Zusammenhang zur angestrebten Tätigkeit steht, gilt die Offenbarungspflicht. Dies ist auf die zusätzlichen Pflichten des Arbeitgebers infolge eines schwer behinderten Angestellten zurückzuführen (Mehrurlaub, Kündigungsschutzgesetz).

Gesundheitszustand

Zusammenhang muss gegeben sein Fragen zum Gesundheitszustand sind nur zulässig, soweit an ihrer Beantwortung für die Arbeit, den Betrieb und die übrigen Arbeitnehmer ein berechtigtes Interesse besteht. Dies gilt insbesondere für Fragen nach früheren Erkrankungen. Fragen nach bestehenden Erkrankungen sind zulässig, soweit ein enger Zusammenhang mit dem einzugehenden Arbeitsverhältnis besteht.

Schwangerschaft

Gefahr der Diskriminierung Die Frage nach der Schwangerschaft vor Einstellung einer Arbeitnehmerin enthält in der Regel eine unzulässige Benachteiligung wegen des Geschlechts und verstößt damit gegen das Diskriminierungsverbot nach Paragraph 611a BGB – gleichgültig, ob sich nur Frauen oder auch Männer um den Arbeitsplatz bewerben. Das Arbeitsgericht neigt jedoch dazu, eine Anfechtung wegen arglistiger Täuschung jedenfalls dann durchgreifen zu lassen, wenn das eingegangene Vertragsverhältnis überhaupt nicht realisiert werden kann, das heißt, wenn die Bewerberin für die angestrebte Arbeit objektiv nicht geeignet ist. Dies kann zum Beispiel dann der Fall sein, wenn die angestrebte Tätigkeit nicht aufgenommen werden kann oder darf, beispielsweise bei einem Mannequin oder einer Tänzerin.

Vorstrafen

Fragen nach Vorstrafen sind zulässig, soweit die künftige Tätig- **Keine Frage nach** keit des Bewerbers dies erfordert. So kann ein Kassierer oder **laufenden** Buchhalter nach Vorstrafen wegen Eigentums- oder Vermögens- **Verfahren** delikten, ein Kraftfahrer nach Vorstrafen wegen Verkehrsdelikten gefragt werden. Die Frage nach einem laufenden Ermittlungsverfahren ist hingegen unzulässig.

Vermögensverhältnisse

Fragen nach Vermögensverhältnissen sind grundsätzlich unzulässig. Ausnahmen werden bei leitenden Angestellten und bei Mitarbeitern gemacht,

- die in einem besonderen Vertrauensverhältnis beschäftigt werden sollen,
- bei dem der Arbeitnehmer mit Geld umgehen muss oder
- bei dem die Möglichkeit der Bestechung oder des Verrats von Firmengeheimnissen besteht.

Ähnliches wird für die Frage nach bestehenden Lohn- oder **Letzter Arbeitslohn** Gehaltspfändungen zu gelten haben. Die Frage nach dem letzten Arbeitslohn ist nur zulässig, wenn dieser für die neue Position von Bedeutung ist und der Arbeitnehmer ihn von sich aus als Mindestvergütung genannt hat.

Unzulässige Fragen

Arbeitsrechtlich sind bestimmte Fragen in Bewerbungs- und **Keine** Einstellungsgesprächen und Personalfragebögen für unzulässig **Antwort nötig** erklärt worden. Der Bewerber ist nicht verpflichtet, diese Fragen überhaupt oder wahrheitsgemäß zu beantworten.

Privatleben

Fragen, die auf das Privatleben zielen, sind generell unzulässig. Es sei denn, die Beantwortung der Frage ist für die angestrebte Tätigkeit objektiv erforderlich.

Persönliche Lebensplanung

Angaben zur persönlichen Lebensplanung oder einer Heirat fallen in den Bereich der Intimsphäre und sind seitens des Arbeitgebers nicht zulässig.

Sexuelle Neigungen

Ausrichtung ist irrelevant Fragen nach sexuellen Neigungen und Veranlagungen stehen dem Arbeitgeber nicht zu. Die sexuelle Ausrichtung eines Bewerbers oder einer Bewerberin darf in keinem Fall für die Einstellung relevant sein. Auch Kündigungen mit einer solchen Begründung sind nicht zulässig.

Parteizugehörigkeit

Nur bei Neutralität und verbotenen Parteien Fragen nach der Parteizugehörigkeit dürfen nur bei Positionen mit direkter Parteibindung gestellt werden. Bei Positionen, die Neutralität erfordern, ist die Nachfrage zulässig. Ebenso beim Verdacht auf Mitgliedschaft in einer verbotenen Partei oder wenn der Mitarbeiter seine Parteiarbeit offensichtlich auf sein Arbeitsumfeld ausdehnt.

Religionszugehörigkeit

Die Religionszugehörigkeit darf lediglich bei der Besetzung von Positionen innerhalb der Kirche oder in kirchennahen Organisationen relevant sein. Ansonsten ist die konfessionelle Bindung oder die Mitgliedschaft in einer Glaubensgemeinschaft oder in einer Sekte für den Arbeitgeber ohne Belang.

Vorstrafen

Nur bei Relevanz Über Vorstrafen muss nur dann Auskunft gegeben werden, wenn diese einschlägig oder für die angestrebte Tätigkeit relevant sind (Betrug oder Veruntreuung im Finanzbereich etc.). Während eines laufenden Ermittlungsverfahrens kann der Bewerber sich mit Recht als unbestraft bezeichnen. Ist eine Vorstrafe aus dem Bundeszentralregister gelöscht, entfällt die Informationspflicht gänzlich.

Fragetechniken

Fragen strukturieren das Gespräch Das Vorstellungsgespräch dient in erster Linie der Information: Der Personalchef möchte möglichst umfangreiche und relevante Kenntnisse über den Bewerber erfahren. Durch klares und gezieltes Fragen wird das Gespräch strukturiert. Es wird verhindert, dass sich der Bewerber in weitschweifigen Ausführungen verliert. Fragetechniken können dem Bewerber dabei helfen, sachlich und präzise zu antworten.

Geschlossene Fragen

Eine Frage ist geschlossen, wenn sie nur eine Antwort zulässt: Ja, Nein, Vielleicht. Sie spricht daher – im Gegensatz zur offenen Frage – nicht das komplexe Denken an („Sind Sie mit der Bahn hergekommen?", „Möchten Sie etwas trinken?"). Der Informationsgehalt der Antworten ist entsprechend gering. Wenn es um weniger wichtige Dinge geht, die allerdings angesprochen werden müssen, ist der Zeitgewinn hingegen enorm.

Nur eine Antwort möglich

Darüber hinaus werden geschlossene Fragen immer dann eingesetzt, wenn man vom Bewerber eine ganz bestimmte Antwort erhalten will. Geschlossene Fragen signalisieren ihm: „Fassen Sie sich hierzu möglichst kurz, dies ist ein Nebenthema!"

Offene Fragen

Offene Fragen ermöglichen dem Gesprächspartner die freie Formulierung seiner Antwort. Da bereits die Fragestellung auf möglichst umfassende Informationen ausgelegt ist, fällt der Informationsgehalt der Entgegnungen entsprechend hoch aus („Wie haben Sie hierher gefunden?", „Welches waren die Schwerpunkte Ihrer bisherigen Tätigkeit?"). Eine offene Frage beginnt meistens mit einem Fragewort.

Freie und umfassende Antwort

Doch gilt es auch hier, zweierlei zu beachten. Zum einen wird ein guter Gesprächsführer die Frage nach Gründen niemals als „Warum"-Frage stellen, es sei denn, er will die Belastbarkeit und Souveränität des Bewerbers auf die Probe stellen. Der so Befragte sieht sich nämlich unwillkürlich in Rechtfertigungszwang und nimmt eine Verteidigungshaltung ein. Die Frage „Aus welchen Gründen" ist verbindlicher und bietet außerdem die Möglichkeit, mehrere Gründe zu nennen.

Nicht „Warum" fragen

Zum Zweiten dienen Fragen nach dem Zeitpunkt („Wann"-Fragen) der Rückversicherung und sind daher als geschlossene Fragen aufzufassen. Weitschweifige Antworten, etwa über die Geschichte, wie es dazu kam, sollte der Bewerber vermeiden.

Weitschweifige Antworten meiden

Aufgrund des hohen Informationsgehaltes sind offene Fragen die vorherrschende Fragetechnik im Vorstellungsgespräch.

Am häufigsten sind folgende Fragetypen anzutreffen:

Informationsfragen

- *Informationsfragen:* Diese im Bewerbungsgespräch am häufigsten gestellten Fragen dienen der Vertiefung des Wissens über den Bewerber. Informationsfragen sind Fragen wie: „Welche Fachzeitschriften lesen Sie?", „Was sind Ihre Schwächen und Stärken?" Aber auch der Bewerber kann Fragen stellen wie zum Beispiel: „Welcher Führungsstil herrscht in Ihrem Unternehmen vor?", „Mit welchen Kompetenzen wird meine Position ausgestattet sein?"

Alternativfragen

- *Alternativfragen:* Sie lassen dem Bewerber die Wahl zwischen zwei Antwortmöglichkeiten („Möchten Sie Ihren Kaffee schwarz oder lieber mit Milch?", „Bezeichnen Sie Ihr Führungsverhalten eher als mitarbeiter- oder als aufgabenbezogen?"). Alternativfragen zählen auch zu den geschlossenen Fragen und zielen auf eine präzise, schnelle Antwort ab. Der Bewerber kann durch eine Alternativfrage beispielsweise schnell vor eine Entscheidung gestellt werden: „Möchten Sie lieber in Filiale X oder in Filiale Y für uns tätig sein?"

Suggestivfragen

- *Suggestivfragen:* Dieser Fragetyp hat einen manipulativen Charakter. Der Bewerber soll in eine bestimmte Richtung gelenkt werden, indem ihm nahe gelegt wird, eine bestimmte Antwortkategorie zu akzeptieren. Offen als Manipulation erkennbar sind Fragen wie: „Sie sind doch sicher auch der Meinung, dass …?"

Verdeckte Fragen

- *Verdeckte Fragen:* Mit solchen Fragen wird nach etwas Unverfänglichem gefragt, um Informationen zu erhalten, die nur ungern preisgegeben werden oder deren direktes Erfragen den Frager in einem ungünstigen Licht erscheinen lassen. Wurde bei Abfassen der Stellenanzeige zum Beispiel vergessen, dass für die Stelle der Führerschein Klasse 3 notwendig ist, so wäre eine verdeckte Frage in diesem Falle: „Haben Sie einen guten Parkplatz gefunden?"
  Auch der Bewerber kann verdeckte Fragen stellen. Er möchte beispielsweise feststellen, ob Überstunden anfallen – ohne durch eine direkte Frage danach den Eindruck zu erwecken, er stünde Überstunden ablehnend gegenüber. In diesem Fall

erhält er auf die indirekte Frage: „Wie werden bei Ihnen Überstunden gehandhabt?" auf unverfängliche Weise die Informationen, die ihn interessieren.

- *Gegenfragen:* Auch Gegenfragen dienen in erster Linie dem Erlangen von Hintergrundinformationen („Wie meinen Sie das?", „Wie darf ich das verstehen?"). Sie dienen aber auch dazu, Zeit zu gewinnen, wenn dem Gefragten nicht sogleich die schlüssige Antwort einfällt.
Gegenfragen werden gern gestellt, weil sie zwei Effekte zugleich erzielen: Der Frager gewinnt Zeit zum Überlegen und erhält gleichzeitig weitere Informationen. Allerdings sollte ein Bewerber das Stellen von Gegenfragen nicht übertreiben, da er sonst den Eindruck von Unsicherheit und Verständnisproblemen erweckt.

Gegenfragen

- *Schock- oder Angriffsfragen:* Solche Fragen sollen den Bewerber aus der Reserve locken. Die Gefahr für das Gespräch liegt auf der Hand: Sie kann die positive Grundstimmung des Gesprächs vom einen auf den anderen Moment zerstören. Eine typische Angriffsfrage wäre: „Wollen Sie oder können Sie darauf keine klare Antwort geben?" Der Gefragte zeigt Stärke, wenn er sich nicht aus der Ruhe bringen lässt. Er könnte im obigen Fall seine Antwort zum Beispiel einleiten mit: „Wenn Sie sich etwas gedulden, werde ich es Ihnen erläutern." Oder noch besser mit einer rhetorischen Frage: „Sie werden mir sicher Recht geben, dass dieses Thema viel zu wichtig ist, um es mit einer vorschnellen Antwort zu erledigen."

Schock- oder Angriffsfragen

- *Provokative Fragen:* Wie die Schock- oder Angriffsfrage dient die provokative Frage dazu, den Bewerber aus der Reserve zu locken. Allerdings liegt der provokative Charakter weniger in der Sache als vielmehr in der Attacke. Typische provokative Fragen lauten: „Wie laufen Sie eigentlich herum?" oder: „Haben Sie überhaupt Lust zu arbeiten?" Wer jetzt aggressiv oder beleidigt reagiert, hat schon verloren.
Wie bei Angriffsfragen sollte der Bewerber auch hier seine Souveränität wahren. Er könnte auf die erste Frage beispiels-

Provokative Fragen

weise antworten: „Auf Ihre Sekretärin hat mein Äußeres jedenfalls einen guten Eindruck gemacht." Und die zweite Frage könnte er mit einer Gegenfrage erledigen: „Wäre ich denn sonst Ihrer Einladung zum Gespräch nachgekommen?"

Projektive Fragen

■ *Projektive Fragen:* Dieser Typ von Fragen zielt darauf, dass sich der Bewerber in eine andere Person hineinversetzt. Wenn der Eindruck entsteht, dass der Gesprächspartner in Bezug auf seine Meinung eher zurückhaltend ist und sich vor einer direkten Bewertung scheut, kann er in vielen Fällen auf diese Weise aus der Reserve gelockt werden.

Psychologisch nutzt eine projektive Fragestellung die Tatsache, dass es dem Menschen offenbar leichter fällt, über andere und deren Verhaltensweisen zu sprechen als über seine eigenen. Projektive Fragen sind zum Beispiel: „Was glauben Sie, was denken Ihre Kollegen darüber?" oder: „Wie würde sich Ihrer Meinung nach eine gute Führungskraft in dieser Situation verhalten?" Antworten auf projektive Fragen decken Widersprüche im Vergleich zur eigenen Meinung schonungslos auf.

Riskante Entscheidung

Um präzise und souverän antworten zu können, ist ein Bewerber gut beraten, sich auf die hier genannten Fragen einzustellen. Personalentscheidungen sind für jedes Unternehmen mit einem Risiko verbunden. Bei jeder Positionsbesetzung geht es darum, einen Mitarbeiter zu finden, der durch seine tägliche Leistung zum Erfolg des Unternehmens beiträgt. Ob beim jeweiligen Bewerber damit gerechnet werden kann, deuten seine Antworten im Gespräch an.

Literatur

Bellgardt, Peter: *Recht und Taktik des Bewerbergesprächs.* 2., völlig neu bearb. und erw. Aufl. Heidelberg: Sauer 1992.

Lines, June: *30 Minuten bis zum Vorstellungsgespräch.* Offenbach: GABAL 1999.

List, Karl-Heinz: *30 Minuten für qualifizierte Einstellungsinterviews.* Offenbach: GABAL 2003.

Sabel, Herbert: *Bewerbungsgespräche richtig vorbereiten und erfolgreich führen.* 3., überarb. und erw. Aufl. Würzburg: Lexika-Verl. 2001.

Siewert, Horst H.: *Vorstellungsgespräche zielwirksam führen. So meistern Sie jedes Bewerbungsgespräch. Psychologische Hilfen und Tips zur Gesprächsführung.* Renningen-Malmsheim: expert-Verl. 1996.

Simon, Walter und Frank Scheelen: *Bewerberauswahl leicht gemacht. Was passt nach DIN 33430?* Frankfurt/M.: Ueberreuter Wirtschaft 2003.

Stichwortverzeichnis

Gesellschaft zur Förderung
Anwendungsorientierter
Betriebswirtschaft und
Aktiver
Lehrmethoden in Hochschule und Praxis e.V.

Was wir Ihnen bieten

- Kontakte zu Unternehmen, Multiplikatoren und Kollegen in Ihrer Region und im GABAL-Netzwerk
- Aktive Mitarbeit an Projekten und Arbeitskreisen
- Mitgliederzeitschrift *impulse*
- Freiabo der Zeitschrift wirtschaft & weiterbildung
- Jährlicher Buchgutschein
- Teilnahme an Veranstaltungen der GABAL und deren Kooperationspartner zu Mitgliederkonditionen

Unsere Ziele

Wir vermitteln **Methoden und Werkzeuge**, um mit Veränderungen kompetent Schritt halten zu können und dabei unternehmerische und persönliche Erfolge zu erzielen. Wir informieren über den aktuellen Stand **anwendungsorientierter Betriebswirtschaft**, fortschrittlichen Managements und menschen- und werteorientierten Führungs-verhaltens. Wir gewähren jungen Menschen in Schule, Hochschule und beruflichen Startpositionen **Lebenserfolgshilfen.**

Klicken Sie sich in unser Netzwerk ein!

mailen Sie uns:

info@gabal.de

oder rufen Sie uns an:

06132 / 50 95 90

Besuchen Sie uns im Internet:

www.gabal.de